普通高等学校"十四五"规划智能制造工程专业精品教材

中国人工智能学会智能制造专业委员会规划教材

机器视觉技术

主　编　刘国华

副主编　王　涛　孙艳茹

U0278659

华中科技大学出版社

中国·武汉

内 容 简 介

随着计算机硬件和软件技术的发展,机器视觉技术在工程中的应用越来越广泛,HALCON 软件作为当今机器视觉技术的代表软件,提供了强大的视觉库。本书以 HALCON 为编程工具,全面、系统地介绍了机器视觉技术的相关理论和工程应用实例,使读者能更好地学习和掌握 HALCON 编程基础与编程技巧。

全书分为 11 章,内容包括机器视觉技术概述、HALCON 编程基础、HALCON 数据结构、图像预处理、图像采集、图像分割、图像匹配、图像测量、运动图像分析、深度学习基础知识、HALCON 中的深度学习方法等。每一章的末尾都附有必要的习题,便于教学或自学练习,以便加深读者对本书所述内容的理解。同时,本书汇集了图像处理中大多数现有流行算法,以图文并茂的方法讲解复杂的理论算法,并给出了实际处理案例。

本书难度适中,内容精练,可作为高等学校智能制造工程、机器人工程、电子信息工程、通信与信息工程、计算机科学与技术、控制科学与技术等专业本科生与研究生的教材,也可供从事图像处理、模式识别、人工智能、生物工程、医学成像等相关领域的科研人员和工程技术人员参考。

图书在版编目(CIP)数据

机器视觉技术/刘国华主编.—武汉:华中科技大学出版社,2021.11
ISBN 978-7-5680-7703-3

Ⅰ.①机… Ⅱ.①刘… Ⅲ.①计算机视觉 Ⅳ.①TP302.7

中国版本图书馆 CIP 数据核字(2021)第 230411 号

机器视觉技术
Jiqi Shijue Jishu

刘国华　主编

策划编辑:万亚军
责任编辑:程　青
封面设计:原色设计
责任监印:周治超

出版发行:华中科技大学出版社(中国·武汉)　　电话:(027)81321913
　　　　　武汉市东湖新技术开发区华工科技园　　邮编:430223

录　排:华中科技大学惠友文印中心
印　刷:武汉开心印印刷有限公司
开　本:787mm×1092mm　1/16
印　张:22.5
字　数:589千字
版　次:2021 年 11 月第 1 版第 1 次印刷
定　价:68.00 元

前　　言

当今世界国际形势复杂多变,科技强国、提升国家整体的科研水平、掌握核心科技越来越迫在眉睫。科学技术是第一生产力,而且是先进生产力的集中体现和主要标志,在这种大背景下,机器视觉技术在中国进入了一个快速发展期。因为其应用的广泛性及作为相对新兴产业的发展未饱和性,机器视觉技术在促进生产业变革、提高生产效率、减少不必要劳动力、提升自动化程度、提升人民生活水平上可以做出巨大贡献,从而促进整个社会的发展,提升国际竞争力。

机器视觉主要研究各种图像处理分析技术在实际工业环境中的应用。目前,国内外在这方面的研究日趋深入,相关的书籍也层出不穷。但是,大多数书籍更倾向于对理论和算法进行抽象讲解。对大部分读者和工程人员来说,要将这些理论转化为具体的工程实践,仍有不少的困难需要克服。

HALCON是一个目前正在被广泛使用的机器视觉软件,用户可以利用其开放式结构快速开发图像处理和机器视觉软件。它源自学术界,有别于市面上一般的商用套装软件。事实上,它是一套图像处理库,由一千多个各自独立的函数及底层的管理核心构成,其应用范围涵盖医学、遥感探测、监控,以及工业上的各类自动化检测。近年来,机器视觉技术由于具有可以"取代人眼"、对重复工作不会感到疲劳、精度高且稳定的特质,在传统行业的渗透率不断提升且不断开辟新的应用领域和场景,同时也带动工业制造智能化产业迅速发展。

本书系统讲解机器视觉系统设计过程中的关键技术,将图像分析、处理算法映射到机器视觉系统开发的过程中,应用为先,避免突兀、无目的、枯燥的算法讲解,注重提高工业环境下机器视觉的实时性和健壮性。因此,本书不是空洞实例和晦涩数学公式的堆砌,相反,它把机器视觉技术作为一个整体来分析讨论,将各种相关技术的理论、当前进展、丰富的实例以实用的方式进行整合,是站在机器视觉行业前沿的技术与经验结晶。

对比已有的图像处理和机器视觉著作,本书具备以下三个显著特点:

(1) 详述了机器视觉系统的各个组成部分、部件选择和设计要点;

(2) 详述了各种图像处理算法的原理、特点、适用性及实现;

(3) 针对不同行业和应用领域剖析了一些典型应用案例。

在本书撰写过程中,作者结合近年来科研及教学实践的心得体会,并参考大量相关文献,概括性地描述了机器视觉技术所涉及的各个分支,内容包括 HALCON 编程基础、HALCON 数据结构、图像处理基础、图像采集、图像预处理、图像分割、图像匹配、图像测量、运动图像分析、深度学习等技术和方法。随着人工智能的爆发式发展,深度学习理论对机器视觉技术带来了极大的冲击,作者也试图将深度学习的相关知识和 HALCON 中的深度学习方法融入本书。本书所介绍的深度学习算法、方法可能并不超前、全面,但却是较为基础的,足够支撑读者构建深度学习的思维。

在本书中,作者尽可能地介绍了必要的基本知识,深入浅出,定量描述;同时,重点给读者呈现了 HALCON 的编程技巧,并突出 HALCON 机器视觉技术的应用实践,引导读者掌握 HALCON 的编程方法,培养思维方法,在解决实际问题中能有自己的想法。

本书适用于大学二年级以上(具备必要的数学基础)智能制造工程、机器人工程、电子信息工程、通信与信息工程、计算机科学与技术、控制科学与技术等相关专业的本科生、研究生,工作在图像处理和识别领域一线的工程技术人员,对机器视觉技术感兴趣并且具备必要预备知识的所有读者。

本书由刘国华任主编,王涛、孙艳茹任副主编。本书第 1 章、第 2 章、第 4 章、第 6 章、第 8 章、第 10 章、第 11 章由刘国华执笔,第 5 章、第 9 章由王涛执笔,第 3 章、第 7 章由孙艳茹执笔,牛树青、马千文、柴志鹏、温海涛、张琴涛、李飞等参与了本书编写工作并进行程序实验,全书由刘国华教授统稿、定稿。在编写过程中,作者参考了大量书籍、论文、资料和网站文献,也引用了其中某些内容,在此对原作者表示衷心的感谢。赵伟、李奕均、任家伟等也参与了本书的资料整理工作,在此一并表示感谢。

感谢华中科技大学出版社给予我们这个宝贵的机会,让我们能把这本书奉献给各位读者。

由于作者水平有限,书中疏漏和不足之处在所难免,敬请读者不吝指正。如果您对本书有建议和意见,欢迎同作者交流讨论。作者联系邮箱:liuguohua@tiangong.edu.cn。

作 者

2021 年 7 月

目　　录

第1章 绪 论

机器视觉技术是一项综合技术,包括图像处理技术、机械工程技术、电气控制技术、光学成像技术、计算机软硬件技术等。本章主要介绍机器视觉的基本概念、系统构成和发展历程,以及机器视觉在工程中的应用,并简单介绍 HALCON 软件的编程环境和操作窗口等。

1.1 机 器 视 觉

1.1.1 机器视觉简介

机器视觉(machine vision)是一门涉及人工智能、神经生物学、心理物理学、计算机科学、图像处理、模式识别等诸多领域的交叉学科。该学科是人工智能中一门重要的处于蓬勃发展中的分支学科。机器视觉主要用计算机来模拟人的视觉功能,其不仅仅是人眼的简单延伸,更重要的是具有人脑的一部分功能,即从客观事物的图像中提取信息,进行处理并加以理解,最终用于实际检测、测量和控制。近年来,随着计算机技术的发展,尤其是多媒体技术及数字图像处理技术的不断发展完善,加上大规模集成电路的飞速发展与应用,机器视觉技术得到了广泛的应用。

机器视觉系统的特点是提高了生产的柔性和自动化程度。在一些不适合人工作业的危险工作环境或人工视觉难以满足要求的场合,常用机器视觉来替代人工视觉;同时,在大批量工业生产过程中,用人工视觉检查产品质量效率低且精度不高,用机器视觉检测方法可以大大提高生产效率和生产的自动化程度。

1.1.2 机器视觉系统构成与发展

1. 机器视觉系统构成

一般来说,机器视觉系统包括光学照明系统、成像系统、视觉信息处理等组成部分。

1) 照明系统

照明系统的作用主要是将外部光以合适的方式照射到被测目标物体上以突出图像的特定特征,并抑制外部干扰,从而实现图像中目标与背景的最佳分离,提高系统检测精度与运行效率。影响照明系统的因素复杂多变,目前没有普适的机器视觉照明方案,往往需要针对具体的应用环境,并考虑待检测目标与背景的光反射与传输特性区别、距离等因素选择合适的光源类型、照射方式及光源颜色来设计具体的照明方案,以达到目标与背景的最佳分离效果。

机器视觉光源主要包括卤素灯、氙灯、荧光灯、红外光源、X 射线光源、LED 光源等。其中,卤素灯和氙灯具有宽频谱范围和高能量,但属于热辐射光源,发热多,功耗相对较高,氙灯的缺点是供电复杂且昂贵,在几百万次闪光后会老化。荧光灯属于气体放电光源,发热相对较少,调色范围较宽,缺点是寿命短、老化快,光谱分布不均匀,在有些频率下有尖峰,还不能用作闪光灯。红外光源与 X 射线光源应用领域较为单一。而 LED 光是半导体内部的电子迁移产生的光,LED 光源属于固态电光源,发光过程不产生热,具有功耗低、寿命长、发热少、可以做成不同外形等优点,因此 LED 光源已成为机器视觉的首选光源。

从光源形状角度分类,照明光源可分为条形、穹形、环形、同轴及定制形状等光源。从光源照射方式分,照明可分为明/暗场、前向、侧向、背向、结构光、多角度照射与频闪照明等。其中,明场照明的光源位置较高,大部分光线反射后进入了相机。反之,暗场照明采用低角度照射方式使得光线反射后不能进入相机,提高了对凹凸表面的表现能力,暗场照明常用于光滑面板如手机壳、玻璃基片等的表面划痕检查。背向照明的被测物置于光源和相机之间以获取较高对比度的图像,常用于分析物体的轮廓或透明物体内的异物。多角度照射则采用不同角度光照方式,以提取三维信息,如电路板焊接缺陷检测往往采用多角度照射的光源来提高成像质量。结构光照明是将激光或投影仪产生的光栅投射到被测物表面,然后可根据投影图案的畸变程度重建出物体的三维信息。

此外,光源颜色会对图像对比度产生显著影响,一般来说,波长越短,穿透性就越强,反之则扩散性越好。因此选择光源时需要考虑光源波长特性。另外还需考虑光源颜色与物体颜色的相关性,选择合适的光源来过滤干扰,如对于某特定颜色的背景,常采用与背景颜色相近的光源来提高背景的亮度,以改善图像对比度。

2) 成像系统

成像系统采用镜头(包括定焦镜头、变倍镜头、远心镜头、显微镜头等)、相机(包括 CCD 相机、CMOS 相机)和图像采集卡等相关设备获取被观测目标的高质量图像,并传送到专用图像处理系统进行处理。

相机镜头相当于眼睛的晶状体,其作用是将来自目标的光辐射聚焦在相机芯片的光敏面阵上。镜头按照等效焦距可分为广角镜头、中焦距镜头、长焦距镜头;按功能可分为变焦距镜头、定焦距镜头、定光圈镜头等。镜头的质量直接影响到获取的图像的清晰度、畸变程度等,若成像系统获取的图像信息存在严重损失,则其在后面的环节中往往难以恢复,因此合理选择镜头是机器视觉中成像光路设计的重要环节。

工业相机是将光辐射转变成模拟/数字信号的设备,通常包括光电转换、外围电路、图像输出接口等部件。按数据传送方式的不同,相机可以分为 CCD 相机与 CMOS 相机两类,其中,CCD 相机成像质量好,但制造工艺相对复杂,成本较高,而 CMOS 相机电源消耗量低,数据读取快。按照传感器结构特性的不同,工业相机可分为面阵式与线阵式两类。面阵相机可以一次获得整幅图像,测量图像直观,其应用面较广,但由于生产技术的制约,单个面阵很难满足工业上连续成像的要求。线阵相机每次成像只能获得一行图像信息,因此需要保证被拍摄物体相对相机直线移动,逐次扫描获得完整的图像。线阵相机具有分辨率高等特点,常用于条状、筒状物如布匹、钢板、纸张等的检测。由于逐次扫描需要进行相对直线移动,成像系统复杂性和成本有所增加。

选择相机时需要考虑光电转换器件模式、响应速度、视野范围、系统精度等因素。此外,由于工业设计的需求,当使用工业模拟相机时必须采用图像采集卡将采集的信号转换为数字图像进行传输、存储。因此,图像采集卡需要与相机协调工作来实时完成图像数据的高速采集与读取等任务,针对不同类型的相机,有 USB、PCI、PCI64、ISA 等不同的总线形式的图像采集卡。

3) 视觉信息处理

正如人的视觉系统要将眼睛所获得的视觉信息送到大脑进行综合处理、"深加工"那样,机器视觉系统也要对采集到的视觉信息做进一步处理,这是机器视觉系统的关键之处。很多成熟的图像处理技术、算法都可以直接应用于机器视觉系统。

在机器视觉系统中,如何处理采集到的视觉信息是其核心所在。视觉信息的处理技术主要依赖于图像处理方法,包括图像增强、数据编码和传输、平滑、边缘锐化、分割、特征提取、图像识别与理解等内容。这些处理不仅可以优化图像的视觉效果,还可以对图像进行分析和识别。图像处理是一个很复杂的系统工程,无数学者及工程人员为每一个环节都设计了诸多的算法。考虑到多数应用场合对机器视觉系统有高速、稳定的要求,因此采用的处理算法一般不应太复杂。不论选用哪些算法,都要注意处理视觉信息的速度必须大于或等于图像的采集速度。

2. 机器视觉发展历程

机器视觉是建立在计算机视觉理论基础上的一门学科,涉及光学成像、视觉信息处理、人工智能以及机电一体化等相关技术,经历了从二维到三维的演化过程。

机器视觉早期发展于欧美和日本等国家,并诞生了许多著名的机器视觉相关产业公司;相比发达国家,我国直到 20 世纪 90 年代初才有少数的视觉技术公司成立,相关视觉产品主要包括多媒体处理、表面缺陷检测以及车牌识别等。但由于市场需求不大,同时产品本身存在软硬件功能单一、可靠性较差等问题,直到 1998 年,我国机器视觉才逐步发展起来,其发展经历了启蒙阶段、发展初期、发展中期和高速发展等阶段。

机器视觉启蒙阶段:自 1998 年开始,随着外资在中国大陆投资电子相关企业,企业迫切需要大量机器视觉相关技术的支持,一些自动化公司开始依托国外视觉软硬件产品搭建简单专用的视觉应用系统,并不断地引导和加强中国客户对机器视觉技术和产品的理解与认知,让更多相关产业人员认识到视觉技术带给自动化产业的独特价值及其广泛应用前景,从而逐步带动了机器视觉的广泛应用。

机器视觉发展初期阶段:从 2002 年到 2007 年期间,越来越多的企业开始针对各自的需求寻找基于机器视觉的解决方案,以及探索与研发具有自主知识产权的机器视觉软硬件设备,在 USB 2.0 接口的相机和采集卡等器件方面,我国逐渐占据了入门级市场;同时在诸如检测与定位、计数、表面缺陷检测等应用与系统集成方面取得了关键性突破。随着国外生产线向国内转移以及人们日益增长的产品品质需求,国内很多传统产业如棉纺、农作物分级、焊接等行业开始尝试用视觉技术取代人工来提升质量和效率。

机器视觉发展中期阶段:从 2008 年到 2012 年期间,出现了许多从事工业相机、镜头、光源与图像处理软件等核心产品研发的厂商,大量中国制造的产品步入市场。相关企业的机器视觉产品设计、开发与应用能力,在不断实践中得到了提升。同时,机器视觉在农业、制药、烟草等多行业得到了广泛的应用,一大批系统级相关技术人员开始涌现。

机器视觉高速发展阶段:近年来,我国先后出台了促进智能制造、智能机器人视觉系统以及智能检测发展的政策文件,《中国制造 2025》提出实施制造强国,推动中国到 2025 年基本实现工业化,迈入制造强国行列。得益于相关政策的扶持和引导,我国机器视觉行业的投入与产出显著增长,市场规模快速扩大。

1.1.3　机器视觉算法开发软件

国外研究学者较早地开展机器视觉算法的研究工作,并在此基础上开发了许多较为成熟的机器视觉软件,包括 OpenCV、HALCON、VisionPro、HexSight、EVision、SherLock、Matrox Imaging Library(MIL)等。这些软件具有界面友好、操作简单、扩展性好、与图像处理专用硬件兼容等优点,从而在机器视觉领域得到了广泛的应用。

相比而言,我国机器视觉软件系统发展较晚,国内公司主要代理国外同类产品,然后在此基础上提供机器视觉系统集成方案,目前国内机器视觉软件有深圳奥普特 SciVision 视觉开发包、北京凌云光 VisionWARE 视觉软件、陕西维视 VisionBank 机器视觉软件、深圳市精浦 OpencvReal ViewBench。近年来,国内企业开始重视开发具有自主知识产权的算法包与解决方案,如北京旷视科技开发了一整套人脸检测、识别、分析等视觉技术,利用该技术,应用开发者可以将人脸识别技术轻松应用到互联网及移动设备等应用场景中。

1.1.4　机器视觉工程应用

机器视觉技术能应用在多个行业,但其功能主要是检测和测量。机器视觉最大的优点就是在测量时和被测物体无接触,而且其速度快,精度较高,抗干扰能力也很强。从理论上说,机器视觉能观察到人肉眼观察不到的光,如红外线、超声波等。机器视觉观察到这些我们看不到的光后,可以把它们转化为肉眼能观察到的图像,非常实用。另外机器视觉系统能长时间工作且保持稳定,这些都是肉眼所不能做到的。这些优点使机器视觉系统得到了广泛的应用,并且取得了巨大的经济效益。

1. 产品瑕疵检测

产品瑕疵检测是指利用相机、X 光等将产品的瑕疵进行成像,并通过视觉技术对获取的图像进行处理,确定有无瑕疵、瑕疵数量、位置和类型等,甚至对瑕疵产生的原因进行分析的一项技术。机器视觉能大幅减少人工评判的主观性差异,更加客观、可靠、高效、智能地评价产品质量,同时提高生产效率和自动化程度,降低人工成本。而且机器视觉技术可以运用到一些危险环境和人工视觉难以满足要求的场合,因此,机器视觉技术在工业产品瑕疵检测中得到了大量的应用。

2. 智能视频监控分析

智能视频监控分析是利用视觉技术对视频中的特定内容信息进行快速检索、查询、分析的技术,广泛地应用于交通管理、安防、军事领域等场合。

在智慧交通领域,视频监控分析主要用于提取道路交通参数,以及对交通逆行、违法、抛锚、事故、路面抛洒物、人群聚集等异常交通事件进行识别,涉及交通目标检测与跟踪、目标及事件识别等关键技术。如采用背景减除、YOLO(you only look once,你只需看一次)等方法检测车辆等交通目标,进而建立车辆行驶速度和车头时距等交通流特征参数的视觉测量模型,间接计算交通流量密度、车辆排队长度、道路占有率等影响交通流的重要道路交通参数,进而识别交通拥堵程度,并实现交通态势预测和红绿灯优化配置,从而缓解交通拥堵程度,提升城市运行效率。

3. 自动驾驶及辅助驾驶

自动驾驶汽车是一种通过计算机实现无人驾驶的智能汽车,其依靠人工智能、机器视觉、雷达、监控装置和全球定位系统协同合作,让计算机可以在没有任何人类主动操作的情况下,自动安全地操作车辆。机器视觉的快速发展促进了自动驾驶技术的成熟,使无人驾驶在未来成为可能。自动驾驶技术主要包含环境感知、路径规划和控制决策等三个关键部分,其中机器视觉技术主要用于环境感知部分,具体包括:①交通场景语义分割与理解;②交通目标检测及跟踪;③同步定位和地图创建。

4. 医疗影像诊断

随着人工智能、深度学习等技术的飞速发展,机器视觉与人工智能等技术逐渐应用到医疗影像诊断中,以辅助医生做出判断。机器视觉技术在医学疾病诊断方面的应用主要体现在两个方面:

(1) 影像采集与感知应用。对采集的影像如 X 射线成像图片、显微图片、B 超图片、CT 图片、MRI 图片等进行存储、增强、标记、分割以及三维重建处理。

(2) 诊断与分析应用。不同医生对同一张图片的理解不同,通过大量的影像数据和诊断数据,借助人工智能算法实现病理解读,协助医生诊断,使医生可以了解到多种不同的病理可能性,提高诊断能力。

5. 机器人视觉伺服控制系统

赋予机器人视觉是机器人研究的重点之一,其目的是通过图像定位、图像理解,向机器人运动控制系统反馈目标或自身的状态与位置信息,从而使机器人更加自主、灵活,也更能适应变化的环境。

目前,大多数机器人都是通过预设好的程序进行重复性的指定动作,一旦作业环境发生变化,就需要对机器人重新编程,其才能适应新的环境。视觉伺服控制是利用视觉传感器采集空间图像特征信息(包括特征点、曲线、轮廓、常规几何形状等)或位置信息(通常通过深度摄像头获取)作为反馈信号,构造机器人的闭环控制系统,其目的是控制机器人执行部分快速准确地达到预计位置以完成任务,这样可以使机器人搬运、加工零件、自动焊接的时候更加有效率。

1.2　HALCON 简介

在众多机器视觉开发软件中,HALCON 凭借功能强大、架构灵活等优点而被广泛应用。它由一千多个各自独立的函数,以及底层的资料管理核心构成。其中包含了各类滤波、数学转换、形态学计算分析、校正、分类辨识、形状搜寻等基本的几何与图像处理功能,由于这些功能大多并非针对特定工作设计的,因此需要进行图像处理时,可以用 HALCON 强大的计算分析能力来完成工作,其应用范围几乎没有限制。

1.2.1　HDevelop 简介

1. 集成开发环境——HDevelop

HALCON 提供交互式的编程环境 HDevelop,HDevelop 可在 Windows、Linux、Unix 下使用,用户可通过 HDevelop 快速有效地解决图像处理问题。HDevelop 含有多个对话框工具,以实时交互检查图像的性质(如灰度直方图、区域特征直方图等),并能用颜色标识,动态显示任意特征阈值分割的效果,快速准确地为程序找到合适的参数设置。HDevelop 程序可提供进程、语法检查、建议参数值设置,可在任意位置开始或结束,动态跟踪所有控制变量和图标变量,以便查看每一步的处理效果。当用户完成机器视觉代码编程后,HDevelop 可将此代码直接转化为 C、C++、C♯ 或 VB(Visual Basic)源代码,以便将其集成到应用系统中,HALCON 架构如图 1-1 所示。

HDevelop 类似于 VC、VB、Delphi 等编译环境,有自己的交互式界面,可以编译和测试视觉处理算法,也可以方便地查看处理结果。此外,在 HDevelop 中可以导出算法代码,其也可以作为算法开发、研究、教学等的工具。

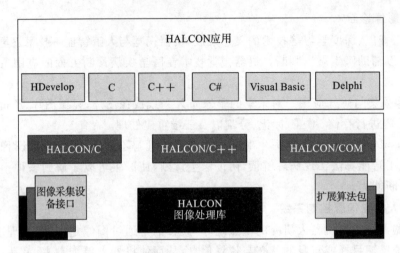

图 1-1 HALCON 架构

每个利用 HALCON 编写的程序包含一个 HALCON 算子序列,程序可以分为一些过程,还可以使用 if、for、repeat 或 while 等控制语句组织这些算子序列,其中各个算子的结果通过变量来传递,算子的输入参数可以是变量,也可以是表达式,算子的输出参数是变量。

HDevelop 能直接连接采集卡和相机,从采集卡、相机或者文件中载入图像,检查图像数据,进而开发一个视觉检测方案,并能测试不同算子或者参数的计算效果,保存后的视觉检测程序,可以导出为 C++、C♯、C、Visual Basic 或者 VB. NET 支持的程序,进行混合编程。

HDevelop 编程方式具有如下优点:

(1) 很好地支持所有的 HALCON 算子;

(2) 便于检查可视数据;

(3) 便于选择、调试和编辑参数;

(4) 便于技术支持。

2. 标准的开发流程

不同于基于类的编程方式,使用 HDevelop 编程方式可以编写完整的程序,适用于无编程经验的程序员。使用 HDevelop 进行编程的过程一般是在 HDevelop 中编写算法部分,使用 C++、C♯ 或 Visual Basic 开发应用程序,从 HDevelop 中导出算法代码并集成到应用程序中,HALCON 编程方法如图 1-2 所示。

3. 交互式并行编程环境

HALCON 提供支持多 CPU 处理器的交互式并行编程环境 Paralell Develop,该编程环境继承了单处理器版 HDevelop 的所有特点,并在多处理器计算机上会自动将数据(比如图像)分配给多个线程,每一个线程对应一个处理器,用户不需改动已有的 HALCON 程序,即可获得显著的速度提升。

并行 HALCON 不仅能保证线程安全,而且可以多次调用,因此,多个线程可同时调用 HALCON 操作。此特性使得机器视觉应用软件可以将一个任务分解,在不同的处理器上并行处理,并行 HALCON 可以使用户使用最新的超级线程技术。

4. 其他

HALCON 的 HDevelop Demo 中包含大量的应用案例,所有案例根据不同的工业领域、不同的用法和算法分类列出,用户可以根据自己的需求方便地找到类似的案例,从而快速掌握

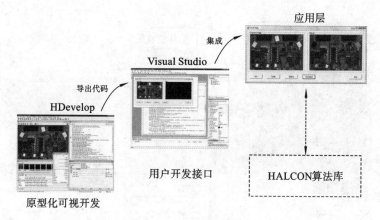

图 1-2 HALCON 编程方法

其函数用法。

此外,HALCON 提供了以下文档:

(1) 函数使用说明文档,详细介绍每个函数的功能和参数用法。

(2) 在不同开发语言(VC、VB、.NET 等)下的开发手册。

(3) 一些算法的原理性介绍,为用户学习提供帮助。

总之,HALCON 机器视觉软件具有以下优点:

(1) 作为开发平台,可自动进行语法检查。

(2) 可动态查看控制和图标变量。

(3) 支持多种操作系统。

(4) 支持多 CPU。

(5) 支持多种文件格式。

(6) 与硬件无关,可支持各种硬件。

1.2.2 HDevelop 界面介绍

HALCON 软件的编程环境 HDevelop 是交互式的,它的操作窗口和编程界面简洁、易操作。HDevelop 图形组件类似于 VC、VB、Delphi 等编译环境,有自己的交互式界面,可以编译和测试视觉处理算法,方便查看处理结果,也可以导出算法代码。

HALCON 安装完成后,点击图标运行 HALCON 软件。下面介绍其主要的界面。

1. 主界面

整个界面分为标题栏、菜单栏、工具栏、状态栏和四个活动界面窗口,四个活动界面窗口分别是图像窗口、算子窗口、变量窗口和程序窗口,如图 1-3 所示。如果窗口排列不整齐,可以选择菜单栏→窗口→排列窗口,重新排列窗口。

2. 菜单栏

菜单栏包含 HDevelop 所有的功能命令,菜单栏下有下拉菜单,如图 1-4 所示。

3. 工具栏

工具栏包含一系列常用功能的快捷方式,如图 1-5 所示。

4. 状态栏

状态栏显示程序的执行情况,如图 1-6 所示。

菜单栏
工具栏
图像窗口
算子窗口
变量窗口
程序窗口

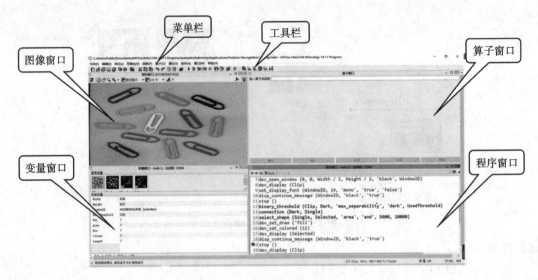

图 1-3 HALCON 主界面

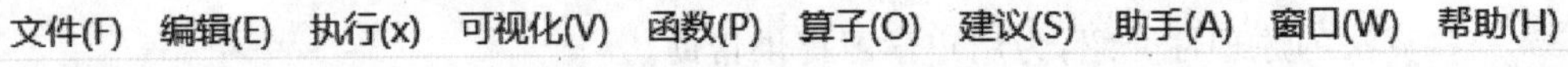

文件(F) 编辑(E) 执行(x) 可视化(V) 函数(P) 算子(O) 建议(S) 助手(A) 窗口(W) 帮助(H)

图 1-4 菜单栏

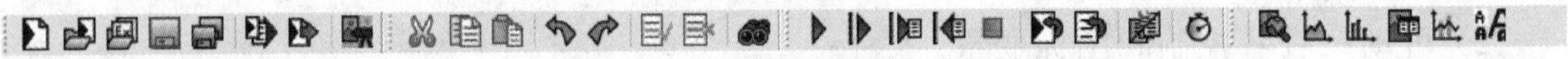

图 1-5 工具栏

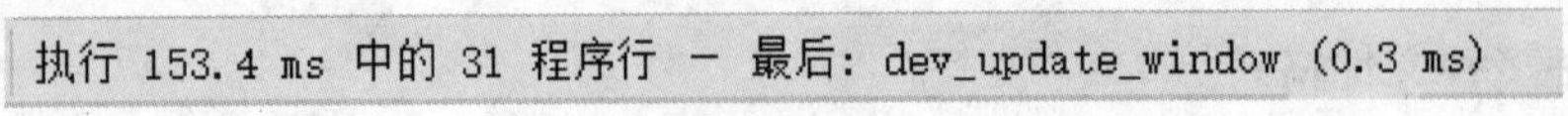

执行 153.4 ms 中的 31 程序行 - 最后: dev_update_window (0.3 ms)

图 1-6 状态栏

5. 打开一个例程

HALCON 提供了大量基于应用的示例程序，下面打开一个 HALCON 自带例程，简单介绍 HALCON 程序的结构。

点击菜单栏中“文件”→“浏览 HDevelop 示例程序”，打开一个例程，比如打开 ball. hdev，如图 1-7、图 1-8 所示。点击工具栏“运行”工具图标，运行程序，结果如图 1-9 所示。

6. HDevelop 算子窗口

算子窗口显示的是算子的重要数据，包含了所有的参数、各个变量的形态，以及参数数值，如图 1-10 所示。这里会显示参数的默认值，以及可以选用的数值。每一个算子都有联机帮助。另外算子名称的查询显示功能也较常用，只要键入部分字符串甚至开头的字母，即可显示所有名称符合的算子以供选用，如图 1-11 所示。

7. HDevelop 程序窗口

程序窗口用于显示 HDevelop 程序，它可以显示整个程序或某个运算符。窗口左侧是一些控制程序执行的指示符号。HDevelop 刚启动时，可以看到一个绿色箭头的程序计数器(program counter，PC)、一个插入符号，还可以设一个断点(breaking point)，窗口右侧显示程序代码，如图 1-12 所示。

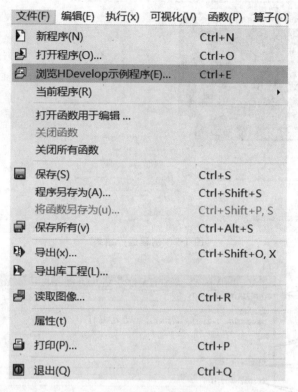

图 1-7　浏览例程

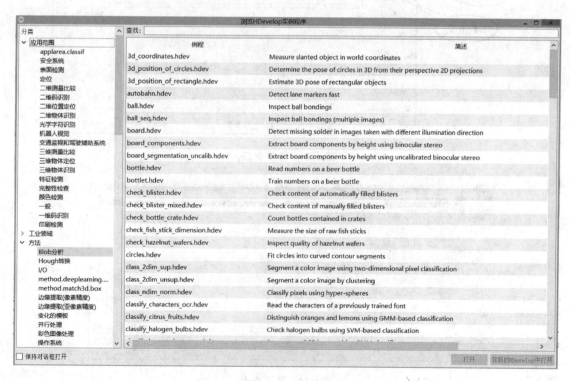

图 1-8　打开例程

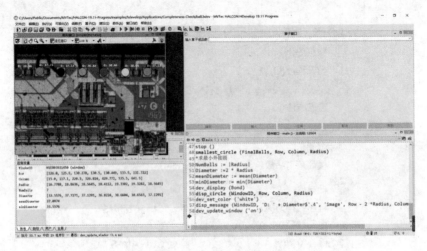

图 1-9 例程运行结果

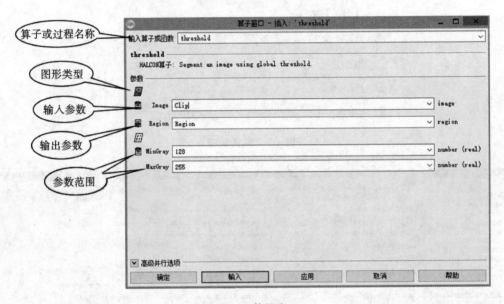

图 1-10 算子窗口

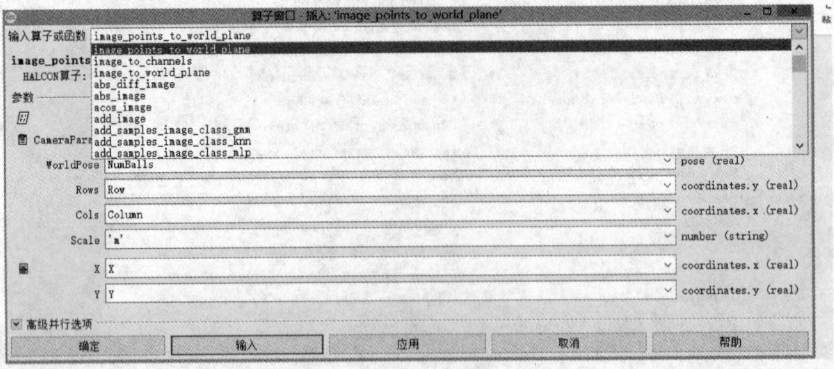

图 1-11 算子查询

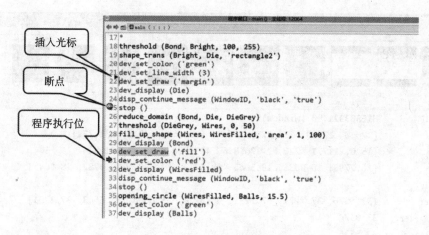

图 1-12　程序窗口

点击菜单栏中的"执行",在下拉菜单中会显示程序运行调试时的一些设置,如图 1-13 所示。

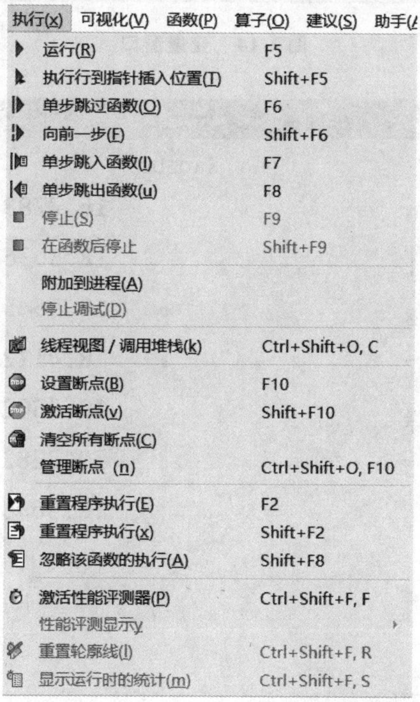

图 1-13　程序运行调试设置

8. HDevelop 变量窗口

变量窗口显示了程序在执行时产生的各种变量,包括图像变量和控制变量,如图 1-14 所示。双击变量,即可显示变量值,如图 1-15 所示。如果是图像变量,则双击变量时,其会显示在图形窗口里。

9. HDevelop 图形窗口

图形窗口用于显示图像化变量数据,如图 1-16 所示。

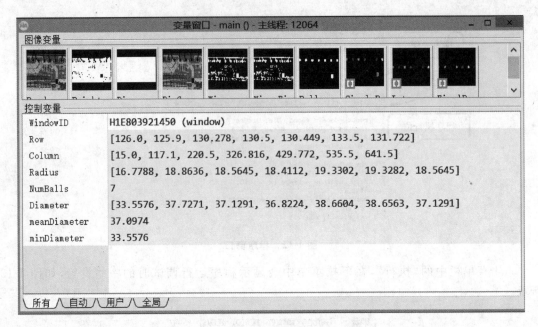

图 1-14　变量窗口

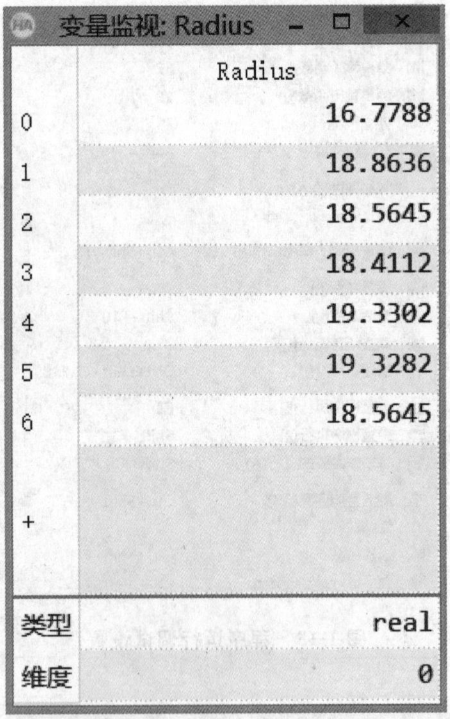

图 1-15　变量值

1）图形窗口可视化

图形窗口可视化的方式可以依据需要来调整，相关功能位于"可视化"菜单下，如图 1-17 所示。可以开启数个图形窗口，并且自行选用要用的窗口。

缩放和移动
适应大小
画ROI
3D点图模式
激活窗口

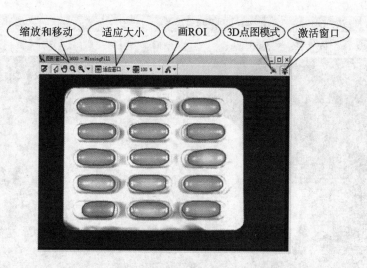

图 1-16 图形窗口

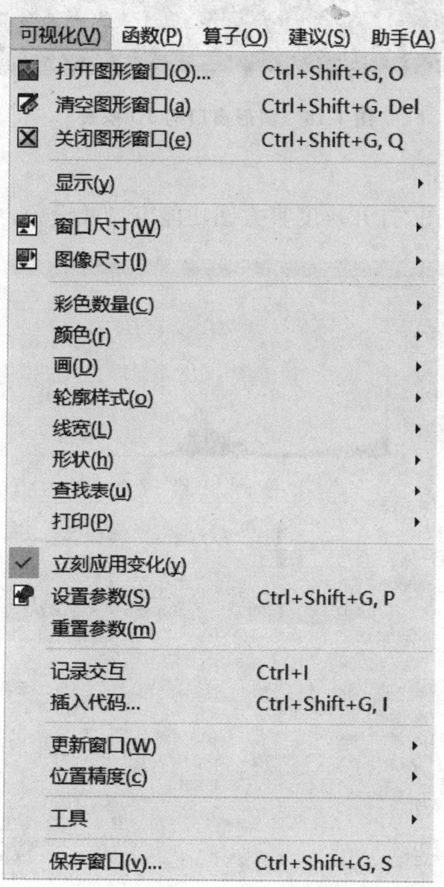

可视化(V) 函数(P) 算子(O) 建议(S) 助手(A)
打开图形窗口(O)... Ctrl+Shift+G, O
清空图形窗口(a) Ctrl+Shift+G, Del
关闭图形窗口(e) Ctrl+Shift+G, Q
显示(y)
窗口尺寸(W)
图像尺寸(I)
彩色数量(C)
颜色(r)
画(D)
轮廓样式(o)
线宽(L)
形状(h)
查找表(u)
打印(P)
立刻应用变化(y)
设置参数(S) Ctrl+Shift+G, P
重置参数(m)
记录交互 Ctrl+I
插入代码... Ctrl+Shift+G, I
更新窗口(W)
位置精度(c)
工具
保存窗口(v)... Ctrl+Shift+G, S

图 1-17 可视化菜单

2）图形窗口的 3D 模式

点击图 1-16 图形窗口右上角“3D 点图模式”图标，可以将图形窗口变为 3D 模式，如图 1-18所示。

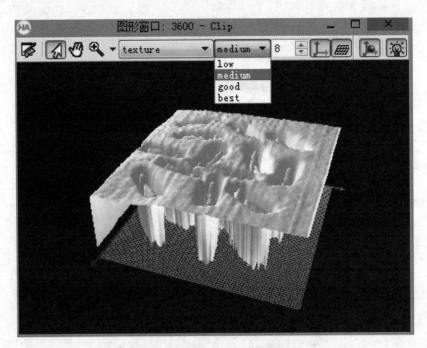

图 1-18 图形窗口的 3D 模式

3）HDevelop 灰度直方图

点击工具栏→灰度直方图，打开灰度直方图功能窗口并设置，如图 1-19 所示。

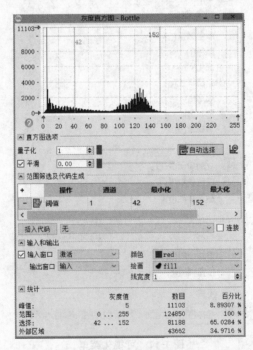

图 1-19 灰度直方图

4）HDevelop 特征直方图

点击工具栏→特征直方图，打开特征直方图功能窗口并设置和编辑，并可根据编辑的直观结果，插入程序代码，如图 1-20 所示。

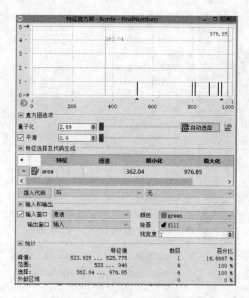

图 1-20　特征直方图

10．HDevelop 菜单介绍

1）编辑菜单

编辑菜单用于 HDevelop 编程时的编辑，如图 1-21 所示。

图 1-21　编辑菜单

2）执行菜单

执行菜单用于程序调试时的设置与运行，如图 1-22 所示。

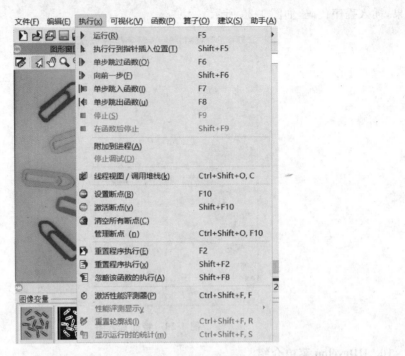

图 1-22　执行菜单

3）函数菜单

函数菜单用于在 HDevelop 中创建一个新的函数或编辑函数中的参数，如图 1-23 所示。

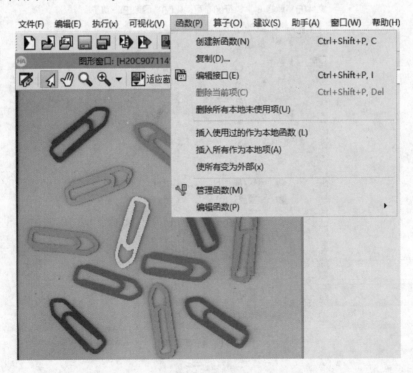

图 1-23　函数菜单

4）助手菜单

助手菜单是特有的快速原型化工具，具有直观可视的特点，可以进行数据分析和特征检测，包括图像获取助手、匹配助手、摄像机标定助手和测量助手，如图 1-24 所示。

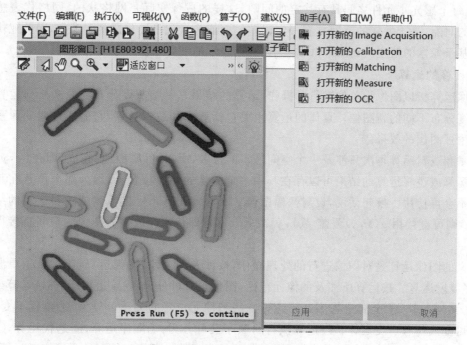

图 1-24　助手菜单

1.2.3　HALCON 功能及应用简介

1. Blob 分析

Blob 分析其实就是将图像二值化分割，得到前景和背景，然后进行连通区域检测，以及面积、周长、重心等特征的分析，得到一些重要的几何特征，例如：区域的面积、中心点坐标、质心坐标、最小外接矩形、主轴等。Blob 分析可以从背景中分离出目标，并计算出目标的数量、位置、形状、方向和大小，还可以提供相关斑点间的拓扑结构。

2. 形态学处理

一般图像处理是对图像进行形状的改变，而形态学处理则是对图像进行结构性的改变。常见的形态学处理就是对二值化图像进行膨胀（dilation）、腐蚀（erosion）、开运算（先腐蚀再膨胀）、闭运算（先膨胀再腐蚀）。

3. 图像特征转换为区域/XLD 轮廓特性

区域（region）是 HALCON 数据结构的重要组成部分，该对象描述图像中的区域。可通过阈值分割（threshold）算子将图像转换成区域，也可以通过手动画 ROI（感兴趣区域）来定义区域。手动画 ROI 定义区域与通过阈值分割将图像转换成区域是不同的，前者基于窗口，后者基于像素灰度值，也就是说，无论是否读取不同的图片，手动画 ROI 都是直接在窗口上划定一个区域，而阈值分割是根据定义的灰度值区间来提取图像中满足这一灰度值区间的像素点，并将它们归纳成一个区域。手动画 ROI 区域里面包括灰度值不受限制的像素点，阈值分割区域只包含特定灰度值区间的像素点，手动画 ROI 区域对区域连通量计算（connection）是没有意义的,阈值分割的区域可通过区域连通量计算将不相连的区域区分成一个个独立的区域。

图像中 Image 和 Region 数组结构都是基于像素精度的,在实际工业应用中需要比图像像素分辨率更高的精度,这种精度称为亚像素精度。我们知道相机的 CCD 芯片是由感光小元件构成的,每个感光小元件之间具有一定的间隙,这样的成像实际是网格状的,网格代表感光元件之间的间隙,基于像素的精度具有一定误差。而亚像素就是细化这些间隙的,因此亚像素精度高于基于像素的精度。在 HALCON 中 XLD 表示的就是亚像素级别的轮廓。

4. 图像的运算

图像运算指以图像为单位进行的操作,运算的结果是一幅灰度分布与原来参与运算的图像的灰度分布不同的新图像。具体的运算主要包括算术和逻辑运算,它们通过改变像素的值来得到增强图像的效果。

算术和逻辑运算每次只涉及一个空间像素的位置,所以可以"原地"完成,即在(x,y)位置做算术运算或逻辑运算的结果可以存在其中一个图像的相应位置上,因为那个位置在其后的运算中不会再使用。换句话说,设对两幅图像 $f(x,y)$ 和 $h(x,y)$ 的算术或逻辑运算的结果是 $g(x,y)$,则可直接用 $g(x,y)$ 覆盖 $f(x,y)$ 或 $h(x,y)$,即从原存放输入图像的空间直接得到输出图像。

广义的图像运算是对图像进行的处理操作,按涉及的波段,图像运算可分为:①单波段运算;②多波段运算。按运算所涉及的像元范围,图像运算可分为:①点运算;②邻域运算或局部运算;③几何运算;④全局运算等。按计算方法与像元位置的关系可分为:①位置不变运算;②位置可变或位移可变运算。按运算执行的顺序又可分为:①顺序运算;②迭代运算;③跟踪运算等。狭义图像运算专指图像的代数运算(或算术运算)、逻辑运算和数学形态学运算。

5. 图像匹配

在一幅训练图像中,一个所谓的模板被呈现。系统从这个模板中获取一个模型,在搜索图像时这个模型被用来定位和模板相似的对象。这种方法能够适应光照、遮挡、尺寸和位置变化及旋转,甚至模板部分存在相对移动的情况。

6. 图像测量

图像测量是指对图像中的目标或区域特征进行测量和估计。广义的图像测量是指对图像的灰度特征、纹理特征和几何特征进行测量和描述;狭义的图像测量仅指对图像目标几何特征进行测量,包括对目标或区域几何尺寸的测量和几何形状特征的分析。图像测量中主要测量几何尺寸、形状参数、距离、空间关系等。

7. HALCON 中的深度学习

1) 异常检测

输入图像的每个像素被分配一个分数,以指示它显示未知特征(即异常)的可能性。通过异常检测来检测图像是否包含异常。异常指的是偏离常规的、未知的东西。异常检测模型学习没有异常图像的共同特征,训练后的模型将推断出输入图像只包含学习过的特征的可能性有多大,判断该图像是否包含不同的东西。此推断结果作为灰度图像返回,其中,像素值表示输入图像像素中相应像素出现异常的可能性有多大。

2) 图像分类

从一组给定的类别中将图像分类。基于深度学习的分类是为一幅图像分配一组置信度值的方法。这些置信度值表明图像属于每个可分辨类的可能性有多大。

3) 目标检测

目标检测的任务是找出图像中所有感兴趣的目标(物体),确定它们的类别和位置。通过目标检测,我们希望在图像中找到不同的目标,并将它们分配给一个类别;目标物体可以部分重叠,但仍然可以区分为不同的类别。

4) 语义分割

语义分割是一种典型的计算机视觉问题,其涉及将一些原始数据(例如平面图像)作为输入,并将它们转换为具有突出显示的感兴趣区域的掩模,简单来说就是给定一张图片,对图片中的每一个像素点进行分类。

本 章 小 结

本章介绍了机器视觉的发展历程、机器视觉关键技术及其在工程领域中的应用,并简单介绍了 HALCON 软件及其功能和应用。

根据对国内外发展状况的研究,机器视觉技术已经成为各国大力发展与研究的方向。众多行业对其的需求成为推动机器视觉系统向前发展的动力。我国的机器视觉理论研究已经处于世界先进水平,但是实际应用却有所不足。因此,我们要跟进国际的发展形势,结合我国工、农、医、军事、交通等各行业的实际情况开展视觉技术研究,促进机器视觉技术在我国的快速发展,增强实际应用的能力,以推动我国现代化的建设水平。

习　　题

1.1　概述机器视觉软件的功能、特点,并举例说明目前常用的机器视觉软件。

1.2　熟悉 HALCON 的编程环境,并概述 HALCON 在数字图像处理应用中的特点。

1.3　概述机器视觉的主要应用,并举例说明。

第 2 章　HALCON 编程基础与数据结构

本章前面三节介绍 HALCON 的编程基础,包括控制语句、算子以及图像的基本读取操作,后面两节介绍 HALCON 数据结构。HALCON 数据结构主要有图形参数与控制参数两类参数。图形参数(Iconic)包括 Image、Region、XLD,控制参数(Control)包括 string、integer、real、Handle、Tuple 数组等。

2.1　HALCON 控制语句

HALCON 提供的控制流的用法与 C/C++中的类似。一般成对存在,一个是开始的标志,一个是结束的标志。也就是说有 if 就有 endif,有 while 就有 endwhile。控制语句类型主要有以下几种:

(1) if 条件语句;

(2) switch 多分支条件语句;

(3) while 循环语句;

(4) for 循环语句;

(5) 中断语句。

2.1.1　条件语句

1. if 条件语句

if 条件语句有三种常用的表达形式,下面逐一列出。

(1) if(表达式)

语句组 1

endif

语义为:判断表达式的值,如果表达式的值非零则执行语句组 1,否则直接转到 endif。

【例 2-1】　if 条件语句实例一。

```
*赋值
cont:=2
*判断变量 cont 的值是否大于或等于 1,大于或等于 1 就执行语句 cont:=cont-1
if(cont>=1)
cont:=cont-1
*if 条件语句结束标志
endif
```

（2）if（表达式）

语句组 1

else

语句组 2

endif

语义为：判断表达式的值，如果表达式的值非零则执行语句组 1，否则执行语句组 2。

【例 2-2】　if 条件语句实例二。

```
cont:=2
*判断变量 cont 的值是否大于或等于 1，大于或等于 1 就执行语句 cont:=cont-1
if(cont>=1)
cont:=cont-1
*cont 的值小于 1 就执行语句 cont:=cont+1
else
cont:=cont+1
*if 条件语句结束标志
endif
```

（3）if（表达式 1）

语句组 1

elseif（表达式 2）

语句组 2

else

语句组 3

endif

语义为：判断表达式的值，表达式 1 的值非零则执行语句组 1。表达式 1 的值为零而表达式 2 的值非零则执行语句组 2，两个表达式的值都为零则执行语句组 3。

【例 2-3】　if 条件语句实例三。

```
cont:=2
*判断变量 cont 的值是否大于或等于 1，大于或等于 1 就执行语句 cont:=cont-1
if(cont>=1)
cont:=cont-1
*判断变量 cont 的值是否小于或等于-1，小于或等于-1 就执行语句 cont:=cont+1
elseif(cont<=-1)
cont:=cont+1
*如果 cont 的值大于-1 而小于 1 则执行语句 cont:=cont+2
else
  cont:=cont+2
*if 条件语句结束标志
endif
```

2. switch 多分支条件语句

当 if…else 条件语句使用多层嵌套时可以用 switch 多分支条件语句代替。

```
switch(条件)
    case 常量表达式 1:
        语句 1
         break
          …
    case 常量表达式 n:
        语句 n
        break
        default :
        语句 n+1
        endswitch
```

语义为:将条件值与其后的常量表达式的值逐个比较,当条件值与其后的某个常量表达式的值相等时就执行常量表达式后面的所有语句。每个 case 语句只是一个入口标号,不能确定执行的终止点,如果只想执行一条 case 语句,则应该在 case 语句的最后使用 break 语句结束switch 条件语句。如果条件值与所有的常量表达式的值均不相等则执行 default 后面的语句。

switch 语句中所有常量表达式的值应该是不重复的常量。因为 switch 语句无法处理浮点数所以条件值必须是整数。如果条件选项涉及取值范围、浮点数或两个变量的比较则应该使用 if…else 条件语句。

【例 2-4】 switch 条件语句实例。

```
I:=5
*I 的值与其后的常量表达式的值逐个比较
switch(I)
case 1:
I:=I-3
*中断语句,跳出 switch 语句
break
*I 的值与常量表达式的值相等,执行后面的语句
case 5:
I:=I+5
break
*I 的值与其后所有常量表达式的值都不相等则执行 default 语句
default:
I:=2*I
*switch 语句结束标志
endswitch
```

2.1.2　循环控制语句

1. while 循环语句

```
while(条件)
    循环体语句
```

endwhile

语义为：首先对条件值进行判断，若条件值非零则重复执行循环语句，直到条件值为零时退出 while 循环。若条件值始终不为零，则 while 循环容易成为死循环，这时候需要使用 break 语句跳出循环。

【例 2-5】　while 循环语句实例。

```
In:=1
In_Sum:=0
*判断 In 的值是否小于或等于 100,小于或等于 100 则执行循环体
while(In<=100)
*求和
In_Sum:=In_Sum+In
*自加 10
In:=In+10
*while 语句结束标志
endwhile
```

2. for 循环语句

for (Index := start to end by step)

　　　循环体

　　　endfor

for 循环语句是 HALCON 中最重要的循环语句，通过控制变量的开始值至结束值来进行循环，start 为 Index 变量的开始值，end 为结束值，step 为步长值。首先判断 Index 变量的开始值是否小于结束值，如果小于则执行循环体，否则结束循环。执行完循环体以后把 Index 的值加步长值作为 Index 的新值，判断 Index 的新值是否小于结束值，如果小于则继续执行循环体，否则结束循环。依次执行直到 Index 的新值大于结束值时结束循环。

【例 2-6】　for 循环语句实例。

```
I:=0
*循环变量 J 从 1 到 10,每次增加 1
for J:=1 to 10 by 1
*每次循环判断 J 是否小于 5,小于 5 则跳过这次循环
if(J<5)
continue
*if 语句结束标志
endif
*求和
I:=I+J
*for 循环语句结束标志
endfor
```

2.1.3　中断语句

一般来说 break 与 continue 语句都能够使程序跳过部分代码。在 switch 或任意循环中使用 break 语句可以使程序跳出 switch 或任意循环直接执行后面的语句。continue 语句用于循环语句,能够使程序跳过循环体中余下的代码进行新一轮循环。

【例 2-7】　中断语句实例。

```
I:=0
for J:=1 to 10 by 1
*如果 J 大于 5 则跳出循环
if(J>5)
break
endif
*如果 J=3 则跳过此次循环
if(J==3)
continue
*if 语句结束标志
endif
*求和
I:=I+J
*for 语句结束标志
endfor
```

2.2　HALCON 算子

2.2.1　HALCON 算子及算子编辑窗口

HALCON 算子的基本结构为:算子(图像输入:图像输出:控制输入:控制输出)。

HALCON 算子中的四种参数被三个冒号依次隔开,分别是:图像输入参数、图像输出参数、控制输入参数、控制输出参数。一个算子中这四种参数可能不会都存在,但是参数的次序不会变化。HALCON 中的输入参数不会被算子更改,只被算子使用,算子只能更改输出参数。算子举例:threshold(Image:Region:MinGray,MaxGray:)。

threshold 算子中,Image 为图像输入参数;Region 为图像输出参数;MinGray 和 MaxGray 为控制输入参数。由此看出调用这个算子时,必须输入一个图像参数和两个控制参数才能输出一个图像参数。

下面介绍 HALCON 算子的编辑窗口,编辑窗口如图 2-1 和图 2-2 所示。

通过算子编辑窗口我们可以看到每条算子都有特定的颜色,我们可以通过打开参数用户窗口看到编辑窗口中各算子对应的颜色,如图 2-3 所示。通过菜单栏→编辑→参数选择→程序窗口,打开程序窗口。

一般情况下,语句的颜色分类如下。

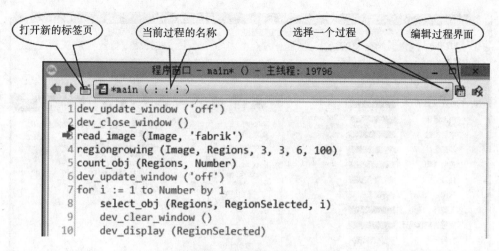

图 2-1　算子编辑窗口 1

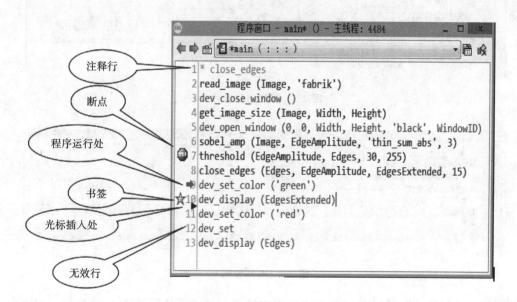

图 2-2　算子编辑窗口 2

（1）褐色：控制和开发算子。

（2）蓝色：图像获取和处理算子。

（3）浅蓝色：外部函数。

（4）绿色：注释。

在参数用户窗口中可以通过对话框修改编辑窗口中算子的颜色、字体、HDevelop 系统语言、布局。布局主要是指四个活动界面窗口的排列位置，布局说明如图 2-4 所示。

2.2.2　算子查询

算子的帮助窗口包含了所有 HALCON 算子的详细说明，可以按 F1 快捷键打开 HALCON 算子的帮助窗口，也可以通过下面的步骤打开帮助窗口：菜单栏→帮助→帮助。算

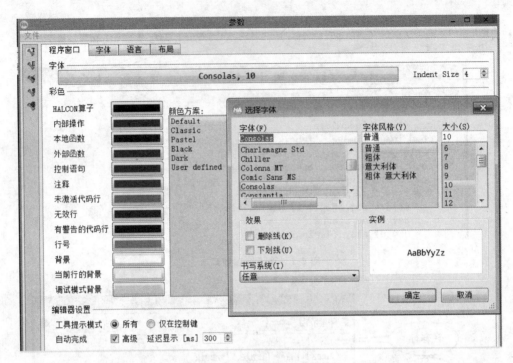

图 2-3　程序窗口参数

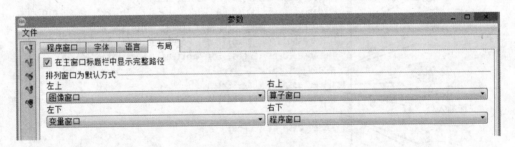

图 2-4　布局说明

子名称具有查询显示作用,在算子查找对话框中键入全部或部分算子名称,在弹出的列表中点击想查找的算子,帮助窗口右侧会显示算子的具体说明,如图 2-5 所示。具体说明如下。

算子名称:算子的英文名称以及大致功能。

算子签名:带有算子参数、分隔符的算子签名。

算子描述:描述算子功能和各参数意义。

算子参数:描述各参数类型和属性。

HDevelop 例程:用到此算子的例程,可点击查看例程。

2.2.3　算子编辑

在算子编辑过程中,常使用算子窗口来建立 HDevelop 程序,算子窗口包含了各算子的参数及其取值。使用算子窗口能够直接对算子参数的取值进行合理选择。

下面以新建 threshold 程序为例,说明如何使用算子窗口建立一行 HDevelop 程序。

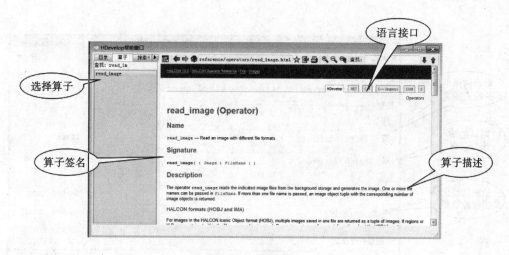

图 2-5　帮助窗口

使用算子窗口建立一行 HDevelop 程序的步骤为：单击鼠标使光标定位到要创建程序的位置，点击菜单栏→算子窗口→输入算子，在函数对话框中键入全部或部分算子名称，找到需要编辑的算子→回车确认→打开算子窗口→选择合适的算子参数→点击确定。输入算子和函数对话框如图 2-6 所示。

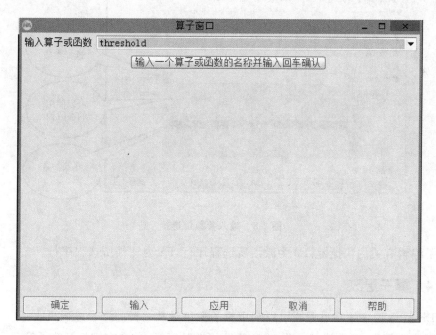

图 2-6　输入算子和函数对话框

一般来说，打开算子窗口以后需要选择算子的四个参数（图像输入参数、图像输出参数、控制输入参数、控制输出参数）。此处 threshold 算子只需要对前三个参数进行选择，各参数的描述如图 2-7 所示。

在下拉列表中直接选择 threshold 算子的图像输入参数与图像输出参数名称，并选择输入参数的值，如图 2-8 所示。

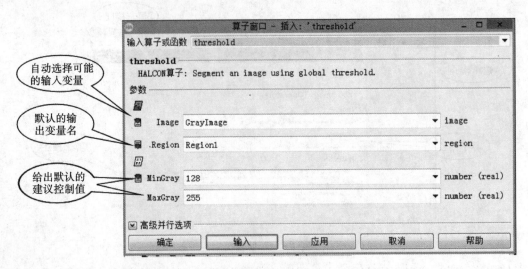

图 2-7　算子窗口参数描述

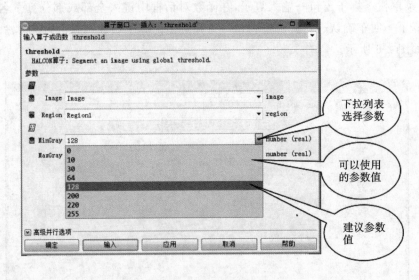

图 2-8　输入参数值选择

与算子编辑有关的快捷键：F3 为激活所选程序行，F4 为注销所选程序行。

2.2.4　算子更改

在 HDevelop 程序编写过程中可以利用算子窗口对某一行的算子进行更改。

算子更改步骤为：双击算子名称，选中需要更改的算子，单击右键打开算子窗口，在弹出的算子窗口中修改参数。算子更改如图 2-9 所示。

2.2.5　算子运行

执行程序时如果只需执行某一行，则需要选中执行行的前一行，单击右键选择程序计数器，将执行标示定位到执行行的前一行，通过菜单栏→执行→单步跳过程序来执行某一行。多行的执行可以通过菜单栏→执行→运行来执行接下来的所有程序代码，直到遇到断点或遇到

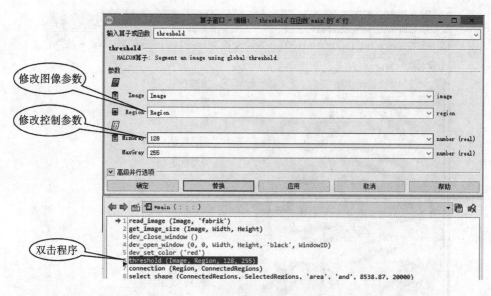

图 2-9　算子更改

stop 算子程序才会中止。

与算子运行有关的快捷键:F2 为重置程序执行,F5 为程序运行,F6 为单步跳过函数,F7 为单步跳入函数,F8 为单步跳出函数。

2.3　HALCON 图像读取、显示和转换

2.3.1　HALCON 图像读取

下面介绍图像读取的三种方式。

1. 利用 read_image 算子读取图像

算子 read_image(:Image:FileName:)中,Image 为读取的图像变量名称,FileName 为图像文件所在的路径,HALCON 支持多种图像格式。利用 read_image 算子读取图像有下面三种方式。

(1) 利用快捷键调用 read_image 算子读取图像。读取图像的步骤为:按 Ctrl+R 快捷键打开读取图像对话框→选择文件名称所在的路径及变量名称→选择语句插入位置→点击确定。利用快捷键读取图像如图 2-10 所示。

(2) 使用算子窗口调用 read_image 算子,选择文件名称所在的路径及变量名称。使用算子窗口读取图像如图 2-11 所示。

(3) 利用 for 循环读取同一路径下的多张图。首先声明一个 Tuple 数组保存文件名及路径,然后利用 for 循环依次读取 Tuple 数组保存路径下的图像。

【例 2-8】　利用 for 循环读取图像实例。

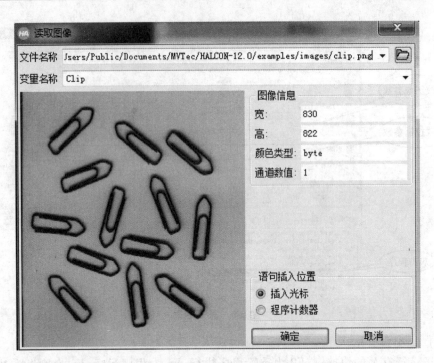

图 2-10　利用快捷键读取图像

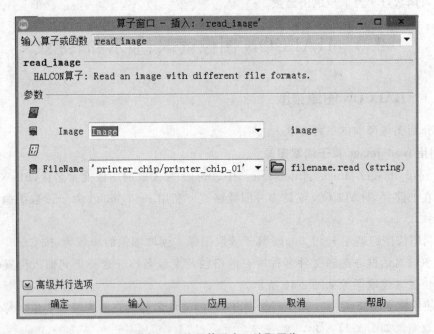

图 2-11　使用算子窗口读取图像

```
*声明数组
ImagePath:=[]
*将文件名及路径保存到数组
ImagePath[0]:='fin1.png'
ImagePath[1]:='fin1.png'
```

```
ImagePath[2]:='fin1.png'
*循环读取图像
for i:=0 to 2 by 1
read_image(Image,ImagePath[i])
*for循环结束标志
endfor
```

2. 利用采集助手批量读取文件夹下所有图像

利用采集助手批量读取文件夹下所有图像的步骤为：菜单栏→助手→打开新的 Image Acquisition→资源→图像文件→选择路径→代码生成→插入代码。选择文件夹路径如图 2-12 所示,生成批量读取图像的代码页面如图 2-13 所示。

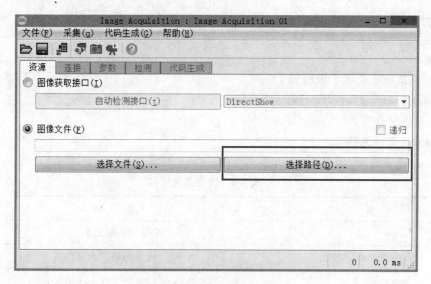

图 2-12　选择文件夹路径

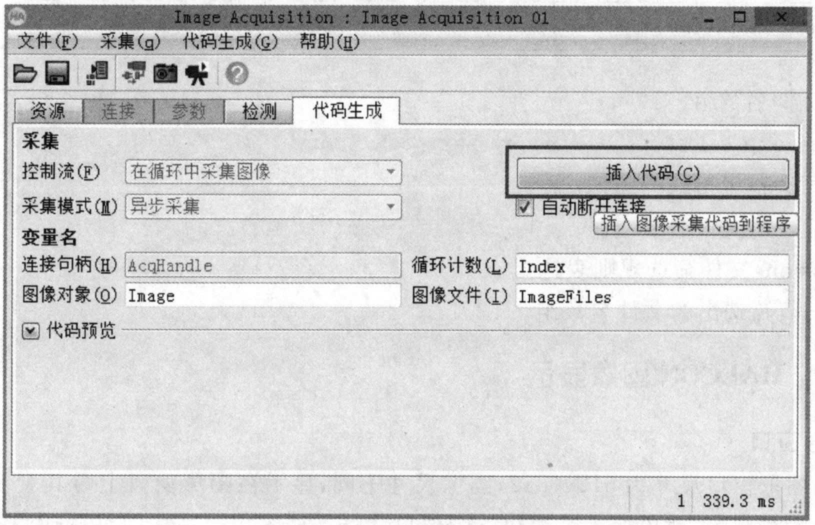

图 2-13　生成批量读取图像的代码页面

【例 2-9】 利用采集助手读取图像实例。

```
*遍历文件夹
list_files ('C:/Users/Public/Documents/MVTec/HALCON-13.0/examples
/images/bicycle', ['files','follow_links'], ImageFiles)
*筛选指定格式的图像
tuple_regexp_select (ImageFiles, ['\\.(tif|tiff|gif|bmp|jpg|jpeg|jp2|
png)$ ','ignore\ case'], ImageFiles)
*依次读取图像
for Index :=0 to |ImageFiles| -1 by 1
read_image (Image, ImageFiles[Index])
*显示图像
dev_display(Image)
endfor
```

例 2-9 涉及的主要算子说明如下。

list_files（:,Directory,Options：Files)

功能：遍历文件夹。

Directory：文件夹路径。

Options：搜索选项，如表 2-1 所示。

表 2-1 搜索选项

选 项	说 明
files	指定搜索的格式为文件
directories	指定搜索的格式为文件夹
recursive	指定可以遍历文件夹下的文件
max_depth 5	指定遍历的深度
max_files 1000	指定遍历的最大文件数目

Files：文件名数组。

tuple_regexp_select(:,Data,Expression：Selection)

功能：筛选指定格式的图像。

Data：输入的文件名数组。

Expression：文件筛选规则表达式。

Selection：筛选出的文件名数组。

2.3.2 HALCON 图像显示

1. 图形窗口

默认的图形窗口尺寸为 512×512，图像尺寸不同，显示在图形窗口上时其会变形，得到无变形的图像的步骤为：菜单栏→可视化→图像尺寸→适应窗口。这样即可自动调整窗口。

新增一个图形窗口的 HDevelop 算子为

dev_open_window(:,Row,Column,Width,Height,Background：WindowHandle)

Row、Column：窗口起始坐标（默认值都为零）。

Width、Height：窗口的宽度和高度（默认值都为 512）。

Background：窗口的背景颜色（默认为"black"）。

WindowHandle：窗口句柄。

新建窗口时如果不知道窗口的确定尺寸，可将窗口的高度和宽度都设置为"－1"，设置为"－1"表示窗口大小等于最近打开的图像大小，具体算子为：dev_open_window(0,0,－1,－1,'black',WindowHandle)。

打开 HDevelop 的变量窗口，双击图像变量目录下已存在的图像，图像就会显示在图形窗口中。图形窗口中显示的图像可以缩放，直接把鼠标放到要进行缩放的区域，滑动鼠标中间滚轮进行缩放操作，要恢复原有尺寸只需要在图形窗口中点击"适应窗口"。我们也可以通过菜单栏→可视化→设置参数→缩放，对显示的图像进行缩放，在想要放大的区域点击放大或者缩小按钮，要恢复原有尺寸则直接点击"重置"按钮。

2. 图像显示

HDevelop 中显示图像通常使用 dis_display 算子，格式为 dev_display(Object：：)。

在运行模式下运行算子时图形窗口会实时更新，如果只想通过图像显示算子在图形窗口中显示某些图像（Image、Region 或 XLD），就可以关闭窗口的更新。我们可以通过调用 dev_update_window('off')语句来关闭窗口的更新，也可以通过菜单栏→可视化→更新窗口→单步模式→清空并显示命令，来关闭窗口的更新。如果关闭了窗口的更新，则只能手动调用 dev_display()来显示图像。

3. 显示文字

显示文字常用 disp_message 算子与 write_string 算子，其中 disp_message 为外部算子。

disp_message(：：WindowHandle,String,CoordSystem,Row,Column,Color, Box：)

功能：在窗口中显示字符串。

WindowHandle：窗口句柄。

String：要显示的字符。

CoordSystem：当前的操作系统。

Row、Column：窗口中显示的起始坐标。

Color：字体颜色。

Box：是否显示白色的底纹。

write_string(：：WindowHandle,String：)

功能：在窗口已设定的光标位置处显示字符串。

write_string 一般与 set_tposition 配合使用，先使用 set_tposition 算子设置光标位置，然后使用 write_string 算子在光标位置处显示字符串。显示的文字必须适合右侧窗口边界（字符串的宽度可由 get_string_extents 算子查询）。

【例 2-10】　图像显示实例。

```
*关闭窗口
dev_close_window ()
*打开新窗口
dev_open_window (0, 0, 400, 400, 'white', WindowID)
*设置颜色
```

```
dev_set_color ('red')
*画箭头
disp_arrow (WindowID, 255 -20, 255 -20, 255, 255, 1)
*在窗口中显示字符串
disp_message (WindowID, '显示文字 1', 'window', 20, 20, 'black', 'true')
dev_set_color ('blue')
*设置光标位置
set_tposition (WindowID, 40, 40)
*在窗口已设定光标位置处显示字符串
write_string (WindowID, '显示文字 2')
*设置光标位置
set_tposition (WindowID, 255, 255)
*读取字符串
read_string (WindowID, 'Default', 32, OutString)
```

执行程序,结果如图 2-14 所示。

图 2-14 显示文字处理结果

2.3.3 HALCON 图像转换

1. RGB 图像转换成灰度图像

将 RGB 图像转换成灰度图像可以使用 rgb1_to_gray 算子,其格式为 rgb1_to_gray (RGBImage:GrayImage::)。

RGBImage 与 GrayImage 分别是输入、输出图像参数。如果输入图像是三通道图像,则

RGB 图像的三个通道值可以根据以下公式转化成灰度值。

$$灰度值＝0.299×红色值＋0.587×绿色值＋0.114×蓝色值$$

如果 RGBImage 中输入图像是单通道图像，则 GrayImage 灰度图像将直接复制 RGBImage 进行输出。

【例 2-11】 RGB 图像转灰度图像实例。

```
*读取图像
read_image (Earth, 'earth.png')
*RGB 图像转换成灰度图像
rgb1_to_gray (Earth, GrayImage)
```

执行程序,结果如图 2-15 所示。

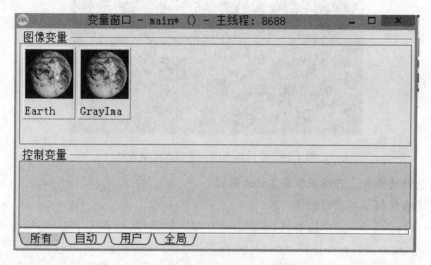

图 2-15　RGB 图像转换成灰度图像

2. 求区域与图像的平均灰度值

求区域与图像的平均灰度值可以使用算子 region_to_mean,其格式为 region_to_mean (Regions,Image:ImageMean::)。

可通过此算子绘制 ImageMean 图像,将其灰度值设置为 Regions 和 Image 的平均灰度值。

【例 2-12】 求区域与图像平均灰度值实例。

```
*读取图像
read_image(Image,'fabrik')
*区域生长
regiongrowing(Image,Regions,3,3,6,100)
*得到区域与图像的平均灰度值
region_to_mean(Regions,Image,Disp)
dev_open_window (0, 0, 400, 400, 'black', WindowHandle)
*显示图像
dev_display (Disp)
```

执行程序,结果如图 2-16 所示。

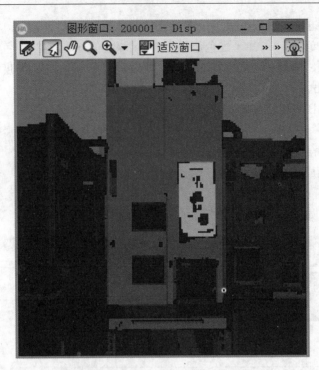

图 2-16　求区域与图像平均灰度值实例

3. 将区域转换为二进制图像或 Label 图像

1）将区域转换为二进制图像

使用 region_to_bin 算子能够将区域转换为二进制图像，格式为 region_to_bin（Region：BinImage：ForegroundGray，BackgroundGray，Width，Height：）。

使用算子将区域转换为二进制图像，如果输入区域大于生成的图像则会对图像边界进行剪切。

2）将区域转换为 Label 图像

使用算子 region_to_label 能够将区域转换为 Label 图像，格式为 region_to_label（Region：ImageLabel：Type，Width，Height：）。

算子可以根据索引（$1,2,\cdots,n$）将输入区域转换为标签图像，即第一区域被绘制为灰度值 1，第二区域被绘制为灰度值 2 等。比生成的图像灰度值大的区域将会被适当地剪切。

【例 2-13】　区域转换为二进制图像或 Label 图像实例。

```
*读取图像
read_image (Image, 'a01.png')
*复制图像
copy_image (Image, DupImage)
*区域生长
regiongrowing (DupImage, Regions, 3, 3, 1, 100)
*将区域转化成二进制图像
region_to_bin (Regions, BinImage, 255, 0, 512, 512)
*将区域转化成 label 图像
region_to_label (Regions, ImageLabel, 'int4', 512, 512)
```

执行程序,结果如图 2-17 所示。

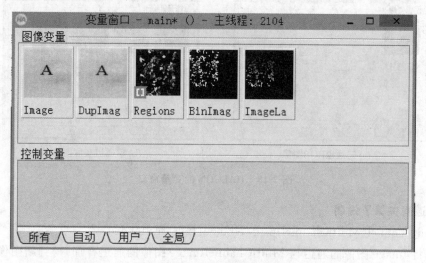

图 2-17　区域转换图像实例

2.4　图　形　参　数

HALCON 图形参数 Iconic 由 Image、Region、XLD 组成。所有算子的参数都以相同的方式排列:输入图像、输出图像、输入控制、输出控制。当然,并非所有的算子都具有上述四类参数,不过参数排列的次序依旧相同。

2.4.1　HALCON Image 图像

HALCON 图像数据可以用矩阵表示,矩阵的行对应图像的高,矩阵的列对应图像的宽,矩阵的元素对应图像的像素,矩阵元素的值对应图像像素的灰度值。根据像素信息的不同,通常将图像分为二值图像、灰度图像、RGB 图像。下面对 Image 的通道进行介绍。

1. 理论基础

图像通道可以看作一个二维数组,这也是程序设计语言中表示图像时所使用的数据结构。因此在像素(r,c)处的灰度值可以被解释为矩阵$g=f_{r,c}$中的一个元素。更正规的描述方式为:我们视某个宽度为w、高度为h的图像通道f为一个函数,该函数表述从离散二维平面$\mathbf{Z}^2$的一个矩形子集$r=\{0,\cdots,h-1\}\times\{0,\cdots,w-1\}$到某一个实数的关系$f:r\rightarrow\mathbf{R}$,像素位置$(r,c)$处的灰度值$g$定义为$g=f(r,c)$。同理一个多通道图像可被视为一个函数$f:r\rightarrow\mathbf{R}^n$,这里的$n$表示通道的数目。

如果图像内像素点的值用一个灰度级数值描述,那么图像有一个通道。如果像素点的值能用三原色描述,那么图像有三个通道。一幅彩色图像中如果只有红色和绿色没有蓝色,并不意味没有蓝色通道。在一幅完整的彩色图像中,红色、绿色、蓝色三个通道同时存在,图像中没有蓝色只能说明蓝色通道中各像素值为零。灰度图像有一个通道,RGB 图像有三个通道。

把鼠标移动到 HALCON 的变量窗口中的图像变量上时,图像变量的类型、通道及尺寸会显示出来,如图 2-18 所示。

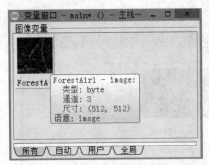
(a) 三通道RGB图像

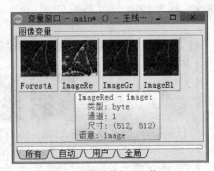
(b) 单通道灰度图像

图 2-18　HALCON 的变量窗口

2. 通道有关算子说明

append_channel(MultiChannelImage,Image:ImageExtended::)

功能:将 Image 图像的通道与 MultiChannelImage 图像的通道叠加,得到新图像。

MultiChannelImage:多通道图像。

Image:要叠加的图像。

ImageExtended:叠加后得到的图像。

decompose3(MultiChannelImage:Image1,Image2,Image3::)

功能:将三通道彩色图像转换为三个单通道灰度图像。

MultiChannelImage:要进行转换的三通道彩色图像。

Image1:转换得到第一个通道的灰度图像,对应红色通道。

Image2:转换得到第二个通道的灰度图像,对应绿色通道。

Image3:转换得到第三个通道的灰度图像,对应蓝色通道。

读取一幅红色的三通道彩色图像后,利用 decompose3 算子将其分解成三个单通道图像,其中得到的对应红色通道的是一幅白色图像,对应绿色和蓝色通道的是黑色图像。由此我们知道红色在红色通道中比较明显,绿色和蓝色分别在绿色和蓝色通道中比较明显。

image_to_channels(MultiChannelImage:Images::)

功能:将多通道图像转换为多幅单通道图像。

MultiChannelImage:要进行转换的多通道彩色图像。

Images:转换后得到的单通道图像。

compose3(Image1,Image2,Image3:MultiChannelImage::)

功能:将三个单通道灰度图像合并成一个三通道彩色图像。

Image1、Image2、Image3:三个单通道灰度图像。

MultiChannelImage:转换后得到的三通道彩色图像。

channels_to_image(Images:MultiChannelImage::)

功能:将多幅单通道图像合并成一幅多通道彩色图像。

Images:要进行合并的单通道图像。

MultiChannelImage:合并得到的多通道彩色图像。

count_channels(MultiChannelImage:::Channels)

功能:计算图像的通道数。

MultiChannelImage：要计算通道的图像。

Channels：计算得到的图像通道数。

trans_from_rgb(ImageRed,ImageGreen,ImageBlue：ImageResult1,ImageResult2,ImageResult3：ColorSpace：)

功能：将彩色图像从 RGB 空间转换到其他颜色空间。

ImageRed、ImageGreen、ImageBlue：分别对应彩色图像的红色通道、绿色通道、蓝色通道的灰度图像。

ImageResult1、ImageResult2、ImageResult3：分别对应转换后得到的三个单通道灰度图像。

ColorSpace：输出的颜色空间，包括'hsv'、'hls'、'hsi'、'ihs'、'yiq'、'yuv'等。彩色图像从 RGB 空间转换到其他颜色空间有对应的函数关系。

【例 2-14】 图像通道实例。

```
*读取图像
read_image (Image, 'claudia.png')
*计算图像的通道数
count_channels (Image, Num)
*循环读取每个通道的图像
for index :=1 to Num by 1
*获取多通道图像中指定通道的图像
access_channel (Image, channel1, index)
endfor
*分解通道
decompose3 (Image,image1,image2, image3)
*RGB 通道转 HSV 通道
trans_from_rgb (image1, image2, image3, ImageResult1, ImageResult2,
ImageResult3, 'hsv')
*合并通道
compose2 (image3, image2, MultiChannelImage1)
*向图像附加通道
append_channel (MultiChannelImage1, image3, ImageExtended)
```

执行程序，结果如图 2-19 所示。

3. Image 其他常用算子说明

gen_image_const(：Image：Type,Width,Height：)

功能：创建灰度值为零的图像。

Image：创建得到的图像。

Type：像素类型，包括'byte''int1''int2''uint2''int4''int8''real''complex''direction''cyclic'等。

Width、Height：图像的宽度和高度。

字节(byte)是计算机信息技术中用于计量存储容量的计量单位，也表示一些计算机编程语言中的数据类型和语言字符。byte 是 0～255 的无符号类型，不能表示负数。

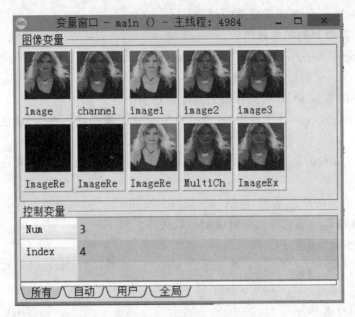

图 2-19　图像通道实例结果

gen_image_proto(Image:ImageCleared:Grayval:)

功能：指定图像像素为同一灰度值。

Image：输入图像。

ImageCleared：具有恒定灰度值的图像。

Grayval：指定的灰度值。

get_image_size(Image:::Width,Height)

功能：计算图像尺寸。

Image：输入图像。

Width、Height：计算得到的图像的宽度和高度。

get_domain(Image:Domain::)

功能：得到图像的定义域。

Image：输入图像。

Domain：得到的图像的定义域。

crop_domain(Image:ImagePart::)

功能：裁剪图像得到新图像。

Image：输入图像。

ImagePart：裁剪后得到的新图像。

2.4.2　HALCON Region 区域

2.4.2.1　Region 的初步介绍

图像处理的任务之一就是识别图像中包含某些特性的区域，比如执行阈值分割处理时。因此我们至少还需要一种数据结构表示一幅图像中一个任意的像素子集。这里我们把区域定义为离散平面的一个任意子集：$r \subset \mathbf{Z}^2$。

在很多情况下将图像处理限制在图像上某一特定的感兴趣区域（ROI）内是极其有用的。

我们可以视一幅图像为一个从某感兴趣区域到某一数据集的函数 $f:r \rightarrow \boldsymbol{R}^n$（这里用字母 R 来表示区域）。这个感兴趣区域有时也被称为图像的定义域，因为它是图像函数 f 的定义域。我们可以统一图像的表示方法：任意一幅图像都可以用一个包含该图像所有像素点的矩形感兴趣区域来表示。所以我们默认每幅图像都有一个用 r 表示的感兴趣区域。

很多时候需要描述一幅图像上的多个物体，它们可以用区域的集合来简单地表示。从数学角度出发我们能把区域描述成集合，一种等价定义区域的特征函数如下：

$$\chi R(r,c) = \begin{cases} 1 & (r,c) \in R \\ 0 & (r,c) \notin R \end{cases} \tag{2-1}$$

这个定义引入了二值图像来描述区域。简单言之，区域就是某种具有结构体性质的二值图像。

1. Image 图像转换成区域

（1）利用阈值分割算子将 Image 图像转换成 Region 区域，算子如下。

threshold(Image:Region:MinGray,MaxGray:)

功能：阈值分割图像获得区域。

Image：要进行阈值分割的图像。

Region：经过阈值分割得到的区域。

Mingray：阈值分割的最小灰度值。

MaxGray：阈值分割的最大灰度值。

区域的灰度值 g 满足：

$$MinGray \leqslant g \leqslant MaxGray \tag{2-2}$$

对彩色图像使用 threshold 算子最终只针对第一通道进行阈值分割，即使图像中有几个不相连的区域，threshold 算子也只会返回一个区域，即将几个不相连区域合并然后返回合并的区域。

【例 2-15】　阈值分割获得区域实例。

```
read_image (Image, 'mreut')
dev_close_window ()
get_image_size (Image, Width, Height)
dev_open_window (0, 0, Width, Height, 'white', WindowHandle)
dev_display (Image)
dev_set_color ('red')
*阈值分割图像获得区域
threshold (Image, Region, 0,130)
```

执行程序，结果如图 2-20 所示。

使用灰度直方图能够确定阈值参数，步骤为：工具栏→灰度直方图→移动红色、绿色竖线修改参数→选择平滑选项→插入代码。

图 2-21(a)所示是图像对应的灰度直方图，阈值为 124 的竖线、阈值为 184 的竖线与横坐标交点的值对应阈值分割的最小值与最大值，拖动两竖线到合适位置。对图像进行平滑处理需要选择平滑选项，然后向右拖动滚动条到达选定的平滑位置，如图 2-21(b)所示，点击插入代码，得到阈值分割算子——threshold(Image,Regions,124,184)。

　　(a) 原图　　　　　　　　　　　　　　　　(b) 阈值分割图

图 2-20　　图像阈值分割实例

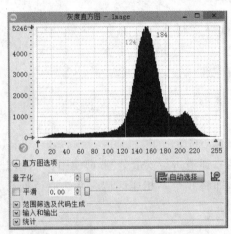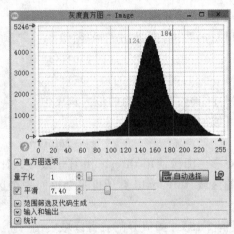

　　(a) 未平滑的灰度直方图　　　　　　　　　　(b) 平滑后的灰度直方图

图 2-21　　灰度直方图

【例 2-16】　利用灰度直方图确定阈值参数实例。

```
read_image (Image, 'mreut')
dev_close_window ()
get_image_size (Image, Width, Height)
dev_open_window (0, 0, Width, Height, 'white', WindowHandle)
dev_display (Image)
dev_set_color ('red')
*阈值分割图像获得区域
threshold (Image, Regions, 124, 184)
```

执行程序,结果如图 2-22 所示。

（2）利用区域生长法将图像转换成区域的算子如下。

regiongrowing(Image：Regions：Row，Column，Tolerance，MinSize：)

功能：利用区域生长法分割图像获得区域。

Image：要进行分割的图像。

(a) 原图

(b) 阈值分割图

图 2-22 利用灰度直方图确定阈值参数

Regions：分割后获得的区域。

Row、Column：掩模的高和宽。

Tolerance：阈值，掩模内区域灰度值差小于或等于阈值就认定是同一区域。

MinSize：单个区域的最小面积值。

如果 $g\{1\}$ 和 $g\{2\}$ 分别是测量图像与模板得到的两个灰度值，则灰度值差满足下面的公式的区域就属于同一区域：

$$|g\{1\} - g\{2\}| < \text{Tolerance} \tag{2-3}$$

利用区域生长法分割图像的思路：在图像内移动大小为 Row×Column 的矩形模板，比较图像与模板中心点灰度值的相近程度，两灰度值差小于某一值则认为是同一区域。使用区域生长法分割图像获得区域之前最好使用光滑滤波算子对图像进行平滑处理。

2. 灰度直方图转换成区域

在 HALCON 中可以通过算子获得指定区域的灰度直方图，并将获得的灰度直方图转换成区域。

gray_histo(Regions,Image:::AbsoluteHisto,RelativeHisto)

功能：获得图像指定区域的灰度直方图。

Regions：计算灰度直方图的区域。

Image：计算灰度直方图区域所在的图像。

AbsoluteHisto 各灰度值出现的次数。

RelativeHisto：各灰度值出现的频率。

gen_region_histo(:Region:Histogram,Row,Column,Scale:)

功能：将获得的灰度直方图转换为区域。

Region：包含灰度直方图的区域。

Histogram：输入的灰度直方图。

Row、Column：灰度直方图的中心坐标。

Scale：灰度直方图的比例因子。

3. Region 的特征

可以使用特征检测对话框查看 Region 的特征。

通过工具栏→特征检测，在弹出的对话框中选择"region"，可以看到 Region 的不同特征属性及相对应的数值，如图 2-23 所示。

Region 特征主要有以下三个部分。

（1）基础特征：Region 的面积、中心、宽高、左上角与右下角坐标、长半轴、短半轴、椭圆方向、表面粗糙度、连通数、最大半径、方向等。

（2）形状特征：外接圆半径、内接圆半径、圆度、紧密度、矩形度、凸性、偏心率、外接矩形的方向等。

（3）几何矩特征：二阶矩、三阶矩、主惯性轴等。

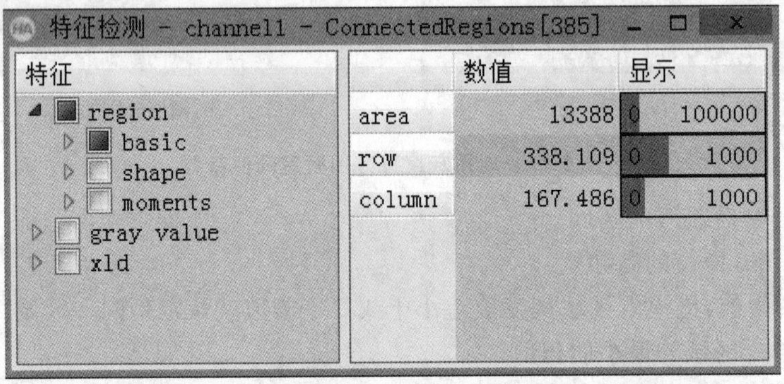

图 2-23　特征检测窗口

将 Image 转换成 Region 以后有时需要按形状特征选取符合条件的区域，算子如下。

select_shape(Region:SelectedRegions:Features,Operation,Min,Max:)

功能：选取指定形状特征的区域。

Region：输入的区域。

SelectedRegions：满足条件的区域。

Features：选择的形状特征，如表 2-2 所示。

Operation：单个特征的逻辑类型（and、or）。

Min、Max：形状特征的取值范围。

表 2-2　区域特征

特 征 名 称	英 文 描 述	中 文 描 述
area	area of the object	对象的面积
row	row index of the center	中心点的行坐标
column	column index of the center	中心点的列坐标
width	width of the region	区域的宽度
height	height of the region	区域的高度
row1	row index of upper left corner	左上角行坐标
column1	column index of upper left corner	左上角列坐标
row2	row index of lower right corner	右下角行坐标
column2	column index of lower right corner	右下角列坐标

特 征 名 称	英 文 描 述	中 文 描 述
circularity	circularity	圆度
compactness	compactness	紧密度
contlength	total length of contour	轮廓线总长度
convexity	convexity	凸性
rectangularity	rectangularity	矩形度
ra	main radius of the equivalent ellipse	等效椭圆长轴半径长度
rb	secondary radius of the equivalent ellipse	等效椭圆短轴半径长度
phi	orientation of the equivalent ellipse	等效椭圆方向
outer_radius	radius of smallest surrounding circle	最小外接圆半径
inner_radius	radius of largest inner circle	最大内接圆半径
connect_num	number of connection component	连通数
holes_num	number of holes	区域内洞数

使用 select_shape 算子前需要使用 connection 算子来计算区域的连通部分。

connection(Region:ConnectedRegions::)

功能：计算一个区域中连通的部分。

Region：输入区域。

ConnectedRegions：得到的连通区域。

4. 区域转换

通过形状特征选取区域，将得到的区域转换成其他规则形状的区域，区域转换算子如下。

shape_trans(Region:RegionTrans:Type:)

功能：将区域转换成其他规则形状的区域。

Region：要转换的区域。

RegionTrans：转换后的区域。

Type：转换类型，选项如下。

①convex：凸区域。

②ellipse：与输入区域有相同的矩和区域的椭圆。

③outer_circle：最小外接圆。

④inner_circle：最大内接圆。

⑤rectangle1：平行于坐标轴的最小外接矩形。

⑥rectangle2：任意方向最小外接矩形。

⑦inner_rectangle1：平行于坐标轴的最大内接矩形。

⑧inner_rectangle2：任意方向最大内接矩形。

区域转换类型选项如图 2-24 所示。

5. 区域运算

通过区域运算我们可以对不同区域建立起联系，从而得到一个新的区域，方便后期进行进一步图像处理。

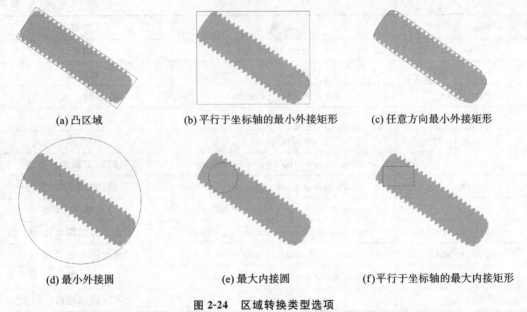

(a) 凸区域　　　　　(b) 平行于坐标轴的最小外接矩形　　　(c) 任意方向最小外接矩形

(d) 最小外接圆　　　　(e) 最大内接圆　　　(f) 平行于坐标轴的最大内接矩形

图 2-24　区域转换类型选项

算子说明如下。

union1(Region:RegionUnion::)

功能:返回所有输入区域的并集。

Region:要进行合并的区域。

RegionUnion:得到区域的并集。

union2(Region1，Region2:RegionUnion::)

功能:把两个区域合并成一个区域。

Region1:要合并的第一个区域。

Region2:要合并的第二个区域。

RegionUnion:合并两区域后得到的区域。

difference(Region,Sub:RegionDifference::)

功能:计算两个区域的差集。

Region:输入的区域。

Sub:要从输入的区域中减去的区域。

RegionDifference:得到的区域差集。RegionDifference＝Region－Sub。

complement(Region:RegionComplement::)

功能:计算区域的补集。

Region:输入的区域。

RegionComplement:得到的区域补集。

2.4.2.2　Region 的点线

1. 生成点线区域

图像最基本的构成元素是像素点,在 HALCON 中点可以用坐标(Row,Column)表示,图像窗口左上角为坐标原点,向下为行(Row)增加,向右为列(Column)增加。首先生成一个点区域,生成点区域的算子如下。

gen_region_points(:Region:Rows,Columns:)

功能:生成坐标指定的点区域。

Region:生成的区域。

Rows、Columns:区域中像素点的行、列坐标。

令 Rows:=100,Columns:=100,执行 gen_region_points 算子后在图形窗口中显示生成的点坐标是(100,100)。更改 Rows 和 Columns 为 Rows:=[100,110],Columns:=[100,110],执行 gen_region_points 算子生成两个点,生成的两个点坐标是(100,100)和(110,110),如图 2-25 所示。

 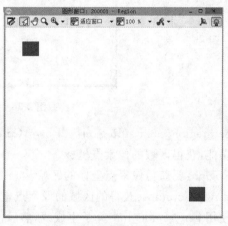

(a) 显示一个点　　　　　　　　　　(b) 显示两个点

图 2-25　点区域的显示

线由点构成,这里的线是图像像素中的线,数学意义上的线没有宽度,这里的线是有宽度的。

下面使用 disp_line 算子在窗口中画线。

disp_line(::WindowHandle,Row1,Column1,Row2,Column2:)

功能:在窗口中画线。

WindowHandle:要显示的窗口句柄。

Row1、Column1、Row2、Column2:线的开始点、结束点坐标。

disp_有关的算子不能适应图形窗口的放大与缩小操作,滚动鼠标滚轮放大或缩小图形窗口时线就会消失。使用 disp_line 生成的线不能保存,想要生成可以保存的线可以使用 gen_region_line 算子。

gen_region_line(:RegionLines:BeginRow,BeginCol,EndRow,EndCol:)

功能:根据两个像素坐标生成线。

RegionLines:生成的线区域。

BeginRow、BeginCol:线的开始点坐标。

EndRow、EndCol:线的结束点坐标。

使用 gen_region_line 算子生成的线是可以保存的,不管怎么放大或缩小,线区域都存在。这里的线是基于像素点的线区域,可以看到图像窗口内的线是由一个个小正方形连接而成的,如图 2-26 所示。

生成点和线以后可以通过算子获得点和线的坐标。

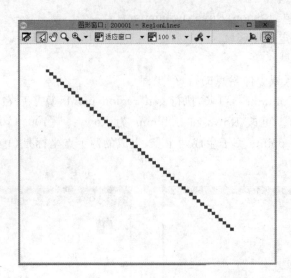

图 2-26　线区域的显示

get_region_points(Region:::Rows,Columns)

功能:获得区域的像素点坐标。

Region:要获得像素点坐标的区域。

Rows、Columns:获得的区域的像素点坐标。

使用 gen_region_line 算子生成线,然后使用 get_region_points 得到已生成线上的所有像素点的坐标。gen_相关的算子某种程度上与 get_相关的算子是可逆的,一个是根据点坐标生成区域,一个是根据生成的区域得到各点的坐标。线坐标由一系列连续点坐标构成,这些点保存在 Tuple 数组内,如图 2-27 所示。

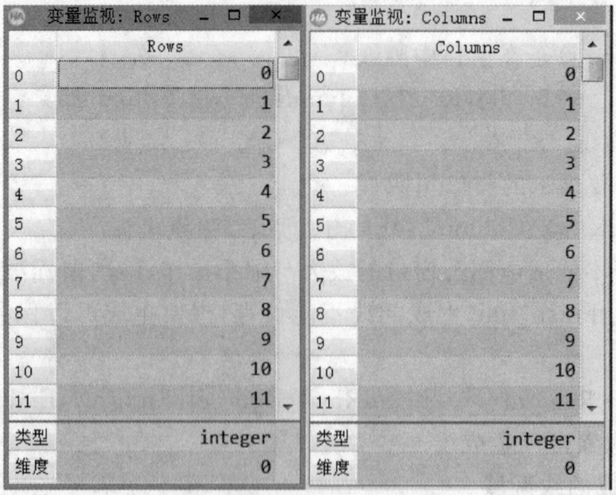

图 2-27　线坐标

判断两直线是否相交可以使用 intersection 算子。

intersection(Region1,Region2:RegionIntersection::)

功能:获得两区域的交集。

Region1、Region2:参与交集运算的两区域。

RegionIntersection：得到的两区域的交集。

2. 区域的方向

方向是区域的基本特征，下面几个算子与区域方向有关。

line_orientation(：：RowBegin,ColBegin,RowEnd,ColEnd：Phi)

功能：计算直线的方向。

RowBegin、ColBegin、RowEnd、ColEnd：线的开始点、结束点坐标。

Phi：计算得到的角度，角度范围为$[-\pi/2,\pi/2]$。

orientation_region(Regions：：：Phi)

功能：计算区域的方向。

Regions：要计算方向的区域。

Phi：计算得到的区域方向。

orientation_region 算子获得的角度是弧度值（范围是$[-\pi,\pi]$），用等效椭圆法求角度（等效椭圆稍后会介绍），计算得到的区域角度是区域与水平轴正向的夹角。区域方向与水平轴正向的夹角有两个，一个为顺时针方向，一个为逆时针方向。如果最远点的列坐标小于中心列坐标，那么角度选择逆时针方向的角度。如果最远点的列坐标大于中心列坐标，那么角度选择顺时针方向的角度。

angle_ll(：：RowA1,ColumnA1,RowA2,ColumnA2,RowB1,ColumnB1,RowB2,ColumnB2：Angle)

功能：计算两直线的夹角。

RowA1、ColumnA1、RowA2、ColumnA2：输入线段 A 的开始点与结束点。

RowB1、ColumnB1、RowB2、ColumnB2：输入线段 B 的开始点与结束点。

Angle：计算得到的两直线的夹角，弧度范围为$[-\pi,\pi]$。

计算得到的角度开始于直线 A 终止于直线 B，顺时针为负，逆时针为正。使用 line_position 算子可以求得线段的中心、长度与方向。

line_position(：：RowBegin,ColBegin,RowEnd,ColEnd：RowCenter,ColCenter,Length, Phi)

功能：计算线段的中心、长度、方向。

RowBegin、ColBegin、RowEnd、ColEnd：线段的开始点、结束点坐标。

RowCenter、ColCenter：计算得到的线段的中心。

Length、Phi：计算得到的线段的长度与角度。

【例 2-17】 区域方向实例。

```
read_image (Clips, 'clip')
dev_close_window ()
get_image_size (Clips, Width, Height)
dev_open_window (0, 0, Width , Height , 'white', WindowID)
RowA1 :=255
ColumnA1 :=10
RowA2 :=255
ColumnA2 :=501
dev_set_color ('black')
```

```
disp_line (WindowID, RowA1, ColumnA1, RowA2, ColumnA2)
RowB1 :=255
ColumnB1 :=255
for i :=1 to 360 by 1
RowB2 :=255 +sin(rad(i)) * 200
ColumnB2 :=255 +cos(rad(i)) * 200
disp_line (WindowID, RowB1, ColumnB1, RowB2, ColumnB2)
*生成直线
gen_region_line (RegionLines1, RowB1, ColumnB1, RowB2, ColumnB2)
*计算区域的方向
orientation_region (RegionLines1, Phi1)
*计算直线的方向
line_orientation (RowB1, ColumnB1, RowB2, ColumnB2, Phi2)
*计算线段的中心、长度、方向
line_position (RowB1, ColumnB1, RowB2, ColumnB2, RowCenter, ColCenter,
Length1, Phi3)
*计算两直线的夹角
angle_ll (RowA1, ColumnA1, RowA2, ColumnA2, RowB1, ColumnB1, RowB2,
ColumnB2, Angle)
endfor
stop()
threshold (Clips, Dark, 0, 70)
connection (Dark, Single)
dev_clear_window ()
select_shape (Single, Selected, 'area', 'and', 5000, 10000)
orientation_region (Selected, Phi)
area_center (Selected, Area, Row, Column)
dev_set_color ('red')
dev_set_draw ('margin')
dev_set_line_width (7)
Length :=80
disp_arrow (WindowID, Row, Column, Row +cos(Phi +1.5708) * Length,Column
+sin(Phi +1.5708) *Length, 3)
```

执行程序,结果如图 2-28 所示。

3. 区域的距离

实际应用中经常需要计算点到点的距离、点到线的距离、线到线的距离、区域到区域的距离等。下面介绍计算区域距离的几个典型算子。

distance_pp(:;Row1,Column1,Row2,Column2:Distance)

功能:计算点到点的距离。

Row1、Column1、Row2、Column2:参与计算的两个点的坐标。

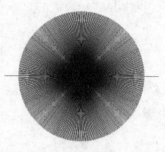
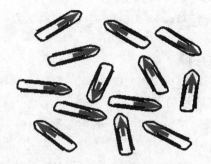

(a) 连续直线方向 　　　　　　　　(b) 区域方向

图 2-28　区域方向实例结果

Distance：两点之间的距离。

distance_pl(：：Row,Column,Row1,Column1,Row2,Column2：Distance)

功能：计算点到线的距离。

Row、Column：参与计算的点的坐标。

Row1、Column1、Row2、Column2：线的开始点、结束点坐标。

Distance：点到线的距离。

distance_ps(：：Row,Column,Row1,Column1,Row2,Column2：DistanceMin，DistanceMax)

功能：计算点到线段的距离。

Row、Column：参与计算的点的坐标。

Row1、Column1、Row2、Column2：线段的开始点、结束点坐标。

DistanceMin、DistanceMax：点到线段的最近距离与最远距离。

distance_rr_min(Regions1,Regions2：：：MinDistance,Row1,Column1,Row2,Column2)

功能：计算区域到区域的最近距离和对应的最近点。

Regions1、Regions2：参与计算的两个区域。

MinDistance：区域到区域的最近距离。

Row1、Column1：两区域最近距离的线段与 Regions1 区域的交点坐标。

Row2、Column2：两区域最近距离的线段与 Regions2 区域的交点坐标。

distance_lr(Region：：Row1,Column1,Row2,Column2：DistanceMin,DistanceMax)

功能：计算线到区域的最近距离和最远距离。

Region：参与计算的区域。

Row1、Column1、Row2、Column2：线的开始点、结束点坐标。

DistanceMin、DistanceMax：线到区域的最近和最远距离。

distance_sr(Region：：Row1,Column1,Row2,Column2：DistanceMin,DistanceMax)

功能：计算线段到区域的最近距离和最远距离。

Region：参与计算的区域。

Row1、Column1、Row2、Column2：线段的开始点、结束点坐标。

DistanceMin、DistanceMax：线段到区域的最近和最远距离。

【例 2-18】　区域距离实例。

```
dev_open_window (0, 0, 512, 512, 'black', WindowHandle)
dev_set_color ('red')
*生成点区域
gen_region_points (Region, 100, 100)
*获得点区域的坐标
get_region_points (Region, Rows, Columns)
*画线
disp_line (WindowHandle, Rows, Columns, 64, 64)
*生成直线区域
gen_region_line (RegionLines, 100, 50, 150, 250)
gen_region_line (RegionLines3, 45, 150, 125, 225)
*获得直线区域的坐标
get_region_points (RegionLines, Rows2, Columns2)
gen_region_line (RegionLines1, Rows, Columns,150, 130)
*求两直线区域的交点
intersection (RegionLines, RegionLines1, RegionIntersection)
*得到交点的坐标
get_region_points (RegionIntersection, Rows1, Columns1)
*获得直线的方向
line_orientation (Rows, Columns, Rows1, Columns1, Phi)
gen_region_line (RegionLines2, Rows, Columns, Rows1, Columns1)
*获得区域的方向
orientation_region (RegionLines2, Phi1)
*计算线段的中点、长度、方向
line_position (Rows, Columns,Rows1, Columns1, RowCenter,ColCenter,
Length, Phi2)
*计算点到点的距离
distance_pp (Rows, Columns,Rows1, Columns1, Distance)
*计算点到线的距离
distance_pl (200, 200, Rows, Columns,Rows1, Columns1, Distance1)
*计算点到线段的距离
distance_ps (200, 200, Rows, Columns,Rows1, Columns1, DistanceMin,
DistanceMax)
*计算区域到区域的最近距离和对应的最近点
distance_rr_min (RegionLines2, RegionLines3, MinDistance,Row1,
Column1, Row2, Column2)
distance_lr (RegionLines2, 45, 150, 125, 225, DistanceMin1, DistanceMax1)
distance_sr (RegionLines2, 45, 150, 125, 225, DistanceMin2,DistanceMax2)
```

执行程序,结果如图 2-29 所示。

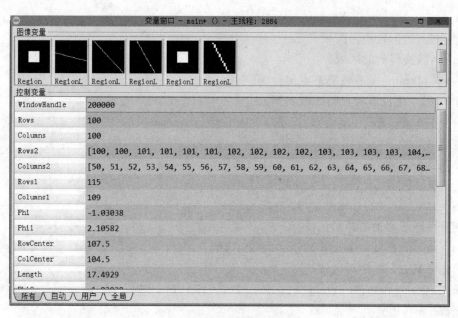

图 2-29　区域距离数值

4. 生成形状规则区域

形状规则的区域是指圆形区域、椭圆区域、矩形区域等区域,下面介绍几个生成形状规则区域的算子。

gen_circle(:Circle:Row,Column,Radius:)

功能:生成圆形区域。

Circle:生成的圆形区域。

Row、Column:圆的中心行、列坐标。

Radius:圆的半径值。

gen_ellipse(:Ellipse:Row,Column,Phi,Radius1,Radius2:)

功能:生成椭圆区域。

Ellipse:生成的椭圆区域。

Row、Column:椭圆的中心行、列坐标。

Phi:椭圆相对于 X 轴正方向的夹角。

Radius1、Radius2:椭圆的长半轴长度、短半轴长度。

gen_rectangle1(:Rectangle:Row1,Column1,Row2,Column2:)

功能:生成平行于 X 轴的矩形区域。

Rectangle:生成的矩形区域。

Row1、Column1、Row2、Column2:矩形左上角与右下角点的行、列坐标。

gen_rectangle2(:Rectangle:Row,Column,Phi,Length1,Length2:)

功能:生成任意方向的矩形区域。

Rectangle:生成的矩形区域。

Row、Column:矩形区域中心行、列坐标。

Phi:矩形区域相对于 X 轴正方向的夹角。

Length1、Length2:矩形半长与半宽的数值。

gen_region_polygon(:Region:Rows,Columns:)

功能:将多边形转换为区域。

Region:转换得到的区域。

Rows、Columns:区域轮廓基点的行、列坐标。

【例 2-19】 生成形状规则区域实例。

```
dev_open_window (0, 0, 512, 512, 'white', WindowID)
*生成圆形区域
gen_circle (Circle, 200, 200, 100.5)
*生成椭圆区域
gen_ellipse (Ellipse, 200, 200, 0, 100, 60)
*创建平行于 X 轴的矩形区域
gen_rectangle1 (Rectangle, 30, 20, 100, 200)
*创建任意方向的矩形区域
gen_rectangle2 (Rectangle1, 300, 200, 15, 100, 20)
Button :=1
Rows :=[]
Cols :=[]
dev_set_color ('red')
dev_clear_window ()
while (Button ==1)
get_mbutton (WindowID, Row, Column, Button)
Rows :=[Rows,Row]
Cols :=[Cols,Column]
disp_circle (WindowID, Row, Column, 3)
endwhile
dev_clear_window ()
*将多边形转换为区域
gen_region_polygon (Region, Rows, Cols)
dev_display (Region)
```

执行程序,结果如图 2-30 所示。

2.4.3　HALCON XLD 轮廓

2.4.3.1　XLD 的初步介绍

1. XLD 定义

图像中 Image 和区域 Region 这些数据结构是像素精度的,在实际工业应用中,需要比图像像素分辨率更高的精度,这时就需要提取亚像素精度数据。

这里先简单介绍一下亚像素的定义。面阵摄像机的成像面以像素为最小单位。例如某 CMOS 摄像机芯片,其像素间距为 $5.2~\mu m$。两个像素之间有 $5.2~\mu m$ 的距离,在宏观上可以看作连在一起的。但是在微观上,它们之间还有更小的东西存在,这个更小的东西我们称为"亚像素"。亚像素精度数据可以通过亚像素阈值分割或者亚像素边缘提取来获得。在

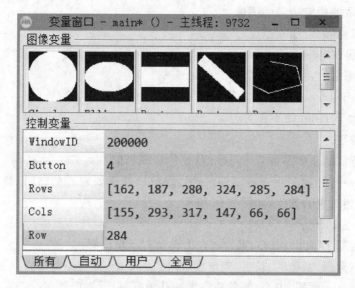

图 2-30　生成形状规则区域实例结果

HALCON 中，XLD(extended line descriptions)代表亚像素边缘轮廓和多边形，XLD 轮廓如图 2-31 所示。

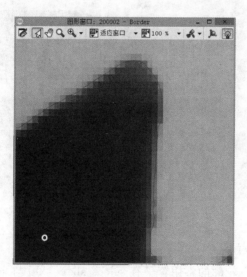

图 2-31　XLD 轮廓

2. Image 转换成 XLD

将单通道 Image 转换成 XLD 可以使用 threshold_sub_pix、edges_sub_pix 等算子。

threshold_sub_pix(Image:Border:Threshold:)

功能：从具有像素精度的图像中提取 XLD 轮廓。

Image：要提取 XLD 轮廓的单通道图像。

Border：提取得到的 XLD 轮廓。

Threshold：提取 XLD 轮廓的阈值。

edges_sub_pix(Image:Edges:Filter,Alpha,Low,High:)

功能：使用 Deriche、Lanser、Shen 或 Canny 滤波器提取图像得到亚像素边缘。

Image：要提取亚像素边缘的图像。

Edges：提取得到的亚像素精度边缘。

Filter：滤波器，有'canny'、'sobel'等。

Alpha：光滑系数。

Low：振幅小于 Low 的不作为边缘。

High：振幅大于 High 的不作为边缘。

3. XLD 的特征

查看 XLD 特征的步骤与查看 Region 特征的步骤相似。

通过工具栏→特征检测→选择 XLD→图形窗口，选择要查看的 XLD 特征，可看到 XLD 的特征属性及其相对应的数值，如图 2-32 所示。

XLD 特征分为四部分。

①基础特征：XLD 面积、中心、宽、高、左上角及右下角坐标。

②形状特征：圆度、紧密度、长度、矩形度、凸性、偏心率、外接矩形的方向及两边长度等。

③点云特征：点云面积、中心、等效椭圆半轴及角度、点云方向等。

④几何矩特征：二阶矩等。

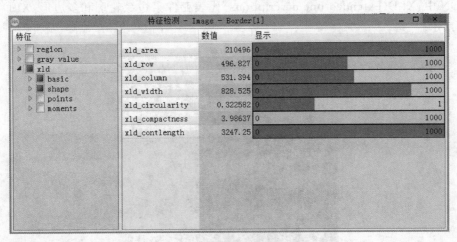

图 2-32　XLD 特征属性

4. 选取特定特征的 XLD

选取特定特征的 XLD 轮廓的常用算子有 select_shape_xld 与 select_contours_xld。

select_shape_xld(XLD：SelectedXLD：Features，Operation，Min，Max：)

功能：选择特定形状特征要求的 XLD 轮廓或多边形。

XLD：要提取的 XLD 轮廓。

SelectedXLD：提取得到的 XLD 轮廓。

Features：提取 XLD 轮廓的特征依据。

Operation：特征之间的逻辑关系（and，or）。

Min、Max：特征值的范围。

select_contours_xld(Contours：SelectedContours：Features，Min1，Max1，Min2，Max2：)

功能：选择多种特征要求的 XLD 轮廓（如长度开闭等特征，不支持多边形）。

Contours：要提取的 XLD 轮廓。

SelectedContours：提取得到的 XLD 轮廓。

Features：提取 XLD 轮廓的特征依据。

Min1、Max1、Min2、Max2：特征值的范围。

【例 2-20】　选择特定 XLD 轮廓实例。

```
read_image (Image, 'mixed_03.png')
*从具有像素精度的图像中提取得到 XLD 轮廓
threshold_sub_pix (Image, Border, 128)
*提取图像得到亚像素边缘
edges_sub_pix (Image, Edges, 'canny', 1, 20, 40)
*选择特定形状特征要求的 XLD 轮廓或多边形
select_shape_xld (Edges, SelectedXLD, 'area', 'and', 3000, 99999)
*选择多种特征要求的 XLD 轮廓
select_contours_xld (Border, SelectedContours, 'contour_length',1,200,
-0.5, 0.5)
```

执行程序，结果如图 2-33 所示。

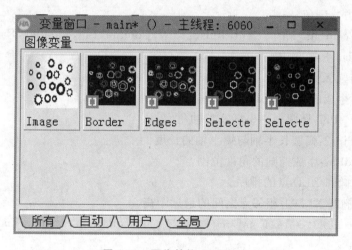

图 2-33　图像转换 XLD 轮廓

2.4.3.2　XLD 的数据结构分析

1. XLD 数据结构介绍

XLD 轮廓的很多属性存储在 XLD 的数据结构中，为了描述不同的边缘轮廓，HALCON 规定了几种不同的 XLD 数据结构，不同的数据结构一般是通过不同的算子获得的。

下面介绍两种 XLD 数据结构：

（1）XLD_cont(array)：由轮廓的亚像素点组成，包括一些附加属性（比如方向）。

（2）XLD_poly(array)：多边形逼近轮廓，用来表示多边形轮廓，即可以由多边形的顶点构成多边形轮廓，也可以由一组控制点构成，多由其他轮廓 XLD、区域 Region 或者点生成。

2. 区域或多边形转换成亚像素轮廓的算子

gen_contour_region_xld(Regions：Contours：Mode：)

功能：区域 Region 转换成 XLD 轮廓。

Regions：将要转换的区域。

Contours:转换得到的 XLD 轮廓。

Mode:转换模式,有边界方式和中心方式两种。

get_contour_xld(Contour:::Row,Col)

功能:获得 XLD 的坐标点。

Contour:输入的 XLD 轮廓。

Row、Col:获得 XLD 点的行坐标与列坐标。

gen_contour_polygon_xld(:Contour:Row,Col:)

功能:由多边形坐标点生成 XLD 轮廓。

Contour:生成的 XLD 轮廓。

Row、Col:生成 XLD 轮廓所需点的行、列坐标。

gen_polygons_xld(Contour:Polygons:Type,Alpha:)

功能:多边形逼近轮廓生成多边形 XLD。

Contour:输入的 XLD 轮廓。

Polygons:生成的多边形 XLD。

Type:多边形逼近方式,有'ramer'、'ray'、'sato'等。

Alpha:逼近方式阈值。

gen_ellipse_contour_xld(:ContEllipse:Row,Column,Phi,Radius1,Radius2,StartPhi,EndPhi,PointOrder,Resolution:)

功能:生成椭圆 XLD。

ContEllipse:生成的椭圆 XLD。

Row、Column、Phi:椭圆中心坐标及长轴角度。

Radius1、Radius2:椭圆长半轴与短半轴的长度。

StartPhi、EndPhi:生成椭圆的角度范围。

PointOrder:椭圆 XLD 点的排序。

Resolution:椭圆 XLD 上相邻点之间的最远距离。

gen_circle_contour_xld(:ContCircle:Row,Column,Radius,StartPhi,EndPhi,PointOrder,Resolution:)

功能:生成圆(圆弧)XLD。

ContCircle:生成的圆(圆弧)XLD。

Row、Column:圆心坐标。

Radius:圆(圆弧)的半轴。

StartPhi、EndPhi:生成圆(圆弧)的角度范围。

PointOrder:圆(圆弧)XLD 点的排序。

Resolution:圆(圆弧)XLD 上相邻点之间的最远距离。

【例 2-21】 区域或多边形转换成亚像素轮廓的相关实例。

```
read_image (MvtecLogo, 'mvtec_logo.png')
get_image_size (MvtecLogo, Width, Height)
dev_open_window (0, 0, Width, Height, 'white', WindowHandle)
threshold (MvtecLogo, Region, 0, 125)
*区域 Region 转换成 XLD 轮廓
```

```
gen_contour_region_xld (Region, Contours, 'border')
select_shape_xld (Contours, SelectedXLD, 'area', 'and', 14500, 99999)
*获得 XLD 轮廓的坐标点
get_contour_xld (SelectedXLD, Row, Col)
dev_clear_window ()
*由多边形坐标点生成 XLD
gen_contour_polygon_xld (Contour, Row, Col)
*多边形逼近轮廓生成多边形 XLD
gen_polygons_xld (Contour, Polygons, 'ramer', 2)
```

执行程序,结果如图 2-34 所示。

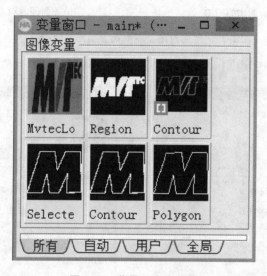

图 2-34　获得亚像素轮廓

2.4.3.3　XLD 与 XLD 点云

这里主要讲解 XLD 的特征及其形状转换。XLD 的很多特征同 Region 的特征相似。XLD 的点都是浮点级,精度可以达到亚像素级别。

XLD 与 XLD 点云的区别与联系:点云其实是点的集合,XLD 点云不是把 XLD 看作整体,可以理解为 XLD 内部点的操作,当把 XLD 看作点云时,XLD 的点就没有了排列次序。XLD 可以看作点云的情况如下:

(1) XLD 是自相交的;

(2) XLD 的结束点与开始点之间的区域无法构成封闭的 XLD。

对于操作对象是 XLD 的算子,如果算子中包含关键字_points,算子会把 XLD 看作点云。

【例 2-22】　生成封闭多边形 XLD 轮廓实例。

```
gen_contour_polygon_xld(Contour,[10,100,100,50,10],[10,10,100,100,10])
area_center_xld (Contour,Area, Row, Column, PointOrder)
area_center_points_xld (Contour, Area1, Row1, Column1)
```

执行程序,结果如图 2-35(a)所示。

【例 2-23】　生成不封闭多边形 XLD 轮廓实例。

```
gen_contour_polygon_xld(Contour1,[10,100,100,50],[10,10,100,100])
area_center_xld (Contour1, Area2, Row2, Column2, PointOrder1)
area_center_points_xld (Contour1, Area3, Row3, Column3)
```

执行程序,结果如图 2-35(b)所示。

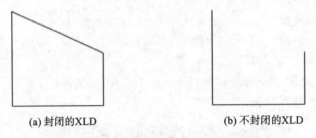

（a) 封闭的XLD　　　　　　　　　　（b) 不封闭的XLD

图 2-35　生成封闭及不封闭多边形 XLD 轮廓

封闭 XLD 轮廓与不封闭 XLD 轮廓的特征属性及其相对应的数值如图 2-36 所示。

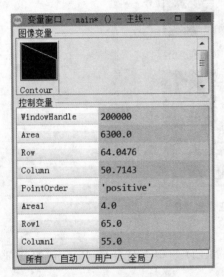

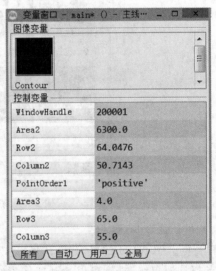

（a) 封闭XLD轮廓变量说明　　　　　　　　（b) 不封闭XLD轮廓变量说明

图 2-36　封闭及不封闭 XLD 轮廓的变量对比

由图 2-36(a)可得,XLD 的中心与 XLD 点云的中心接近,但是面积差异很大,XLD 点云的面积为 4,这是因为生成多边形 XLD 的关键点是 4 个,其中开始点与结束点重合,只需要计算一次,而 XLD 的面积为所围区域的面积。

对比图 2-36(a)(b)发现,不封闭的 XLD 的面积和中心与封闭的 XLD 的面积和中心相同,计算这些特征前算子会自动封闭 XLD。

2.5　控 制 参 数

2.5.1　Handle 句柄

句柄是一个是用来标识对象或者项目的标识符,可以用来描述窗体、文件等,值得注意的是,句柄不能是常量。

Windows 设立句柄本质上是由于内存管理机制的问题,即虚拟地址。简而言之数据的地址需要变动,就需要有人来记录管理变动,系统用句柄来记录数据地址的变更。在程序设计中,句柄是一种特殊的智能指针,当一个应用程序要引用其他系统(如数据库、操作系统)所管理的内存块或对象时,就要使用句柄。

句柄是 Windows 用来标识被应用程序建立或使用的对象的唯一整数。Windows 使用各种各样的句柄标识应用程序实例、窗口、控件、GDI 对象等。Windows 句柄有点像 C 语言中的文件句柄。目前许多操作系统仍然把指向私有对象的指针及进程传递给客户端的内部数组下标称为句柄。

句柄项目包括:

(1)模块(module);

(2)任务(task);

(3)实例(instance);

(4)文件(file);

(5)内存块(block of memory);

(6)菜单(menu);

(7)控件(control);

(8)字体(font);

(9)资源(resource),包括图标(icon)、光标(cursor)、字符串(string)等;

(10) GDI 对象(GDI object),包括位图(bitmap)、画刷(brush)、元文件(metafile)、调色板(palette)、画笔(pen)、区域(region),以及设备描述表(device context)。

从上面的定义中我们可以看到,句柄是一个标识符,是用来标识对象或者项目的。它就像车牌号一样,每一辆注册过的车都会有一个确定的号码,不同的车号码不同,但是不同的时期可能会出现两辆号码相同的车,只不过它们不会同时处于使用之中。从数据类型上来看,它只是一个 32 位(或 64 位)的无符号整数。应用程序几乎总是通过调用一个 Windows 函数来获得一个句柄,之后其他的 Windows 函数就可以使用该句柄,以引用相应的对象。在 Windows 编程中会用到大量的句柄,比如:HINSTANCE(实例句柄)、HBITMAP(位图句柄)、HDC(设备描述表句柄)、HICON(图标句柄)等。

2.5.2　Tuple 数组

Tuple 数组可以理解为 C 语言中的数组,在 Tuple 中,C 语言中数组的操作大多都有对应的操作。

数组的数据类型如下。

(1)变量类型:int、double、string 等类型。

(2)变量长度:如果长度为 1 则数组可以作为正常变量使用;第一个索引值为 0;最大的索引值为变量长度减 1。

1. Tuple 数组定义和赋值

Tuple 数组定义和赋值示例如下。

(1)定义空数组:

```
Tuple:=[]
```

（2）指定数据定义数组：

```
Tuple:=[1,2,3,4,5,6]
Tuple2:=[1,8,9,'hello']
Tuple3:=[0x01,010,9,'hello']   //Tuple2与Tuple3值一样
Tuple :=gen_tuple_const(100,47) //创建一个具有100个元素的数组,每个元素都
```
为47

（3）更改 Tuple 数组指定位置的元素值（数组下标从 0 开始）：

```
Tuple[2]=10
Tuple[3]='unsigned'         //Tuple 数组元素为 Tuple:=[1,2,10,'unsigned',5,6]
```

（4）求数组的个数：

```
Number:=|Tuple|            // Number=6
```

（5）合并数组：

```
Union:=[Tuple,Tuple2]    //Union=[1,2,3,4,5,6,1,8,9,'hello']
```

（6）生成 1～100 内的数：

数据间隔为 1，则

```
Num1:=[1,100]
```

数据间隔为 2，则

```
Num2:=[1,2,100]
```

（7）提取 Tuple 数组指定下标的元素：

```
T:=Num2[2]                //T=5
```

（8）已知数组生成子数组：

```
T:= Num2[2,4]             //T=[5,7,9]
```

2. Tuple 数组基础算术运算

假设 A1、A2、A 是 Tuple 数组，Tuple 数组基础算术运算示例如下。

（1）Tuple 数组加减乘除运算：

```
Tuple_add(A1,A2,A)     //数组 A:=A1+A2
Tuple_sub(A1,A2,A)     //数组 A:=A1-A2
Tuple_mult(A1,A2,A)    //数组 A:=A1×A2
//若 T:=[1,2,3]×[1,2,3]运算得 T:=[1,4,9]。
//若 T:=[1,2,3]×2+2 运算得 T:=[4,6,8]。
Tuple_div(A1,A2,A)     //数组 A:=A1/A2
```

（2）Tuple 数组取模：

```
Tuple_div(A1,A2,A)      //数组 A1% A2,结果保存到 A 中
```

（3）Tuple 数组取反：

```
Tuple_div(A1,A)        //数组 A=-A1
```

（4）Tuple 数组取整：

```
Tuple_int(T,T1)         //数组 T1:=int(T),当 T=3.5时运算得 T1 等于 3
Tuple_round(T,T1)       //数组 T1:=round(T),当 T=3.5时运算得 T1 等于 4
```

（5）Tuple 数组转为实数：

```
Tuple_real(T,T1)       //数组 T1:=real(T),当 T=100时运算得 T1 等于 100.0
```

3. Tuple 字符串运算

（1）字符串合并运算：

```
T:='TEXT1'+ 'TEXT'              //T='TEXT1TEXT'
T:=3.1+ (2+ 'TEXT')            //T='3.12TEXT'
```

（2）字符串相关运算：

```
T1:='1TEXT1'
T2:='220'+T1{1:4}+'122'        //T= '220TEXT122'
```

（3）取字符串长度：

```
Length:=strlen(T1)             //Length=6
```

（4）选择字符串的位置：

```
Index:=strstr(T2,T1)           //Index=-1,表示没有发现
```

（5）保存成字符，长度为 10，字符左对齐，两位小数：

```
Str:=23$ '-10.2f'             //str='23.00'
```

（6）保存成小数点后五位的字符：

```
Str:=4$ '.5f'                 //str='4.00000'
```

（7）保存成字符串，长度为 10，字符右对齐，三位小数：

```
Str:=123.4567$ '+10.3'        //str='123.457'
```

（8）整数转换成小写十六进制：

```
Str:=255$ 'x'                 //str='ff'
```

（9）十六进制数保存成五位整数字符串：

```
Str:=oxff$ '0.5d'             //str=00255
```

（10）保存成字符，长度为 10，字符右对齐，只取前三位：

```
Str:='total'$ '10.3'         //str='tot'
```

4. 数组函数运算

令 $V1:=[1.5,4,10]$，$V2:=[4,2,20]$。

（1）求数组中的最小值：

```
val_min:=min(V1)              //val_min=1.5
```

（2）求数组中的最大值：

```
val_max:=max(V1)             //val_max=10
```

（3）求两数组对应位置最小值：

```
val_min2:=min2(V1,V2)         //val_min2=[1.5,2,10]
```

（4）求两数组对应位置最大值：

```
val_max2:=max2(V1,V2)         //val_max2=[4,4,20]
```

（5）数组元素求和：

```
val_sum:=sum(V1)             //val_sum=15.5
```

（6）数组元素求均值：

```
val_mean:=mean(V1)           //val_mean=5.1667
```

（7）求数组元素绝对值：

```
val_abs:=abs[-10,-9]         //val_abs=[10,9]
```

本 章 小 结

　　本章首先介绍了 HALCON 算子的基本操作，HALCON 所有算子（函数）的参数均以相同的方式排列：输入图像、输出图像、输入控制、输出控制。其次在 HALCON 编程环境下进行了图像读取、图像显示、图像转换的实例分析。最后详细介绍了 HALCON 的数据结构，HALCON 的数据结构包括图形参数和控制参数，了解数据结构是学习 HALCON 的基础。对于图形参数，介绍了 Image、Region、XLD 的特点及其相互转换，对于控制参数部分，则介绍了 Handle、Tuple 数组。

习　　题

　　2.1　练习在 HDevelop 编程环境中打开一个例程，运行并查看结果。

　　2.2　使用 HALCON 采集助手读取某一文件夹下的图像。

　　2.3　使用 for 循环显示读取到的图像。

　　2.4　将图 2-37 所示的图像进行阈值分割，得到区域，将得到的区域转换成凸区域、最小外接圆、平行于坐标轴的最大内接矩形等区域。

图 2-37　字母

　　2.5　利用 gen_ellipse_contour_xld 算子生成椭圆 XLD，求椭圆 XLD 的圆度、凸性、紧密度、等效椭圆参数、回归直线。

第3章　图像处理基础

近年来,图像信息处理技术快速发展,随着对图像处理要求的不断提高和图像处理应用领域的不断扩大,图像理论研究也在不断地深入。

图像处理基础知识主要有图像数字化、数字图像表现形式、数字图像的格式、数字图像描述等。掌握这些基础知识可以为后续的各类图像处理操作做好准备。

3.1　图像数字化

根据表现方式不同,图像可以分为连续图像和离散图像两类。自然界中的图像都是模拟量,在计算机普遍应用之前,电视、电影、照相机等图像处理设备都是对模拟信号进行处理的。从广义上说,图像是自然界景物的客观反映,以照片形式或视频记录介质保存的图像是连续的,计算机无法接收和处理这种空间分布和亮度取值均连续分布的图像;如果想在计算机中进行图像处理,就必须先把真实存在的图像通过数字化技术转变成计算机能够接收和处理的图像,以便显示和存储。

图像数字化就是将连续图像离散化。图像的数字化过程主要分采样、量化与编码三个步骤,其中离散过程包括采样和量化两个步骤。为使图像能在计算机内进行分析处理,首先必须将各类图像转化为数字图像。

从图 3-1 所示的数字图像的表示可以看出,我们可以将图像看成由多个像素点所组成的矩阵,这里横坐标 x 和纵坐标 y 分别表示横纵方向的像素,那么某一个像素点就可以用 $f(x,y)$ 来表示。

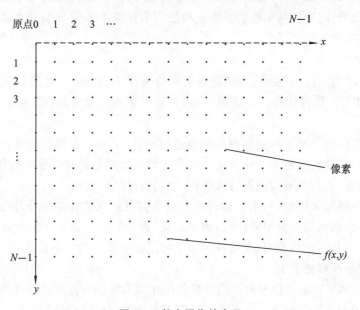

图 3-1　数字图像的表示

图像数字化过程是数字图像处理的一个重要环节。数字图像处理模块是数字图像处理系统的核心模块,它的研究水平直接决定该系统的质量。图像数字化处理流程如图 3-2 所示。

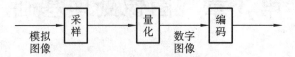

图 3-2 图像数字化处理流程示意图

3.1.1 图像采样

1) 图像采样

一幅图像需要离散化成数字图像后才能被计算机处理。图像的空间坐标的离散化叫作空间采样,灰度的离散化叫作灰度量化。采样分为均匀采样和量化、非均匀采样和量化。下面给出一般的图像采样系统模型,如图 3-3 所示。

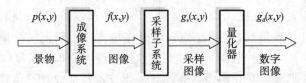

图 3-3 图像采样系统模型

由图像采样系统模型可以看出,采样使连续图像在定义域或空间域进行了离散化。采样点对应的亮度连续变化区间转换为整数的过程称为量化,即样点值域或亮度的离散化。在采样和量化过程中,采样密度的大小和等级表示样本的亮度值,该参数将影响离散图像是否具有连续图像信息的问题。

2) 采样定理

在数字信号处理领域中,采样定理是连续时间信号(通常称为模拟信号)和离散时间信号(通常称为数字信号)之间的基本桥梁。该定理说明采样频率与信号频谱之间的关系,是连续信号离散化的基本依据。

3) 采样方法

(1) 降采样:只要信号不混叠,即满足奈奎斯特采样定理,对 2048 Hz 的过采样的信号进行抽取滤波的过程。其好处是减少数据样点,也就是减少运算时间,是实时处理中常采用的方法。

(2) 过采样:用高于奈奎斯特频率的频率进行采样,其好处是可以提高信噪比,但需要结合噪声整形技术;其缺点是数据处理量大。过采样的目的就是要改变噪声的分布,减少噪声在有用信号中的带宽,再用低通滤波器滤除噪声,达到较好的信噪比。

(3) 欠采样:根据采样定理,对由数种不同频率信号组成的复杂信号进行采样时,如果采样时钟频率达不到信号最大频率的两倍,则会出现"混叠"现象,若采样时钟频率更低,则会产生"欠采样混叠"现象。可以看出,欠采样可用于测试设备带宽能力不足的情况,这样可达到对更高频率信号进行采样的目的。

(4) 子采样:如果对色差信号使用的采样频率比对亮度信号使用的采样频率低,则这种采样称为图像子采样(subsampling)。子采样可以用来压缩彩色电视信号。

(5) 下采样:也就是抽取,即对一个样值序列,间隔几个样值采样一次。对于最初的连续时间信号,下采样需要满足采样定理,以提高采样得到的信号信噪比。

(6) 上采样:上采样和下采样都是对数字信号进行重采样,与原来获得的数字信号的采样率相比,大于原信号采样率的称为上采样,小于原信号采样率的则称为下采样。上采样的实质就是内插或插值。

(7) 重采样:采样后得到的数字图像按所需的像元位置或像元间距重新采样,以构成几何变换后的新图像。重采样过程本质上是图像复原,其空间采样函数表达式为

$$s(x,y) = \sum_{m=-\infty}^{\infty} \sum_{n=-\infty}^{\infty} \delta(x - m\Delta x, y - n\Delta y) \tag{3-1}$$

空间采样函数如图 3-4 所示。

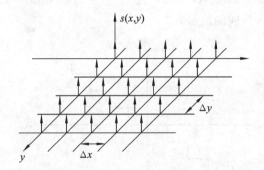

图 3-4　空间采样函数

3.1.2　图像量化

采样后获得的采样图像虽然在空间分布上是离散的,但各像素的取值还是连续的,需要将这些连续变化的量转化成有限个离散值,这样才能将图像转化为真正的数字图像,这个转化过程就是量化。量化就是把采样区域内表示亮暗信息的连续点离散化之后,再用数值来表示;量化值一般为整数。这样,经过采样和量化之后,数字图像可以用整数阵列的形式来描述。图像的量化等级反映了采样质量:量化等级分得越细越准,说明采样间隔越小;量化级数越多,则图像越真实。

量化模型,是把数理统计学应用于科学数据,是基于理论与观察的并行发展。量化器的量化级一般为 2 的整数次幂,量化级数越多,量化误差就越小,质量就越好。图像量化按照量化级可分为均匀量化和非均匀量化,按照量化的维数可分为标量量化和矢量量化。

1) 最佳均匀量化

将样本连续灰度值等间隔分层量化的方式称为均匀量化。量化是以有限个离散值来近似表示无限多个连续量,一定会产生误差,这就是所谓的量化误差,由此产生的失真为量化失真或量化噪声;对均匀量化来讲,量化分层越多,量化误差越小。

2) 非均匀量化

将样本连续灰度值不等间隔分层量化的方式称为非均匀量化。非均匀量化是针对均匀量化提出的;为了保证有用的信号能够被更精确地还原,我们应该用更多的比特数表示小信号。

3) 标量量化和矢量量化

标量量化是一维的量化,一个幅度对应一个量化结果。而矢量量化是二维甚至多维的量

化,两个或两个以上的幅度决定一个量化结果。标量量化的线表示法如图 3-5 所示,整个动态范围被分割成若干个小区间,每个小区间有一个代表值,量化时落入小区间的信号值就用这个代表值代替。而矢量量化就是把空间分成若干个小区域,量化时落入小区域的矢量就用对应的矢量值代替。

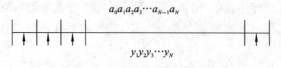

$$a_0 a_1 a_2 a_3 \cdots a_{N-1} a_N$$

$$y_1 y_2 y_3 \cdots y_N$$

图 3-5   标量量化的线表示法

标量量化特性如图 3-6 所示,$x(n)$ 表示量化后的结果,$x_a(nT)$ 表示采样区间,$Q(x_a(nT))$ 表示量化落入区间的信号。

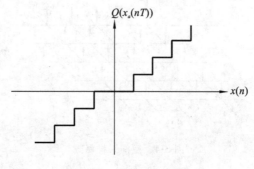

图 3-6   标量量化特性

3.1.3   图像压缩编码

图像离散化后,即采样和量化后得到的数字图像,其数据量十分庞大,必须采用编码技术来压缩其数据量,这样整个数字化过程才结束。从一定意义上讲,编码压缩技术是实现图像传输与存储的关键。已有许多成熟的编码算法应用于图像压缩,常见的有图像的统计编码、预测编码、变换编码、轮廓编码、小波变换图像编码等。

我们知道,图像编码就是在满足一定质量(信噪比的要求或主观评价得分)的条件下,以较少比特数表示图像或图像中所包含信息的技术。

3.1.3.1   图像压缩编码概述

图像压缩编码就是图像数据的压缩和编码表示,通过消除冗余来设法减少表达图像信息所需数据的比特数。图像压缩编码系统主要包括图像编码和图像解码两部分。前者就是对图像信息进行压缩和编码,在存储、处理和传输前进行,也称图像压缩。后者是对压缩图像进行解压以重建原图像或其近似图像。按压缩前及解压后的信息保持程度和图像压缩的方法原理,图像压缩编码分为三类。

(1)信息保持(存)型:减少或去除冗余数据的同时保持信息不变,即压缩、解压中无信息损失,也称无失真/无损/可逆型编码。主要用于图像存档,其特点是信息无失真,但压缩比有限。

(2)信息损失型:以牺牲部分信息为代价,来获取高压缩比,也称有损压缩。解压后得到原图像的近似图像。数字电视、图像传输和多媒体等应用场合常用这类压缩编码。

(3)特征抽取型:在图像分析、分类与识别中,仅对实际需要(提取)的特征信息进行编码,而丢掉其他非特征信息,可大大压缩数据量。如军事目标图像识别中只需要目标的轮廓信息等。

3.1.3.2 图像编码方法分类

1)统计编码

图像中存在冗余图像编码时就尽可能去除图像中的冗余成分,以最小的数码率传递最大的信息量。常用的统计编码有霍夫曼(Huffman)编码、香农-法诺(Shannon-Fano)编码与算术编码。

下面以霍夫曼编码为例介绍统计编码步骤:

(1)将信源符号 x_i 按其出现的概率由大到小排列;

(2)将两个概率最小的信源符号进行组合相加,并重复这一步骤,始终将较大的概率分支放在上部,直到只剩下一个信源符号且概率达到 1.0 为止;

(3)将每对组合的上边一个指定为 1,下边一个指定为 0(或相反,将上边一个指定为 0,下边一个指定为 1);

(4)画出由每个信源符号到概率 1.0 处的路径,记下沿路径的 1 和 0;

(5)对于每个信源符号都写出 1、0 序列,则从右到左就得到非等长的霍夫曼编码。

例如,一幅 40×40 的图像共有 5 个灰度级:s1、s2、s3、s4 和 s5,它们的概率依次为 0.4、0.165、0.15、0.15 和 0.135。霍夫曼编码过程示意图如图 3-7 所示。

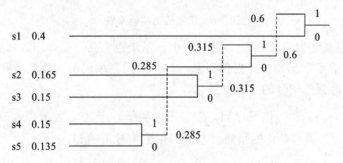

图 3-7 霍夫曼编码过程示意图

霍夫曼编码结果如表 3-1 所示,码字是图 3-7 中从右到左信源符号的行走轨迹,码长表示码字的长度。

表 3-1 编码结果

信 源 符 号	出 现 概 率	码 字	码 长
s1	0.4	0	1
s2	0.165	111	3
s3	0.15	110	3
s4	0.15	101	3
s5	0.135	100	3

2)预测编码

预测编码是根据离散信号之间存在一定关联性的特点,利用前面一个或多个信号预测下一个信号,然后对实际值和预测值的差(预测误差)进行编码。如果预测比较准确,误差就会很小,在同等精度要求的条件下,就可以用比较少的比特数进行编码,达到压缩数据的目的。

无损预测编码系统如图 3-8 所示,可以看出该系统有两个基本组成部分,图 3-8(a)表示编码器,图 3-8(b)表示解码器,编码器和解码器包含的预测器是相同的。

图 3-8(a)中,根据实际的输入与预测器的输出二者的差值得到误差信号,再由编码器得到压缩图像,通过图 3-8(b)中解码器与预测器的输出二者的差值得到解压图像。

图 3-8(a)中,f_n 表示输入信号序列,$\hat{f}_n$ 表示预测信号序列,e_n 表示预测误差。

图 3-8(b)中,e_n 表示预测误差,$\hat{f}_n$ 表示预测信号序列,f_n 表示输出信号序列。

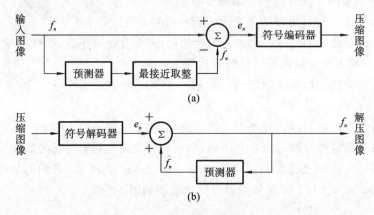

图 3-8 无损预测编码系统

有损预测编码系统如图 3-9 所示,可以看出该系统也有两个基本组成部分,图 3-9(a)表示编码器,图 3-9(b)表示解码器。无损预测编码与有损预测编码的区别是有损预测编码系统多了一个量化器,此时误差信号的来源是量化器。

图 3-9(a)中,f_n 表示输入信号序列,$\hat{f}_n$ 表示预测信号序列,e_n 表示预测误差,e_n^* 表示预测误差量化后的值,f_n^* 表示量化的预测误差值与预测信号值的和。

图 3-9(b)中,e_n^* 表示预测误差量化后的值,$\hat{f}_n$ 表示预测信号序列,f_n^* 表示输出信号序列。

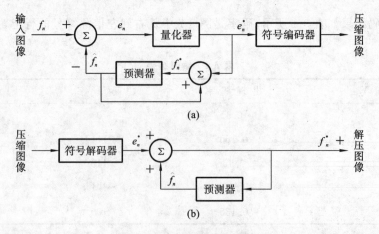

图 3-9 有损预测编码系统

预测编码是一种简单、有效的编码方法,其基本原理是利用线性预测技术去除像素间的相关性,对预测值与实际值之间的差值(即预测误差)进行量化与编码,而不直接对原始数据进行量化与编码,可提高编码效率。

3)变换编码

变换编码是先对图像进行变换,使得变换域中数据间的相关性减小或互不相关,从而减小冗余度,再进行量化与编码,实现数据压缩。常用的变换有正交变换(如离散傅里叶变换(DFT)、离散余弦变换(DCT)等)与离散小波变换(DWT)。

变换编码如图 3-10 所示,图 3-10(a)表示编码器,图 3-10(b)表示解码器。变换编码不是直接对空域图像信号进行编码,而是首先将空域图像信号映射变换到另一个正交矢量空间(变换域或频域),产生一批变换系数,然后对这些变换系数进行编码处理。

由图 3-10(a)可以看出先对输入图像进行图像分割操作,把要压缩的图像进行分割后得到若干子图像,然后通过正交变换将信号映射到矢量空间。正交变换是关键步骤,变换后会产生一批变换系数,将这些变换系数进行量化,最后通过熵原理进行不丢失任何信息的编码,即通过熵编码得到最终的压缩图像。

由图 3-10(b)可以看出,我们将压缩的图像进行反熵编码操作,再进行反变换,将所有子图像进行合并,将图像还原,即得到解压图像。

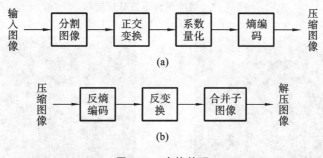

图 3-10　变换编码

4)轮廓编码

一幅图像中总是存在许多大小不等的灰度级相同的区域,尤其是一些所谓特写图像,某些几何图案的物体的照片等也可能是由少数恒定灰度级区域组成的图像。假若我们能够将这些灰度级相同的区域从图像中找出来并给予不同的标志,那么只要我们对能够唯一确定这些区域的一些因素进行编码,也就相当于对整个图像进行编码了。

5)小波变换图像编码

图像信号经过小波多分辨率分解之后成为若干不同频带的信号,这些频带信号具有不同的特点,为压缩编码提供了很好的依据。

数字图像小波分解数据流示意图如图 3-11 所示。数字图像小波分解流程如图 3-12 所示。二维小波一层分解如图 3-13 所示。多级二维离散小波变换模块整体采取非折叠架构,采用前后级并行度为 2∶1 的整体模块设计。这样第一级离散小波变换的时钟数据比是 1∶1,如图 3-13(b)所示,第二级的时钟数据比是 2∶1,如图 3-14(a)所示,第三级的时钟数据比是 4∶1,如图 3-14(b)所示。

3.1.3.3　图像压缩国际标准简介

国际标准化组织(International Standardization Organization,ISO)、国际电工委员会(International Electrotechnical Commission,IEC)和国际电信联盟(International Telecommunication Union,ITU)等国际组织先后制定了一系列的图像编码国际标准,如

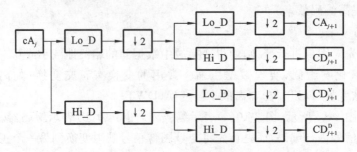

图 3-11　数字图像小波分解数据流示意图

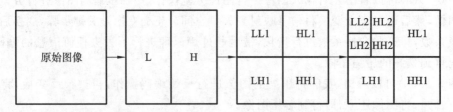

图 3-12　数字图像小波分解流程

图 3-13　二维小波一层分解

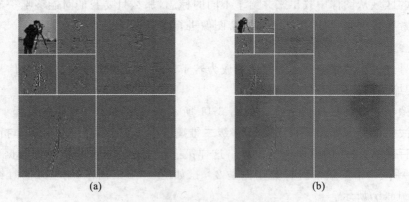

图 3-14　多级二维小波变换结果

JPEG、H.261 与 MPEG 等,涉及的应用范围比较广泛,如多媒体、数字电视、HDTV、可视电话、视频会议等图像的传输。图像编码国际标准极大地促进了全球范围内信息传输的发展。本小节简要介绍 JPEG、H.261 与 MPEG 等国际标准。

1) JPEG 标准

JPEG 联合专家小组于 1991 年 3 月提出了连续色调静止图像的数字压缩编码标准,即 JPEG 标准,它是彩色静止图像压缩的标准,该标准定义了两种编码方式。

JPEG 静止图像压缩编码可以应用于卫星图像、医疗图像以及自然图形等多种不同来源图像的保存和传输,并且对这些编码图像的文件格式、图像分辨率以及彩色空间模型、编码方式等性质都没有限制。另外,用户可根据自己的需要自主地定义量化表和码表。因此,JPEG 静止图像压缩编码适用于众多不同的应用场合。

2) JPEG 2000

JPEG 2000 的编码变换采用以小波变换为主的多分辨率编码方式,是具有很高压缩率和很多新功能的新型静态图像压缩标准。JPEG 2000 正式名称为 ISO/IEC 15444,由 JPEG 组织制定。

JPEG 2000 具有很多 JPEG 所没有的优势。在 JPEG 2000 解压缩过程中,任何图像质量或尺寸都可以从结果码流中解压出来。JPEG 2000 支持多种类型的渐进传输,当接收的码流增多时,解压缩生成的图像质量会提高。JPEG 2000 的编码块是相互独立的,因此,编码器可以任意选择不同的形状和尺寸进行优先处理。现在 JPEG 2000 已经被广泛应用到互联网、电子商务、数字摄影、遥感、医疗图像等方面。

3) H. 261/H. 263

H. 261 是 1990 年制定的序列灰度图像压缩标准,该标准主要应用在电视图像信号的编码中,视频编码信号的传输速度为 $p \times 64$ Kbps($p=1 \sim 30$),故该标准也称为 $p \times 64$ 标准。

H. 263 称为低码率图像编码国际标准,在 H. 261 的基础上,以混合编码为核心,并且相比 H. 261,支持更大的原始图像分辨率,由于其运动补偿精度为半像素级,以及在编码算法和矢量预测算法等方面进行了改进,因此它的性能优于 H. 261。

4) MPEG

MPEG-1 是由活动图像专家组(Moving Picture Expert Group)于 1992 制定的运动图像及其伴音的编码标准。MPEG 标准包括 3 个子标准,即 MPEG 系统标准、MPEG 视频标准和 MPEG 音频标准。MPEG 系统标准用于解决视频流和音频流的多路复用和同步等问题, MPEG 视频标准和音频标准主要研究视频信号和音频信号的压缩与解压缩技术。

MPEG-2 名称为"活动图像及相关声音信息的通用编码",它是声音和图像信号数字化的基础标准,主要特点是各种数字视频和音频之间的相互作用和可交换性。与 MPEG-1 相比, MPEG-2 是适合"真正"的视频应用的编码方式。

为了进行甚低码率音频、视频的压缩,以满足窄带宽(一般指小于 64 Kbps)通信网络中图像传输的要求,活动图像专家组又进一步在 MPEG-2 的基础上进行扩展,并指定用于甚低码率的音频编码,即 MPEG-4 标准。

3.2 数字图像表现形式及格式

3.2.1 数字图像表现形式

1. 二值图像

二值图像是指每个像素不是黑就是白,也称黑白图像,其灰度值没有中间过渡的情况。二值图像对画面的细节信息描述得比较粗略,适用于文字信息图像的描述。

二值图像的灰度值只有 0 和 1 两个值,0 代表黑色,1 代表白色。由于每一个像素的取值仅有 0、1 两种可能性,因此计算机中二值图像的数据类型通常为一个二进制位,二值图像可以看作灰度图像的一个特例。二值图像通常用于文字、线条图的扫描识别(OCR)和掩模图像的存储。

2. 灰度图像

灰度图像是指每个像素的信息由一个量化后的灰度级来描述,灰度图像中不包含彩色信息。标准灰度图像中每个像素的灰度值用一个字节表示,灰度级数为 256 级,每个像素的灰度级可以是 0~255(从黑到白)之间的任何一个值。

当一幅图像有 2^k 个灰度级时,通常称该图像是 k 比特图像。例如,一幅图像有 256 个可能的灰度级,则称其为 8 比特图像,0 表示纯黑色,255 表示纯白色,中间的数字从小到大表示由黑色到白色的过渡色。

3. 彩色图像

彩色图像是利用三基色成像原理来描述自然界中的色彩的。三基色原理认为,自然界中的所有颜色都是由红色(R)、绿色(G)、蓝色(B)三基色合成的。如果三种基色的灰度值分别用一个字节(8 bits)表示,则三基色之间不同的灰度值组合可以形成不同的颜色。红、绿、蓝三种颜色各有 256 个等级,每种颜色用 8 位二进制数表示,于是三通道 RGB 共需要 24 位二进制数来表示,则可以表示的颜色种类为 $256 \times 256 \times 256 = 2^{24}$,即大约 1600 万种颜色。

RGB 图像的图像矩阵与其他类型的图像矩阵不同,是一个三维矩阵,可用 $M \times N \times 3$ 表示,M、N 分别表示图像的行、列数,3 个 $M \times N$ 的二维矩阵分别表示各个像素的 R、G、B 三个颜色分量。除 RGB 外,还可以用其他模型(如 HSI、LUV 等)来表示彩色图像。

4. 索引图像

索引图像是一种把像素直接作为 RGB 调色板下标的图像,索引图像可把像素"直接映射"为调色板数值。

一幅索引图像包含一个数据矩阵 data 和一个调色板矩阵 map,数据矩阵可以是 uint 8、uint 16 或双精度类型的,而调色板矩阵则总是一个 $m \times 3$ 的双精度矩阵。调色板通常与索引图像存储在一起,装载图像时,调色板将和图像一同自动装载。

5. 多帧图像

帧就是影像动画中最小单位的单幅影像画面,相当于电影胶片上的每一格镜头。

一帧就是一幅静止的画面,连续的帧就形成动画,如电视图像等。而多帧图像是一种包含多幅图像或帧的图像文件,又称为多页图像或图像序列,主要用于需要对时间或场景上相关的图像集合进行操作的场合。

3.2.2　数字图像格式

1. BMP 格式(Windows 位图)

Windows 位图可以用任何颜色深度(从黑白到 24 位颜色)存储单个光栅图像。Windows 位图文件格式与其他 Microsoft Windows 程序兼容。为了保证照片图像的质量,使用 PNG 文件、PEG 文件或 TIFF 文件,BMP 文件适用于 Windows 中的墙纸。

优点:BMP 支持 1 位到 24 位颜色深度,BMP 格式与现有 Windows 程序(尤其是较旧的程序)广泛兼容。

缺点:BMP 不支持压缩,这会导致文件非常大,BMP 文件不被 Web 浏览器支持。

2. JPEG 格式

JPEG 格式是最常见的格式之一。JPEG 图片以 24 位颜色存储单个光栅图像。JPEG 是与平台无关的格式,支持最高级别的压缩,但这种压缩是有损耗的。

优点:摄影作品或写实作品支持高级压缩,可以利用可变的压缩比控制文件大小,支持交错(对于渐近式 JPEG 文件),JPEG 广泛支持 Internet 标准。

缺点:有损耗压缩会使原始图片质量下降;当编辑和重新保存 JPEG 文件时,JPEG 会混合原始图片数据,因此图片的质量会有所下降;不适用于含颜色很少、具有大块颜色相近的区域或亮度差异十分明显的图片。

3. GIF 格式

GIF 图片以 8 位颜色或 256 色存储单个光栅图像数据或多个光栅图像数据,支持透明度、交错和多图像图片(动画 GIP)。

优点:GIF 广泛支持 Internet 标准;支持无损耗压缩和透明度;动画 GIF 很流行,易于使用多种 GIF 动画程序创建。

缺点:GIF 只支持 256 色调色板,因此,对于详细的图片和写实摄影图像,颜色信息会丢失。

4. PNG 格式

PNG 图片可以以任何颜色深度存储单个光栅图像,PNG 是与平台无关的格式。PNG 格式与 JPG 格式类似,网页中有很多图片都是这种格式的,压缩比高于 GIF 的,支持图像透明。

优点:PNG 支持高级别无损耗压缩;支持 Alpha 通道透明度;支持伽马校正;支持交错。

缺点:较旧的浏览器和程序可能不支持 PNG 文件,PNG 提供的压缩量较少。作为 Internet 文件格式,PNG 对多图像文件或动画文件不提供任何支持。

5. PSD 格式

PSD 格式可以保存图片的完整信息,图层、通道、文字都可以被保存,图像文件一般较大。

6. TIFF 格式

TIFF 格式的特点是图像格式复杂、存储信息多。因为它存储的图像细微层次的信息非常多,图像的质量也很高,故而非常有利于原稿的复制。很多地方将 TIFF 格式用于印刷。

7. CDR 格式

CDR 格式是著名的图形设计软件 CoreIDRAW 的专用格式。CDR 图像属于矢量图像,其最大的优点是图片占用内存较小,便于再处理。

3.3　数字图像的描述

图像经过分割后就得到了若干区域和边界。通常把感兴趣部分称为目标(物),其余的部分称为背景。我们把表征图像特征的一系列符号称为描绘子,对这些描绘子的基本要求就是它们应具有如下特点。

(1)唯一性:每个目标必须有唯一的表示,否则无法区分。

(2)完整性:描述子是明确的,没有歧义的。

（3）几何变换不变性：描述子应具有平移、旋转、尺度等几何变换不变性。

（4）敏感性：描述子应该具有对相似目标加以区别的能力。

（5）抽象性：从分割区域、边界中抽取反映目标特性的本质特征，不容易因噪声等而发生变化。

3.3.1　相邻像素

像素的相邻与邻域：图像描述就是对图像中目标物特征的表示，而目标物由一些位置和灰度值具有一定关系的像素点构成。

1）4 邻域和 4 相邻

对于图像中的某个像素 p，其坐标为 (m,n)，则与之在水平方向（左和右）和垂直方向（上和下）相邻的 4 个像素点坐标分别为 $(m-1,n)$，$(m+1,n)$，$(m,n-1)$，$(m,n+1)$，这 4 个像素点组成了像素 p 的 4 邻域，表示为 $N_4(p)$。

2）8 邻域和 8 相邻

同理若取像素 p 四周的 8 个像素点作为相邻点，则像素点 p 的这 8 个相邻点就构成了 8 邻域，用 $N_8(p)$ 表示。

3.3.2　邻接性、连通性、区域和边界

3.3.2.1　邻接的类别

为了确定两个像素是否连通，必须确定它们是否相邻以及其灰度值是否满足特定的相似性准则（或者说，它们的灰度值是否相等）。现只考虑二值图像，即灰度值只有 0 和 1 两种情况。定义 V 为所要讨论的像素的邻接性灰度值集合，在二值图像中 $V=\{1\}$，考虑三种类型的邻接性。

（1）4 邻接：如果 q 在 $N_4(p)$ 集中，则具有 V 中数值的两个像素 p 和 q 是 4 邻接的。一个像素的 4 邻接像素包括它的上下左右 4 个像素。p 的 4 邻域 $N_4(p)$ 如图 3-15 所示。

（2）8 邻接：如果 q 在 $N_8(p)$ 集中，则具有 V 中数值的两个像素 p 和 q 是 8 邻接的。8 邻接像素则为它周围的所有 8 个像素。p 的 8 邻域 $N_8(p)$ 如图 3-16 所示。

（3）m 邻接（混合邻接）：如果 q 在 $N_4(p)$ 中，或者 q 在 $N_D(p)$ 中且集合 $N_4(p) \bigcup N_4(q)$ 中没有 V 值像素，则具有 V 值的像素 p 和 q 是 m 邻接的。p 的对角邻域 $N_D(p)$ 如图 3-17 所示。

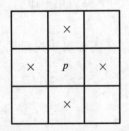
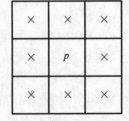
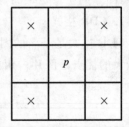

图 3-15　p 的 4 邻域 $N_4(p)$　　　　图 3-16　p 的 8 邻域 $N_8(p)$　　　　图 3-17　p 的对角邻域 $N_D(p)$

3.3.2.2　连通性

若同一区域集合的所有像素都是 4 邻接的，则它们为 4 连通。

设 S 是图像中的一个子集，区域 S 中所有连通点的集合称为 S 的连通分量，假设连通分量 P、$Q \in S$，如果从 P 到 Q 存在一个全部点都在 S 中的通路，则称 P、Q 在 S 中是连通的。

连通有如下的性质：

(1) P 与 P 连通；

(2) 若 P 与 Q 连通，则 Q 与 P 也连通；

(3) 若 P 与 Q 连通，Q 与 R 连通，则 P 与 R 也连通。

3.3.2.3　区域

区域的骨架表达是一种简化的目标区域表达方法，在许多情况下可反映目标的结构形状。利用细化技术得到区域的骨架是常用的方法。图像的区域主要包括区域描述子、纹理、不变矩等。

1. 图像区域描述

图像区域描述是一种图像描述技术。对经图像分割所得到的连通区域的形状进行描述，提取能反映区域形状的特征，以便进一步分析、识别和理解。方法包括区域形状描述、轮廓形状描述和几何特征测量。

2. 计算机图形学中的纹理

纹理既包括通常意义上物体表面的纹理，即使物体表面凹凸不平的沟纹，同时也包括物体的光滑表面上的彩色图案，通常我们更多地称之为花纹。纹理图像如图 3-18 所示。

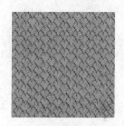

(a) 木纹　　　　　　　　　(b) 周期纹理　　　　　　　　　(c) 砖块

图 3-18　纹理图像

3. 不变矩

不变矩是指将对变换不敏感的基于区域的几个矩作为形状特征，Hu 提出了 7 个这样的矩。矩特征主要表征了图像区域的几何特征，又称为几何矩；由于其具有旋转、平移、尺度不变性等特征，因此又称其为不变矩。在图像处理中，几何不变矩可以作为一个重要的特征来表示物体，可以据此特征来对图像进行分类等操作。

图像矩（Hu 矩）主要包括普通矩、中心矩、归一化中心矩等。图像的 Hu 矩是一种具有平移、旋转和尺度不变性的图像特征。中心矩是以目标区域的质心为中心构建的，那么矩的计算永远是针对目标区域中的点相对于目标区域的质心的，而与目标区域的位置无关，所以具备平移不变性。为抵消尺度变化对中心矩的影响，利用零阶中心矩对各阶中心矩进行归一化处理，使得矩具备尺度不变性。利用二阶和三阶规一化中心矩可以导出 7 个不变矩组，其可在图像平移、旋转和比例变化时保持不变。

3.3.2.4　边界

对图像中目标的描述可以分为边界的描述和区域的描述。边界的描述可以分为简单描述和复杂描述。简单描述包括边界的长度、边界的直径、边界的曲率。复杂描述分为边界的形状数、边界的矩、傅里叶描述子。

边界主要包括边界描绘子、形状数、傅里叶描述子、统计矩等。

（1）一些简单的边界描绘子主要指边界的长度、边界的直径、曲率。原边界及边界的直径如图 3-19 所示。

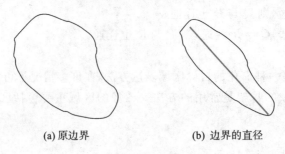

(a) 原边界   (b) 边界的直径

图 3-19   边界

（2）形状数是指最小数量级的差分码。其中，阶数也就是码的个数，对于闭合边界，码总是偶数。形状数与方向无关。码是轮廓点的一种编码表示方法。使用链码时，起点的选择是很关键的。链码的形式如图 3-20 所示。

(a) 4-链码   (b) 6-链码   (c) 8-链码

图 3-20   链码的形式

（3）傅里叶描述子可用于区分不同的形状边界，对旋转、平移、缩放等操作和起始点的选取不敏感，但参数变化关系到描述子的简单变化。

（4）统计矩用来衡量数据样本对样本中所选定中心的离散情况，分为原点矩和中心矩。对离散分布来说，一阶原点矩就是样本的均值。对于连续分布来说，一阶原点矩就是样本值与样本概率乘积总和的 $1/n$。二阶中心矩就是样本的方差。

3.3.3   像素间距测量

1. 定义

距离是像素间重要的几何特征，距离有三个基本性质必须得到保证。

（1）非负性：$d(p,q) \geqslant 0$。

（2）对称性：$d(p,q) = d(q,p)$。

（3）三角不等式：$d(p,q) \leqslant d(p,r) + d(r,q)$。

2. 常见的距离

不同的距离定义描述的区域大小、形状不同。

常见的距离有以下三种。

欧氏距离：$d_e = \sqrt{(p_x - q_x)^2 + (p_y - q_y)^2}$。欧几里得度量（Euclidean metric）（也称欧氏距离）是一个常用的距离定义，指在 m 维空间中两个点之间的真实距离，或者向量的自然长度（即该点到原点的距离）。在二维和三维空间中的欧氏距离就是两点之间的实际距离。

街区距离：$d_4 = |p_x - q_x| + |p_y - q_y|$。街区距离也称曼哈顿距离或城市距离，指两点在南北方向的距离加上在东西方向的距离。对于一个具有正南正北、正东正西方向规则布局的城镇街道，从一点到另一点的距离正是南北方向的距离加上东西方向的距离。

棋盘距离：$d_8 = \max(|p_x - q_x|, |p_y - q_y|)$。两点之间的棋盘距离就是以这两点为一条对角线的矩形的较长的那条边的长度。

本 章 小 结

本章主要分为三节。第一节是图像数字化，包括图像采样、图像量化、图像压缩编码。主要介绍图像采样、采样定理及图像的各种采样方法和量化方法、图像压缩等内容。第二节是数字图像表现形式及格式，包括数字图像表现形式、数字图像格式。主要介绍不同类别图像和不同种类图像的格式。第三节是数字图像的描述，包括相邻像素、邻接性、连通性、区域和边界、像素间距测量。

习　　题

3.1　图像数字化包含哪些步骤？简述其过程。

3.2　简述二值图像、灰度图像、彩色图像的区别。

3.3　数字图像格式主要包括什么？

3.4　邻域的类别是什么？分别阐述。

3.5　边界的类别是什么？分别阐述。

第4章 HALCON 图像采集

HALCON 图像采集，顾名思义，就是利用 HALCON 软件采集图像。采集图像需要硬件支持，这就涉及硬件的选型。一个完整的图像采集系统一般由相机、镜头和光源组成（可能会用到图像采集卡），每一个硬件的选型都会影响最后采集到的图像的质量。对于相机和镜头，需要了解其参数、接口和分类，而对于光源，需要了解其波长、颜色、照明方式等。

图像采集效果决定着图像处理的过程以及最后处理结果的好坏，所以一定要确保采集到的图像的清晰度、对比度等满足要求。HALCON 采集助手是图像采集的重要工具，可以读取图片和实时采集图片，并根据设置的参数生成相应的代码。

4.1 图像采集硬件

4.1.1 工业相机

工业相机相比于传统的民用相机（摄像机）而言，具有更高的图像稳定性、传输能力和抗干扰能力等，目前市面上的工业相机大多是基于电荷耦合器件（charge coupled device，CCD）或互补金属氧化物半导体（complementary metal oxide semiconductor，CMOS）芯片的相机（见图 4-1）。CCD 是目前机器视觉中最为常用的图像传感器，它集光电转换及电荷存储、电荷转移、信号读取于一体，是典型的固体成像器件。CCD 的突出特点是其以电荷为信号，而不同于其他器件以电流或者电压为信号。这类成像器件利用光电转换形成电荷包，而后在驱动脉冲的作用下转移、放大、输出图像信号。典型的 CCD 相机由光学镜头、时序及同步信号发生器、垂直驱动器、模拟/数字信号处理电路组成。CCD 作为一种功能器件，具有无灼伤、无滞后、低工作电压、低功耗等优点。CMOS 图像传感器将光敏元件阵列、图像信号放大器、信号读取电路、模数转换电路、图像信号处理器及控制器集成在一块芯片上，还具有局部像素的编程随机访问的优点。目前，CMOS 图像传感器以其良好的集成性、低功耗、高传输速率和宽动态范围等特点在高分辨率和高速场合得到了广泛的应用。

(a) CCD相机   (b) CMOS相机

图 4-1 工业相机

1. 工业相机的分类

（1）按照芯片类型可以分为 CCD 相机、CMOS 相机。

其主要区别在于：①CCD 传感器比 CMOS 传感器对光更加敏感，这是因为 CCD 有更大的填充因子；②CCD 传感器比 CMOS 传感器更适合低对比度的场合，这是因为 CCD 传感器可以获得更高的信噪比；③CMOS 传感器可以获得比 CCD 传感器更高的图像传输速率，更适合高速场合；④CMOS 传感器可以获得比 CCD 传感器更多的输出柔性，可以任意选择图像输出的兴趣区域来提高图像传输速率；⑤CMOS 传感器拥有更低的能耗。

（2）按照传感器的结构特性可以分为线阵相机、面阵相机。

面阵相机的优点是价格便宜，处理方便，可以直接获得一幅完整的图像。线阵相机的优点是速度快，分辨率高，可以实现运动物体的连续检测，比如传送带上的细长带状物体（这种情况下，利用面阵相机很难检测）；其缺点是需要进行拼接图像的后续处理。

（3）按照扫描方式可以分为隔行扫描相机、逐行扫描相机。

隔行扫描相机的优点是价格便宜，但是在拍摄运动物体的时候容易出现锯齿状边缘或叠影。逐行扫描相机则没有这个缺点，拍摄运动图像时画面清晰，失真小。

（4）按照分辨率大小可以分为普通分辨率相机、高分辨率相机。

分辨率越高，图像的细节表现得越充分。

（5）按照输出信号方式可以分为模拟相机、数字相机。

模拟相机以模拟电平的方式表达视频信号，这种相机通常用于闭路电视或者与数字化视频波形的采集卡相连，其优点是技术成熟、成本低廉，对应的图像采集卡价格也比较低，也有一些缺点，比如帧率不高，分辨率不高等；而数字相机内部有一个 A/D 转换器，数据以数字形式传输，可以避免传输过程的图像衰减或噪声。所以在高速、高精度机器视觉应用中，一般都会考虑数字相机。

（6）按照输出色彩可以分为单色（黑白）相机、彩色相机。

（7）按照信号输出速度可以分为普通速度相机、高速相机。

（8）按照响应频率范围可以分为可见光（普通）相机、红外相机、紫外相机等。

2. 工业相机的主要参数

（1）分辨率（resolution）：相机每次采集图像的像素（pixel）点数。对于数字相机，分辨率一般直接与光电传感器的像元数对应；对于模拟相机，则取决于视频制式，PAL 制为 768×576，NTSC 制为 640×480。

（2）像素深度（pixel depth）：每像素数据的位数，一般常用的是 8 位（bit），使用的还有 10 bit、12 bit 等。

分辨率和像素深度共同决定了图像的大小。例如对于像素深度为 8 bit 的 500 万像素相机，采集的整张图片应该有 500 万 $\times 8/1024/1024/8 = 4.7$ MB（8 bit = 1 B，1024 B = 1 KB，1024 KB = 1 MB）。增加像素深度可以提高测量的精度，但同时也降低了系统的速度，并且提高了系统集成的难度（线缆增加、尺寸变大等）。

（3）最大帧率（frame rate）/行频（line rate）：相机采集、传输图像的速率。对于面阵相机一般为每秒采集的帧数；对于线阵相机，为每秒采集的行数。

（4）曝光方式（exposure）和快门速度（shutter）：线阵相机都是逐行曝光的方式，可以选择固定行频和外触发同步的采集方式，曝光时间可以与行周期一致，也可以设定一个固定的时间；面阵相机有帧曝光、场曝光和滚动行曝光等几种常见方式。数字相机一般都提供外触发采集的功能。快门速度一般可到 10 μs,高速相机还可以更快。

(5) 像元尺寸(pixel size):像元大小和像元数(分辨率)共同决定了相机靶面的大小。目前数字相机像元尺寸一般为 3~10 μm,一般像元尺寸越小,制造难度越大,图像质量也越不容易提高。

(6) 光谱响应特性(spectral range):该像元传感器对不同光波的敏感特性,一般响应范围是 350~1000 nm。一些相机在靶面前加了一个滤镜,滤除红外光线,如果系统需要,对红外感光时可去掉该滤镜。

(7) 噪声:成像过程中不希望被采集到的,实际成像目标之外的信号。总体上分为两类:一类是由有效信号带来的散粒噪声,这种噪声对任何相机都存在;另一类是相机本身固有的与信号无关的噪声,它是由图像传感器读出电路、相机信号处理与放大电路带来的固有噪声(每台相机的固有噪声都不一样)。

(8) 信噪比(SNR):图像中信号与噪声的比值(有效信号平均灰度值与噪声均方根的比值)。可用信噪比来衡量图像的质量,图像信噪比越高,相机性能和图像质量越好。

3. 工业相机的输出接口

工业相机输出接口类型主要由需要获得的数据类型决定。如果图像直接输出给视频监视器,那么只需要输出模拟量的工业相机。如果需要将工业相机获取的图像传输给计算机处理,则有多种输出接口可供选择,但必须和采集卡的接口一致,通常有以下几种方式。

(1) USB 接口:直接输出数字信号图像,串行通信,支持热拔插,传输速率在 120~480 Mbps 之间,会占用 CPU 资源,传输距离较短,稳定性稍差。目前广泛采用的 USB 2.0 接口,是最早应用的数字接口之一,具有开发周期短、成本低廉的特点。其缺点是数据传输较慢,数据传输过程需要 CPU 参与管理,占用资源,且由于接口没有螺丝固定,连接容易松动。最新的 USB 3.0 接口使用了新的 USB 协议,可以更快地传输数据。

(2) 1394a/1394b 接口:俗称火线接口,是美国电气与电子工程师学会(IEEE)制定的一个标准工业串行接口,所以又称为"IEEE 1394",现主要用于视频采集。1394a 的数据传输速率可达 400 Mbps,1394b 的数据传输速率可达 800 Mbps,支持热拔插。在计算机上使用 1394 接口需要使用额外的采集卡,使用不方便,市场普及率较低,已慢慢被市场所淘汰。

(3) Gige 接口:千兆以太网接口,PC 标准接口,传输速率更高,距离更远。Gige 接口是一种基于千兆以太网通信协议开发的相机接口,特点是数据传输速率快,传输距离高达 100 m,是近几年市场上应用的重点,使用方便,CPU 资源占用少,可多台同时使用。

(4) Camera Link 接口:需要单独的 Camera Link 采集卡,成本较高,便携性差,实际应用较少,是目前工业相机中传输速率最快的一种接口,一般应用在高分辨率的高速面阵相机和线阵相机上。

4. 工业相机的选型

1) 选择工业相机的分辨率

X 方向分辨率=视野范围(X 方向)/理论精度;Y 方向分辨率=视野范围(Y 方向)/理论精度。根据目标要求的精度,可以反推出相机的分辨率。例如对于视野大小为 10 mm×10 mm 的场合,要求精度为 0.02 mm/pixel,则单方向上分辨率为 10/0.02=500。然而考虑到相机边缘视野的畸变以及系统的稳定性要求,不会只要求一个像素单位对应一个测量精度值,一般选择倍数为 4 或者更高,这样相机单方向分辨率为 2000,相机的分辨率=2000×2000=400 万,所以选用 500 万像素的相机即可满足。

2）选择工业相机的芯片

如果要拍摄的物体是运动的，要处理的对象也是实时运动的物体，那么选择 CCD 芯片的相机最适宜。但采用帧曝光（全局曝光）方式的 CMOS 相机在拍摄运动物体时效果也不比 CCD 芯片的相机的差。如果物体的运动速度很慢，在设定的相机曝光时间范围内，物体运动的距离很小，换算成像素大小在一两个像素内，那么选择普通滚动曝光的 CMOS 相机也是合适的。但如果有超过两个像素的偏差，物体拍出来的图像就有拖影。目前很多高品质的 CMOS 相机完全可以替代 CCD 芯片的相机，适用于高精度、高速的场合。

3）选择彩色相机还是黑白相机

如果要处理的信息与图像颜色有关，采用彩色相机，否则建议采用黑白相机，因为同样的分辨率，黑白相机精度比彩色相机的高，尤其是在看图像边缘的时候，黑白相机的效果更好。做图像处理时，黑白相机得到的是灰度信息，可直接处理。

4）工业相机的帧率

根据要拍摄物体的速度选择，相机的帧率一定要大于或等于物体运动速度。

5）选择线阵相机还是面阵相机

对于拍摄精度要求很高、运动速度很快的物体，面阵相机的分辨率和帧率可能达不到要求，可以选择线阵相机。

6）相机和图像采集卡的匹配

（1）视频信号的匹配：黑白模拟信号相机有 CCIR 和 RS170（EIA）两种格式，通常采集卡都同时支持这两种格式的相机。

（2）分辨率的匹配：每款板卡都只支持某一分辨率范围内的相机。

（3）特殊功能的匹配：如果要使用相机的特殊功能，需先确定所用板卡是否支持此功能，比如若要求多部相机同时拍照，则这个采集卡就必须支持多通道，如果相机是逐行扫描的，那么采集卡必须支持逐行扫描。

（4）接口的匹配：确定相机和采集卡的接口是否相匹配，如 Camera Link、Firewire1394 等。

7）工业相机的 CCD/CMOS 靶面

靶面尺寸的大小会影响镜头焦距的长短，在相同视角下，靶面尺寸越大，焦距越长。在选择相机时，特别是对拍摄角度有严格要求时，CCD/CMOS 靶面的大小、CCD/CMOS 与镜头的配合情况将直接影响视场角的大小和图像的清晰度。因此在选择 CCD/CMOS 尺寸时，要结合镜头的焦距、视场角来决定。一般要求镜头的尺寸大于或等于相机的靶面尺寸。

表 4-1 是索尼的 CCD 芯片不同靶面尺寸对应的对角线长和 CCD 宽、高。靶面尺寸小于 1/2 in（1 in≈2.54 cm）时，用 18 mm 乘以尺寸值，可求出对角线的大致长度；大于 1/2 in 时，则用 16 mm 乘以尺寸值，可求得对角线的大致长度。

表 4-1　索尼的 CCD 芯片靶面尺寸

靶面尺寸/in	对角线长/mm	CCD 高/mm	CCD 宽/mm
1.8	28.4	15.7	23.7
4/3	21.8	13.1	17.4
1	16.0	9.6	12.8

续表

靶面尺寸/in	对角线长/mm	CCD 高/mm	CCD 宽/mm
2/3	11.0	6.6	8.8
1/1.8	9.0	5.4	7.2
1/2	8.0	4.8	6.4
1/2.5	7.2	4.29	5.76
1/2.7	6.6	4	5.3
1/3	6.0	3.6	4.8
1/3.2	5.7	3.42	4.54
1/3.6	5.0	3	4
1/4	4.5	2.7	3.6

8) 典型的工业相机供应商

(1) Costar 工业相机：支持亚像素精度；图像采集界面友好；结构紧凑、坚固；具有可调整的 C-mount 接口；支持同步图像转换。机器视觉相机 SI-C721 首次采用的 Sony DSP 技术支持 470 线的分辨率，屏幕显示菜单简单易用。结构设计紧凑，图像质量较高。

(2) Lumenera 数字工业相机：具有高速的 USB 2.0 接口(480 Mbps)；图像分辨率高、稳定；实时传输特性良好；具有通用 I/O 口，方便与外面设备交互(4 个输入端和 4 个输出端)；封装好；可选 8、10 和 12 位输出图像；连接简单(视频输出和相机调节均通过 USB 电缆)；兼容 DirectShow 标准；兼容 Windows XP、Windows 7 和 Windows 10 等主要操作系统；具有强大的二次开发库。

(3) Sony(日本)：其研发的全新 CMOS 影像感应器技术适用于生成高清晰影像，其单一像素精细处理、噪声均衡控制等技术，使得 CMOS 影像感应器能够生成高质量影像。增强型影像处理器——支持 CMOS 影像感应器的全新信号处理器，能提升极暗及极亮情况下的感光度，平衡光暗度，突出影像层次感，创造高像素静止影像。Sony 的工业相机涵盖了黑白与彩色的面阵、线阵等多系列产品。

(4) 东芝泰力(日本)：其较有代表性的机器视觉相机如 CS6910CL 是一台拥有 63 万有效像素的彩色相机，分辨率代号为 SXGA ，视频输出速率为 30 帧/秒，适用于高速影像处理，具备用于机器人视觉、影像处理等方面不可欠缺的 Camera Link 接口、随机外部触发快门和全帧输出功能。

(5) Dalsa(加拿大)：以 Dalsatar 系列为代表的高端 CCD 相机以灵敏度高、像元一致性好、动态范围大、控制方式灵活而著称，是高分辨率 CCD 相机的代表。高速 CCD 相机在爆炸力学、高速运动物体的分析等领域有广泛的应用。高速度是 Dalsa CCD 相机的显著特点之一。

(6) Basler(德国)：Basler 摄像机一直以坚固、稳定、兼容性好、产品线齐全著称。Basler 线阵摄像机包含了 1 K、2 K、4 K 和 8 K 像素黑白摄像机及 2 K、4 K 彩色摄像机，各种像素的摄像机均有不同帧率，最快可达 58500 行/秒。面阵摄像机也有多种型号，最高帧率为 1280×1024 分辨率下 500 帧/秒。Basler 产品广泛用于机器视觉、航空航天、交通、科研、医学、教育等领域。

（7）UNIQ（美国）：以高分辨率 CCD 相机而闻名，其 CCD 相机（LVDS 和 Camera Link）、USS 相机、彩色 CCD 相机（LVDS 和 Camera Link）等广泛应用于机器视觉领域。

（8）Atmel（美国）：其快速 CMOS 区域扫描相机 ATMOS 2M30 和 ATMOS 2M60 能以 8、10 或者 12 位进行工作，并能提供极好的动态漫游，在高速度下也具有高灵敏度和高质量。

（9）Olympus（日本）：其工业电子内窥镜 IPLEX SX Ⅱ 具备"可从任意角度观察样本并进行测量"的立体测量功能，可用于测量裂缝大小等外观检查。

4.1.2　镜头

镜头一般都由光学系统和机械装置两部分组成：光学系统由若干透镜（或反射镜）组成，以构成正确的物像关系，保证获得正确、清晰的影像，它是镜头的核心；而机械装置包括固定光学元件的零件（如镜筒、透镜座、压圈、连接环等）、镜头调节机构（如光圈调节环、调焦环等）、连接机构（比如常见的 C 接口、CS 接口）等。此外，有些镜头具有自动调光圈、自动调焦或感测光强度的电子机构。

1. 镜头的相关参数

我们将焦距 f、光圈系数（相对孔径）、对应最大 CCD 尺寸、接口、后背焦及像差（如畸变、场曲等）看作镜头的内部参数，而将视场（FOV）、数值孔径（NA）、光学放大倍数（M）、分辨率（resolution）、工作距离（WD）和景深（DOF）看作镜头的外部参数。

（1）焦距（f）：镜头到焦点之间的距离，是镜头的重要性能指标，镜头焦距的长短决定着成像大小、视场角大小、景深大小和画面的透视强弱。焦距越大，成像越大；焦距越小，成像越小。根据用途，常见的工业镜头焦距有 5 mm、8 mm、12 mm、25 mm、35 mm、50 mm、75 mm 等。其计算公式为

$$f = \frac{CCD\,宽 \cdot WD}{物宽} = \frac{CCD\,高 \cdot WD}{物高} \tag{4-1}$$

式中：WD 为工作距离（物距）。表 4-2 是根据不同物距及不同物高的物体计算的支持不同靶面尺寸的 CCD 芯片的镜头焦距。

表 4-2　焦距计算结果

CCD 宽/mm	CCD 高/mm	对角线长/mm	靶面尺寸/in	物距/mm	物高/mm	焦距/mm
23.7	40	46.49	1.8	310	120	103.33
17.4	18.5	25.40	4/3	700	750	17.267
12.7	9.5	15.86	1	500	180	26.389
11	11	15.56	2/3	7	15.4	5
7.2	5.4	9.00	1/1.8	7	15.4	2.4545
6.4	4.8	8.00	1/2	7	15.4	2.1818
5.76	4.29	7.18	1/2.5	1.2	0.5	10.296
5.3	4	6.64	1/2.7	1.2	0.5	9.6
4.8	3.6	6.00	1/3	10	9	4
4.54	3.42	5.68	1/3.2	10	9	3.8
4	3	5.00	1/3.6	10	9	3.3333
3.6	2.7	4.50	1/4	10	9	3

（2）光圈系数（相对孔径）：其计算公式为

$$相对孔径 = \frac{光圈直径\ D}{焦距\ f} \tag{4-2}$$

相对孔径的倒数就是光圈系数，一般以 F 数来表示这一参数。例如，如果镜头的相对孔径是 1：2，那么其光圈系数就是 $F2.0$，相机的镜头上都会标写这一参数。常用的光圈系数为 1.4、2、2.8、4、5.6、8、11、16、22 等。光圈系数的标称值越大，则光圈越小，在单位时间内的通光量越小。有些视觉系统为了增大镜头的可靠性和降低成本，采用定光圈设计，光圈不能改变时调整图像亮度就需要调整光源强度或相机增益。

（3）对应最大 CCD 尺寸：镜头成像直径可覆盖的最大 CCD 芯片尺寸。主要有 1/2 in、2/3 in、1 in 和 1 in 以上。

（4）接口：镜头与相机的连接方式。常用的接口包括 C、CS、F、V、T2 等。

（5）像差（比如畸变、场曲等）：在机器视觉应用中最关键的参数是畸变（变形率）和场曲（对于传感器接配的镜头来说，该参数已被严格校正）。畸变会影响测量结果（特别是在精密测量中），必须通过软件进行标定和补偿。

（6）分辨率（resolution）：镜头的分辨率代表镜头记录物体细节的能力，指在成像平面上 1 mm 间距内镜头能分辨的黑白相间的线条对数，单位是"p/mm"。分辨率越高的镜头成像越清晰。镜头的分辨率不能和相机的分辨率混为一谈。

（7）数值孔径（NA）：其计算公式为

$$NA = n \cdot \sin\frac{\alpha}{2} \tag{4-3}$$

式中：n 为物方介质折射率；α 为物方孔径角。数值孔径与其他光学参数有着密切的关系，它与分辨率成正比，与光学放大倍数成正比。也就是说，数值孔径直接决定了镜头的分辨率，数值孔径越大，分辨率越高。

（8）视场（FOV）：镜头实际拍到的区域的范围。其计算公式为

$$FOV = \frac{WD \cdot CCD\ 尺寸}{f} \tag{4-4}$$

式中：f 为焦距；WD 为工作距离。

（9）光学放大倍数（M）：芯片尺寸除以视场，即

$$M = \frac{CCD\ 尺寸}{FOV} \tag{4-5}$$

（10）工作距离（WD）：物距，指镜头最下端机械面到被测物体的距离。有些系统工作空间很小，因而需要镜头的工作距离较小；但有的系统可能需要在镜头前安装光源或其他工作装置，因而镜头的工作距离必须较大以保证空间。需要的工作距离越长，保持小视野的难度和成本就越高。

（11）后背焦（flange distance）：后焦距，指相机接口平面到芯片的距离。简单来说，是当安装上标准镜头（标准 C 接口、CS 接口镜头）时，能使被摄物体的成像恰好在 CCD 图像传感器的靶面上的距离。在线扫描镜头或大面阵相机镜头的选型中，后背焦是一个非常重要的参数，直接影响镜头的配置。一般工业相机在出厂时，对后背焦都做了适当的调整，因此，在配接定焦镜头的应用场合，一般都不需要调整工业相机的后背焦。在有些应用场合，可能出现当镜头对焦环调整到极限位置时仍不能使图像清晰的情况；如果镜头接口正确，就需要对工业相机的后背焦进行调整。

(12)景深(DOF):镜头的一个重要的外部参数。它表示满足图像清晰度要求的最远位置与最近位置的差值。景深光学示意图如图 4-2 中所示。

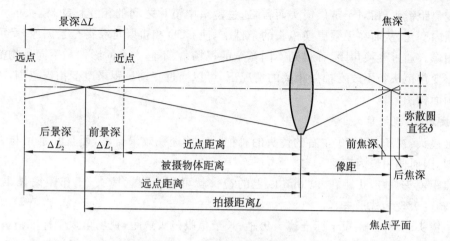

图 4-2　景深光学示意图

前景深 ΔL_1、后景深 ΔL_2 及景深 ΔL 的计算公式为

$$\Delta L_1 = \frac{F\sigma L^2}{f^2 + F\sigma L} \tag{4-6}$$

$$\Delta L_2 = \frac{F\sigma L^2}{f^2 - F\sigma L} \tag{4-7}$$

$$\Delta L = \Delta L_1 + \Delta L_2 = \frac{2f^2 F\sigma L^2}{f^4 - F^2 \sigma^2 L^2} \tag{4-8}$$

式中:f 是焦距;F 是光圈系数;L 是对焦距离。弥散圆的最大直径是个相对量,它的可接受值很大程度上取决于应用,因此在实际视觉应用中以实验和参考镜头给出的参考值为主。简单地说,光圈越小,景深越深;焦距越短,景深越深;工作距离越远,景深越深。

2. 镜头的分类

1)按镜头接口分类

C-Mount:C 接口镜头,是目前在机器视觉系统中使用最广泛的镜头,具有重量轻、体积小、价廉、品种多等优点。它的接口螺纹参数:公称直径为 1 in,螺距为 32 牙(1-32 UN)。

CS-Mount:CS 接口,是为新的 CCD 而设计的,随着 CCD 的发展,集成度越来越高,相同分辨率的光敏阵列越来越小,CS-Mount 更适用于有效光敏传感器尺寸更小的相机。

C 接口和 CS 接口的区别仅仅在于镜头的安装基准面到焦点的距离不同。C 接口的是17.526 mm,而 CS 接口的是 12.5 mm。它们之间相差约 5 mm。因此具有 CS 接口的相机,可以与 C 接口或 CS 接口的镜头连接,但使用 C 接口的镜头时需加装一个接圈。具有 C 接口的相机只能与 C 接口的镜头连接,而不能与 CS 接口的镜头连接,否则不但不能获得良好聚焦,还有可能损坏 CCD 靶面(部分 C 接口的相机可以去掉接圈转换成 CS 接口的)。注意:有一个例外,C 接口的 3CCD 相机不能和 C 接口的镜头协同工作。

2)按焦距类型分类

定焦镜头:特指只有一个固定焦距的镜头,只有一个焦段,或者说只有一个视野。定焦镜头没有变焦功能。定焦镜头的设计相对变焦镜头而言要简单得多,但一般变焦镜头在变焦过程中对成像会有所影响,而定焦镜头的机器相对于变焦镜头的机器的最大好处就是对焦速度快,成像质量稳定。不少拥有定焦镜头的数码相机所拍摄的运动物体图像清晰且稳定,对焦非常准确,画面细腻,颗粒感非常轻微,测光也比较准确。

可变焦距镜头:相对于定焦镜头而言,通过镜头中镜片之间的相互移动,镜头的焦距可在一定范围内变化,从而在无须更换镜头的条件下,使 CCD 相机既可获得全景图像,又可获得局部细节图像。通过变换焦距,可得到不同宽窄的视场角、不同大小的影像和不同景物范围的相机镜头。变焦镜头在不改变拍摄距离的情况下,可以通过变动焦距来改变拍摄范围,因此非常有利于画面构图。

3) 按焦距、视场角大小分类

标准镜头:视场角为 50°左右的镜头的总称。它的透视效果自然,而且其景角与人眼视觉中心相似,因而使用最为广泛。

长焦距镜头:一般焦距在 60 mm 以上的镜头就可称为望远镜头,工作距离长,放大倍数大,通常畸变表现为枕形失真。

广角镜头:一种焦距短于标准镜头焦距、长于鱼眼镜头焦距,视场角大于标准镜头、小于鱼眼镜头的镜头。特点是工作距离短、景深大、视场角大,通常畸变表现为桶形失真。

鱼眼镜头:一种焦距极短并且视场角接近或等于 180°的镜头。

微距镜头:用于拍摄较小物体的镜头,它具有很大的镜头放大比。

4) 按光圈分类

按光圈可分为固定光圈式、手动光圈式、自动光圈式等。

可变光圈镜头中安装有能控制光线输入量的可变光圈,使镜头的相对孔径可以连续变化,以便适应对不同亮度物体的正确曝光。调节光圈的大小可以改变景深大小。所以为了获得大景深的效果,在照明许可的情况下,应尽可能加大照明强度,减小光圈。

5) 按镜头伸缩调整方式分类

按镜头伸缩调整方式可分为电动伸缩镜头、手动伸缩镜头等。

图 4-3　远心镜头

3. 远心镜头

远心镜头主要是为纠正传统工业镜头视差而设计的,它可以在一定的物距范围内使得到的图像放大倍率不变化,这对被测物不在同一物面上的情况是非常重要的。远心镜头由于其特有的平行光路设计一直为对镜头畸变要求很高的机器视觉应用场合所青睐。图 4-3 所示就是一远心镜头。

1) 原理

远心镜头的设计目的就是消除被测物体(或 CCD 芯片)与镜头距离不一致造成的放大倍率不一样。不同远心镜头的设计原理分别如下。

(1) 物方远心光路设计原理及作用:物方远心光路是将孔径光阑放置在光学系统的像方焦平面上,物方主光线平行于光轴主光线的会聚中心位于物方无限远处,其示意图如图 4-4 所示。其作用为消除物方由于调焦不准确带来的读数误差。

(2) 像方远心光路设计原理及作用:像方远心光路是将孔径光阑放置在光学系统的物方焦平面上,像方主光线平行于光轴主光线的会聚中心位于像方无限远处,其示意图如图 4-5 所示。其作用为消除像方由于调焦不准确引入的测量误差。

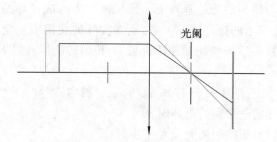

图 4-4　物方远心光路示意图

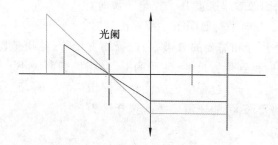

图 4-5　像方远心光路示意图

（3）两侧远心光路设计原理及作用：综合了物方、像方远心光路的双重作用，主要用于视觉测量领域，其示意图如图 4-6 所示。

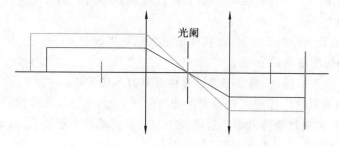

图 4-6　双侧远心光路示意图

2）技术特点

（1）近乎零失真度。畸变系数即实物大小与图像传感器成像大小的差异百分比。普通机器镜头通常有高于 1％～2％ 的畸变系数，可能严重影响测量的精度。相比之下，远心镜头通过严格的加工制造和质量检验，将此误差控制在 0.1％ 以下。

（2）无透视误差。在计量学应用中进行精密线性测量时，经常需要从物体标准正面（不包括侧面）观测。此外，许多机械零件无法精确放置，测量时距离也在不断地变化。而软件工程师却需要能精确反映实物的图像。远心镜头可以完美解决以上问题：因为入射光瞳可位于无穷远处，成像时远心镜头只会接收平行光轴的主射线。

（3）远心设计与超宽景深：双远心镜头不仅能利用光圈与放大倍数增强自然景深，更有非远心镜头无可比拟的光学效果，即在一定物距范围内移动物体时成像不变，也就是说放大倍数不变。

3）远心镜头的选择

远心镜头和相机的匹配原则和普通工业镜头的是一样的，只要其靶面的规格大于或等于相机的靶面即可。在远心镜头的物镜垂直下方区域范围内的成像都是远心成像,而超出此范围的区域,就不是严格意义上的远心成像了,这点在实际的使用中一定要注意,否则会产生不必要的偏差。根据远心镜头原理特征及独特优势,当检测的物体有以下6种情况时,最好选用远心镜头:

　　(1) 当需要检测有厚度(厚度大于1/10视场直径)的物体时;

　　(2) 当需要检测不在同一平面的物体时;

　　(3) 当不清楚物体到镜头的距离究竟是多少时;

　　(4) 当需要检测带孔径的物体、三维的物体时;

　　(5) 当需要低畸变、图像效果亮度几乎完全一致时;

　　(6) 当缺陷只在同一方向平行照明下才能检测到时。

　　根据使用情况(物体尺寸和需要的分辨率)选择物方尺寸(拍摄范围)、合适的物方镜头和CCD或CMOS相机,同时得到像方尺寸(使用的CCD相机靶面大小),即可计算出放大倍数,然后选择合适的像方镜头。选择过程中还应注意景深指标的影响,因为像/物放大倍数越大景深越小,为了得到合适的景深,可能还需要重新选择镜头。

　　4) 与普通镜头对比

　　远心镜头在一定的物距范围内,得到的图像放大倍数不会随物距的变化而变化,而对于普通工业镜头,目标物体越靠近镜头(工作距离越短),成像尺寸就越大。在使用普通工业镜头进行尺寸测量时,会存在如下问题:

　　(1) 被测量物体不在同一个测量平面,造成放大倍数不同;

　　(2) 镜头畸变大;

　　(3) 视差,也就是当物距变大时,对物体的放大倍数也改变;

　　(4) 镜头的解析度不高;

　　(5) 视觉光源的几何特性,造成图像边缘位置具有不确定性。

　　远心镜头可以有效解决普通工业镜头存在的上述问题,而且没有此性质的判断误差,因此可用在高精度测量、度量计量等方面。远心镜头是一种高端的工业镜头,通常有比较出众的像质,特别适用于尺寸测量方面的应用。

　　4. 工业相机镜头的选择

　　工业相机镜头的选择过程,是将工业相机镜头各项参数逐步明确化的过程。作为成像器件,工业相机镜头通常与光源、相机一起构成一个完整的图像采集系统,因此工业相机镜头的选择受到整个系统要求的制约。一般可以从以下几个方面来分析考虑。

　　1) 波长、是否变焦

　　工业相机镜头的工作波长和是否需要变焦是比较容易确定下来的,若成像过程中需要改变放大倍数,则采用变焦镜头,否则采用定焦镜头就可以了。

　　关于工业相机镜头的工作波长,常见的是可见光波段,也有其他波段的。是否需要另外采取滤光措施? 单色光还是多色光? 能否有效避开杂散光的影响? 把这几个问题考虑清楚,综合衡量后再确定镜头的工作波长。

　　2) 特殊要求优先考虑

　　结合实际的应用特点,可能会有特殊的要求,应该先明确下来。例如是否需有测量功能,是否需要使用远心镜头,成像的景深是否很大等。景深往往不被重视,但它却是任何成像系统都必须考虑的。

3）估算工作距离和焦距

工作距离和焦距往往结合起来考虑。一般可以采用这个思路:先明确系统的分辨率,结合 CCD 像素尺寸就能确定放大倍数,再结合空间结构约束就能确定大概的物像距离,进一步估算工业相机镜头的焦距。

4）像面大小和像质

所选工业相机镜头的像面大小要与相机感光面大小兼容,遵循"大的兼容小的"原则——相机感光面不能超出镜头标示的像面尺寸,否则边缘视场的像质不能保证。简单地说,镜头的规格要大于或等于 CCD 芯片尺寸大小,否则视场边缘就会出现黑边。特别是在测量中,最好使用稍大规格的镜头,因为往往在镜头边缘处失真最大。例如 CCD 芯片大小为 1/2 in,则镜头的规格可以选择 1/2 in 或者 2/3 in,如果选择 1/3 in,视场边缘就会出现很大的暗角。

对于像质,主要关注调制传递函数(MTF)和畸变两项。在测量应用中,尤其应该重视畸变。

5）光圈和接口

工业相机镜头的光圈主要影响像面的亮度。如果光照足够,则可以选择较小的光圈来增加景深从而提高拍摄清晰度;如果光照不足,则可以选择稍大的光圈。但是在机器视觉中,最终的图像亮度是由很多因素共同决定的:光圈、相机增益、积分时间、光源等。为了获得必要的图像亮度有比较多的环节需调整。

工业相机镜头的接口指它与相机的连接接口,它们两者需匹配,不能直接匹配就需考虑转接。表 4-3 所示为接口配套的原则。

表 4-3　接口配套原则

相机接口	C 接口	CS 接口	F 接口
可配镜头接口	C/F＋转接器	CS/C＋接圈	F

下面举一个简单的例子加深读者对镜头选型过程的理解。

【例 4-1】　要给硬币检测成像系统选配工业相机镜头,约束条件:相机 CCD 2/3 in,像素尺寸 4.65 μm,C 接口。工作距离大于 200 mm,系统分辨率为 0.05 mm。采用白色 LED 光源。

基本分析如下:

(1)与白色 LED 光源配合使用,镜头应该是可见光波段的。没有变焦要求,选择定焦镜头即可。

(2)用于工业检测,带有测量功能,所以所选镜头的畸变要小。

(3)工作距离和焦距:

光学放大倍数

$$M = \frac{4.65}{0.05 \times 1000} = 0.093$$

焦距

$$f = \frac{\text{WD} \cdot M}{M+1} = \frac{200 \times 0.093}{0.093+1} \approx 17 \text{ mm}$$

工作距离要求大于 200 mm,则要求选择的镜头的焦距大于 17 mm。

(4)所选镜头的像面尺寸应该不小于 CCD 尺寸,即至少为 2/3 in。

（5）镜头的接口要求是 C 接口,能配合相机使用。光圈暂无要求。

从以上几方面的分析计算可以初步得出这个镜头的"轮廓":焦距大于 17 mm,定焦,可见光波段,C 接口,至少能配合 2/3 in 的 CCD 使用,而且成像畸变要小。按照这些要求,可以进一步挑选,如果有多款镜头符合这些要求,可以择优选用。

4.1.3 光源

光源是机器视觉系统的重要组成部分,直接影响到图像的质量,进而影响到系统的性能。在一定程度上,光源的设计与选择是机器视觉系统成败的关键。光源最重要的任务就是使需要被观察的特征与需要被忽略的特征之间产生最大的对比度,从而使特征易于区分。选择合适的光源不仅能够提高系统的精度和效率,还能降低系统的复杂性和对图像处理算法的要求。

1. 衡量光源的好坏

（1）对比度:对比度对机器视觉来说非常重要。对比度好,则在特征与其周围的区域之间有足够的灰度区别。好的照明应该能够保证需要检测的特征突出于其他背景。

（2）亮度:当选择两种光源的时候,最好是选择更亮的那个。当光源亮度不够时,可能有三种不好的情况出现。首先,相机的信噪比不够。光源的亮度不够,图像的对比度必然不够,在图像上出现噪声的可能性也随即增大。其次,光源的亮度不够,必然要加大光圈,从而减小了景深。最后,当光源的亮度不够的时候,自然光等随机光对系统的影响会增大。

（3）鲁棒性:另一个测试光源的方法是看光源是否对部件的位置敏感度最小。当光源放置在摄像头视野的不同区域或不同角度时,图像不应随之变化。方向性很强的光源,增大了高亮区域发生镜面反射的可能性,这不利于后面的特征提取。在很多情况下,好的光源需要在实际工作中与在实验室中有相同的效果。

好的光源能够使需要寻找的特征非常明显,除了使摄像头能够拍摄到物体外,好的光源还应该能够产生最大的对比度,具有足够的亮度且对物体的位置变化不敏感。光源选择好了,剩下来的工作就容易多了!

2. 光源的控制

对于光源,机器视觉应用关心的是反射光(除非使用背光)。物体表面的几何形状、光泽及颜色决定了光在物体表面的反射情况。机器视觉应用的光源的控制诀窍归结到一点就是控制光源反射。控制好光源的反射,那么获得的图像就可以控制了。影响反射效果的因素有光源的位置、物体表面的纹理、物体表面的几何形状及光源的均匀性。

（1）光源的位置:由于光线按照入射角反射,因此光源的位置对获取高对比度的图像很重要。放置光源的目标是要使感兴趣的特征与其周围的背景对光线的反射不同。预测出光线如何在物体表面反射就可以确定光源的位置。

（2）表面纹理:物体表面可能发生高度反射(镜面反射)或者高度漫反射。决定物体是镜面反射还是漫反射的主要因素是物体表面的光滑度。

（3）表面形状:不同形状的表面反射光线的方式不相同。物体表面的形状越复杂,其表面的光线变化也随之复杂。比如对于一个抛光的镜面表面,光源需要在不同的角度照射,以此来减小光影。

（4）光源均匀性:不均匀的光会造成不均匀的反射。简单地说,图像中暗的区域就是缺少反射光,而亮的区域就是反射光太强。不均匀的光会使视野范围内某些区域的光比其他区域的多,从而造成物体表面反射不均匀。均匀的光源可以补偿物体表面的角度变化,即使物体表面的几何形状不同,光线在各部分的反射也是均匀的。

3. 光源的种类

1) 按发光机理分类

常用的光源按发光机理主要有卤素灯(光纤光源)、高频荧光灯、LED 光源。

(1) 卤素灯:也叫光纤光源,光线是通过光纤传输的,适合小范围的高亮度照明。它真正发光的是卤素灯泡,功率很大,可达 100 多瓦。高亮度卤素灯的光线通过光学反射和一个专门的透镜系统,能进一步聚焦提高光源亮度。卤素灯还有一个名字——冷光源,因为通过光纤传输之后,发光的这一头是不热的。它适用于对环境温度比较敏感的场合,比如二次元测量仪的照明。但它的缺点就是寿命只有 2000 h 左右。

(2) 高频荧光灯:发光原理和日光灯类似,但是其灯管是工业级产品,并且采用高频电源,也就是说光源闪烁的频率远高于相机采集图像的频率,可消除图像的闪烁。它适合大面积照明,亮度高,且成本较低。

(3) LED 光源:LED 光源是目前最常用的光源。主要有如下几个特点:

①使用寿命长,有 10000～30000 h 的寿命。

②LED 光源是采用多个 LED 排列而成的,可以设计成复杂的结构,实现不同的照射角度。

③有多种颜色可选,包括红、绿、蓝、白,还有红外、紫外。针对不同检测物体的表面特征和材质,选用不同颜色,也就是不同波长的光源,以达到理想效果。

④光均匀稳定并且响应速度快。

2) 按形状分类

(1) 环形光源:提供不同照射角度、不同颜色组合,更能突出物体的三维信息。环形光源特点:高密度 LED 阵列,亮度高;设计紧凑,可节省安装空间;解决了对角照射阴影问题;可选配漫射板导光,光线均匀扩散。应用领域:PCB 基板检测、IC元件检测、显微镜照明、液晶校正、塑胶容器检测、集成电路印字检查。图 4-7 所示为常见的环形光源。

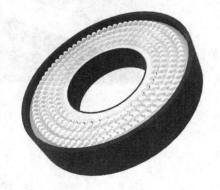

图 4-7　环形光源

(2) 背光源:用高密度 LED 阵列面提供高强度背光照明,能突出物体的外形轮廓特征,尤其适合作为显微镜的载物台。使用不同颜色的多用背光源,能调配出不同颜色,满足不同被测物多色要求。应用领域:机械零件尺寸的测量,电子元件、IC 元件的外形检测,胶片污点检测,透明物体划痕检测等。图 4-8 所示为常见的背光源。

(3) 条形光源:条形光源是较大方形结构被测物的首选光源;颜色可根据需求搭配,自由组合;照射角度与安装方式可随意调节。应用领域:金属表面检查、图像扫描、表面裂缝检测、LCD 面板检测等。图 4-9 所示为常见的条形光源。

(4) 同轴光源:同轴光源可以消除物体表面不平整引起的阴影,从而减少干扰;部分采用分光镜设计,可减少光损失,提高成像清晰度,能均匀照射物体表面。应用领域:最适合用于反射度极高的物体,如金属、玻璃、胶片、晶片等的表面的划伤检测,芯片和硅晶片的破损检测,基准点(Mark 点)定位,包装条码识别。图 4-10 所示为常见的同轴光源。

图 4-8　背光源

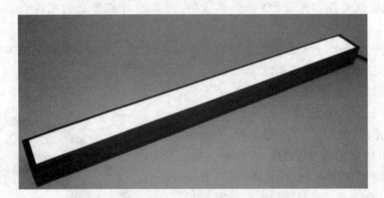

图 4-9　条形光源

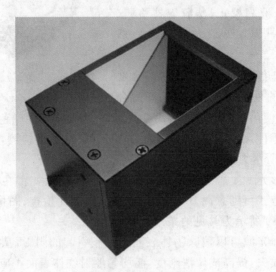

图 4-10　同轴光源

（5）AOI 专用光源。AOI 专用光源特点：不同角度的三色光照明，能凸显焊锡三维信息；外加漫射板导光，可减少反光；可不同角度组合。应用领域：电路板焊锡检测。图 4-11 所示为常见的 AOI 专用光源。

图 4-11　AOI 专用光源

（6）球积分光源：具有积分效果的半球面内壁，能均匀反射从底部 360°发射出的光线，使整个图像的照射十分均匀。应用领域：适用于曲面、表面凹凸、弧形表面的检测或金属、玻璃等反光较强的物体的表面检测。图 4-12 所示为常见的球积分光源。

图 4-12　球积分光源

（7）线性光源：超高亮度，采用柱面透镜聚光，适用于各种流水线连续检测场合。应用领域：线阵相机照明专用，AOI 专用。图 4-13 所示为常见的线性光源。

（8）点光源：大功率 LED，体积小，发光强度高；光纤卤素灯的替代品，尤其适合作为镜头的同轴光源等；具有高效散热装置，可大大提高光源的使用寿命。应用领域：适合远心镜头使用，用于芯片检测、Mark 点定位、晶片及液晶玻璃底基校正。图 4-14 所示是常见的点光源。

（9）组合条形光源：四边配置条形光源，每边照明独立可控；可根据被测物要求调整照明角度，适用性广。应用案例：PCB 基板检测、IC 元件检测、焊锡检查、Mark 点定位、显微镜照明、包装条码照明、球形物体照明等。图 4-15 所示是常见的组合条形光源。

（10）对位光源：对位速度快；视场大；精度高；体积小；亮度高，可选配辅助环形光源。图 4-16 所示是常见的对位光源。

图 4-13　线性光源

图 4-14　点光源

图 4-15　组合条形光源

图 4-16　对位光源

4. 光源的照明方式

选择不同的光源,控制和调节照射到物体上的入射光的方向是机器视觉系统设计中最基本的部分。它取决于光源的类型和光源相对于物体放置的位置。一般来说有两种最基本的照明方式:直射光和漫射光。所有其他的方式都是从这两种方式中延伸出来的。

直射光:入射光基本上来自一个方向,射角小,它能投射出物体阴影。

漫射光:入射光来自多个方向,甚至所有的方向,它不会投射出明显的阴影。

接下来介绍几种机器视觉中常见的照明方式。

(1) 直接照明:光直接射向物体,得到清晰的影像,如图 4-17 所示。

当我们需要得到高对比度的物体图像的时候,这种类型的照明很有效。但是当我们采用这种方式照射光亮或者高反射的材料上时,会引起像镜面一样的反光。直接照明一般采用环状或点状光源。环形灯是一种常用的照明光源,其很容易安装在镜头上,可给漫反射表面提高足够的照明。

(2) 暗场照明:暗场照明是相对于物体表面提供低角度照明,如图 4-18 所示。

使用相机拍摄镜子使镜子出现在相机视野内,如果在视野内能看见光源就认为是亮场照明,相反在视野中看不到光源就是暗场照明。因此光源是亮场照明还是暗场照明与光源的位

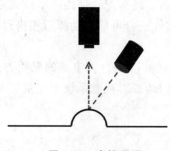

图 4-17　直接照明

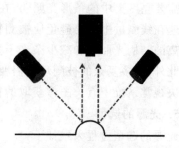

图 4-18　暗场照明

置有关。典型的暗场照明应用于物体表面有凸起或有纹理变化的场合。

（3）背光照明：从物体背面射过来视场均匀的光，如图 4-19 所示。

通过相机可以看到物体的侧面轮廓。背光照明常用于测量物体的尺寸和确定物体的方向。背光照明可以产生很强的对比度。应用背光技术时，物体表面特征可能会丢失。例如，可以应用背光技术测量硬币的直径，但是却无法判断硬币的正反面。

（4）漫射照明：连续漫反射照明应用于物体表面会发生反射或者表面有复杂的角度的情况，如图 4-20 所示。

图 4-19　背光照明

连续漫反射照明可应用半球形的均匀照明，以减小影子及镜面反射。这种照明方式对完全组装的电路板非常有用。这种光源可以达到 170°立体角范围的均匀照明。

（5）同轴照明：由垂直墙壁出来的发散光，射到一个使光向下的分光镜上，相机从上面通过分光镜看物体，如图 4-21 所示。

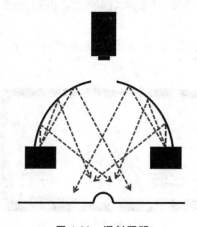

图 4-20　漫射照明

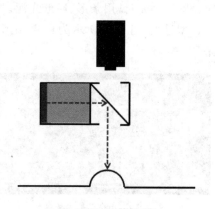

图 4-21　同轴照明

这种类型的光源对检测高反射的物体特别有帮助，还适用于受周围环境阴影影响、检测面积不明显的物体。

除了以上介绍的几种常用照明方式，还有些特殊场合所使用的照明方式。比如：在线阵相机中需要亮度集中的条形光照明;在精密尺寸测量中需要与远心镜头配合使用的平行光照明;在高速在线测量中需要避免使被测物模糊的频闪光照明。此外还有可以主动测量相机到光源的距离的结构光照明和减少杂光干扰的偏振光照明等。

此外,很多复杂的被测环境需要两种或两种以上照明方式共同配合。丰富的照明方式可以解决视觉系统中有关图像获取的很多问题,光源照明方式的选择对视觉系统至关重要。

5. 光源的选型

光源的选型过程大致如下:

(1)了解项目需求,明确要检测或者测量的目标;

(2)分析目标与背景的区别,找出两者之间的光学现象;

(3)根据光源与目标之间的配合关系以及物体的材质,初步确定光源的发光类型和光源颜色;

(4)用实际光源测试,以确定满足要求的照明方式。

【例 4-2】 光源选型实例:药盒生产日期字符检测。药盒大小为 100 mm×30 mm,如图4-22所示。

图 4-22 待检测的药盒

分析:物体比较光滑,有一定的强反光因素。字体为黑色,优先考虑使背景变白来突出字体与黑色字符的对比度。主要考虑使用的光源类型有条形光、环形光、同轴光。因物体较大,暂时排除同轴光,试用条形、环形光源。

选型过程:图 4-23 所示为白色条形光和环形光的效果,图 4-24 所示为各颜色的条形光效果。

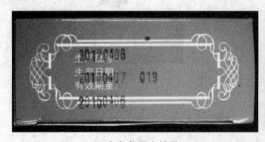

(a)白色条形光效果   (b)白色环形光效果

图 4-23 白色条形光和环形光效果

选型结果:选用绿色条形光比较好。

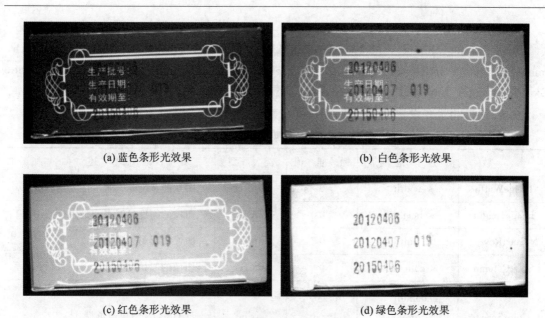

(a) 蓝色条形光效果　　　　　　　　　　　　　　(b) 白色条形光效果

(c) 红色条形光效果　　　　　　　　　　　　　　(d) 绿色条形光效果

图 4-24　不同颜色条形光效果

4.2　图像采集算子

4.2.1　工业相机连接

图像采集的第一步是连接对应的工业相机。首先下载相应的相机驱动程序,如果看到硬件成功识别,就证明相机和计算机连接成功。然后打开 HALCON 采集助手,点击"自动检测接口",与计算机相连的相机接口就会显示出来,如图 4-25 所示。

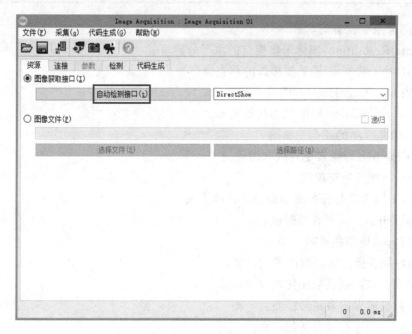

图 4-25　检测相机接口

相机连接的主要算子如下。

open_framegrabber(: : Name, HorizontalResolution, VerticalResolution, ImageWidth, ImageHeight, StartRow, StartColumn, Field, BitsPerChannel, ColorSpace, Generic, ExternalTrigger, CameraType, Device, Port, LineIn : AcqHandle)

功能：连接相机并设置相关参数，相机部分参数详细信息如表 4-4 所示。

表 4-4　相机连接参数

参　　数	选择范围	标　准　值	类　　型	描　　述
ImageWidth	<width>	0	integer	图像的宽度（'0'表示是完整的图像）
ImageHeight	<height>	0	integer	图像的高度（'0'表示是完整的图像）
StartRow	<width>	0	integer	图像的起始行坐标
StartColumn	<column>	0	integer	图像的起始列坐标
ColorSpace	'default', 'gray', 'rgb'	'gray'	string	HALCON 图像通道模式
ExternalTrigger	'false' 'true'	'false'	string	外部触发状态
Device	'1', '2', '3', …	'1'	string	相机连接的第一个设备编号为"1"，第二个设备编号为"2"，以此类推

Name：图像采集设备的名称。

HorizontalResolution：图像采集接口的水平分辨率。

VerticalResolution：图像采集接口的垂直分辨率。

ImageWidth、ImageHeight：图像的宽度和高度。

StartRow、StartColumn：图像的起始坐标。

Field：图像是一半的还是完整的。

BitsPerChannel：每像素比特数和图像通道。

ColorSpace：图像通道模式。

Generic：通用参数与设备细节部分的具体意义。

ExternalTrigger：是否有外部触发。

CameraType：使用相机的类型。

Device：识别并连接到获取图像的设备。

Port：识别并连接到获取图像的设备端口。

LineIn：相机输入的多路转接器。

AcqHandle：图像获取设备的句柄。

set_framegrabber_param(: : AcqHandle, Param, Value :)

功能：设置相机额外参数。

Param：相机的额外参数，选项如下。

adc_level：设置 A/D 转换的级别。

color_space：设置颜色空间。

gain：设置相机增益。

grab_timeout：设置采集超时终止的时间。

Resolution：设定相机的采样分辨率。

Shutter：设定相机的曝光时间。

shutter_unit：设定相机曝光时间的单位。

white_balance：相机是否打开白平衡模式，默认为关闭白平衡模式。

close_framegrabber(::AcqHandle:)

功能：关闭图像采集设备。

4.2.2　同步采集

同步采集是采集到图像之后才返回继续执行，简单来说就是上一幅图像处理结束以后才会再次采集图像，采集图像的速率受处理速度影响。其主要算子是 grab_image。

【例 4-3】　同步采集实例。

```
*连接相机
open_framegrabber ('DahengCAM', 1, 1, 0, 0, 0, 0, 'interlaced', 8, 'gray',
                   -1, 'false','HV-13xx', '1', 1, -1, AcqHandle)
*循环采集图像
while (true)
*读取同步采集的图像
    grab_image (Image, AcqHandle)
endwhile
*关闭图像采集设备
close_framegrabber (AcqHandle)
```

【例 4-4】　多相机采集实例。

```
*连接相机 1
open_framegrabber ('GigEVision2', 0, 0, 0, 0, 0, 0, 'progressive', - 1,
                   'default', - 1, 'false', 'default', '0030531566ac_
                   Basler_acA130030gm', 0, -1, AcqHandle1)
*连接相机 2
open_framegrabber ('GigEVision2', 0, 0, 0, 0, 0, 0, 'progressive', - 1,
                   'default', - 1, 'false', 'default', '0030531566ac_
                   Basler_acA130030gm', 0, -1, AcqHandle2)
*打开图形窗口 1
dev_open_window (0, 0, 512, 512, 'black', WindowHandle1)
*打开图形窗口 2
```

```
dev_open_window (0, 512, 512, 512, 'black', WindowHandle2)
*循环采集图像
while (true)
    *激活图形窗口 2
    dev_set_window (WindowHandle2)
    *读取相机 2 同步采集的图像
    grab_image (Image2, AcqHandle2)
    *显示相机 2 同步采集的图像
    dev_display (Image2)
    *激活图形窗口 1
    dev_set_window (WindowHandle1)
    *读取相机 1 同步采集的图像
    grab_image (Image1, AcqHandle1)
    *显示相机 1 同步采集的图像
    dev_display (Image1)
*循环采集结束
endwhile
*关闭相机 1
close_framegrabber (AcqHandle1)
*关闭相机 2
close_framegrabber (AcqHandle2)
```

多相机采集所得图像如图 4-26 所示。

(a) 相机1采集图像

(b) 相机2采集图像

图 4-26　多相机采集所得图像

4.2.3　异步采集

异步采集是一幅图像采集完成后,相机马上采集下一幅图像,即在上一幅图像还在处理的时候就开始下一幅图像的采集。异步采集需要一起使用算子 grab_image_start 和 grab_image_async。

grab_image_start(: :AcqHandle,MaxDelay:)

功能:开始命令相机进行异步采集。

MaxDelay:异步采集时可以允许的最大延时,本次采集命令与上次采集命令的时间间隔不能超出 MaxDelay,超出则需要重新采集。

grab_image_async(:Image:AcqHandle,MaxDelay:)

功能:进行图像异步采集。

【例 4-5】　异步采集实例。

```
*连接相机
open_framegrabber ('DahengCAM', 1, 1, 0, 0, 0, 0, 'interlaced', 8, 'gray',
                   -1, 'false','HV-13xx', '1', 1, -1, AcqHandle)
*设置相机额外参数
set_framegrabber_param(AcqHandle, ['image_width','image_height'], [256,
256])
*异步采集开始
grab_image_start (AcqHandle, -1)
*循环采集图像
while (true)
    *读取异步采集的图像
    grab_image_async (Image, AcqHandle, -1)
*while 循环结束标志
endwhile
*关闭图像采集设备
close_framegrabber (AcqHandle)
```

4.3　图像采集助手

本节介绍采集助手,使用采集助手可以快速地读取或者采集图像,并导出对应的代码。

使用采集助手的步骤如下。

(1) 打开 HALCON 后,点击"菜单栏"中的"助手",选中"打开新的 Image Acquisition",打开采集助手,如图 4-27 所示。

(2) 点击"自动检测接口",右边下拉栏就会显示与计算机相连的相机接口,图 4-28 所示为计算机自带的相机接口"DirectShow"。

当然也可以利用下方的"图像文件"直接读取图片,2.4.1 节已经介绍,这里不再赘述。

(3) 设置采集助手"连接"界面,界面如图 4-29 所示。

接口库:当前连接中使用的 HALCON 图像采集的接口库。

设备(D):板卡、相机或逻辑设备的 ID 号。

端口(P):输入端口的 ID。

相机类型:相机配置或者信号类型。

触发(r):选中之后可通过外触发控制采集。

分辨率:即图像的宽高。

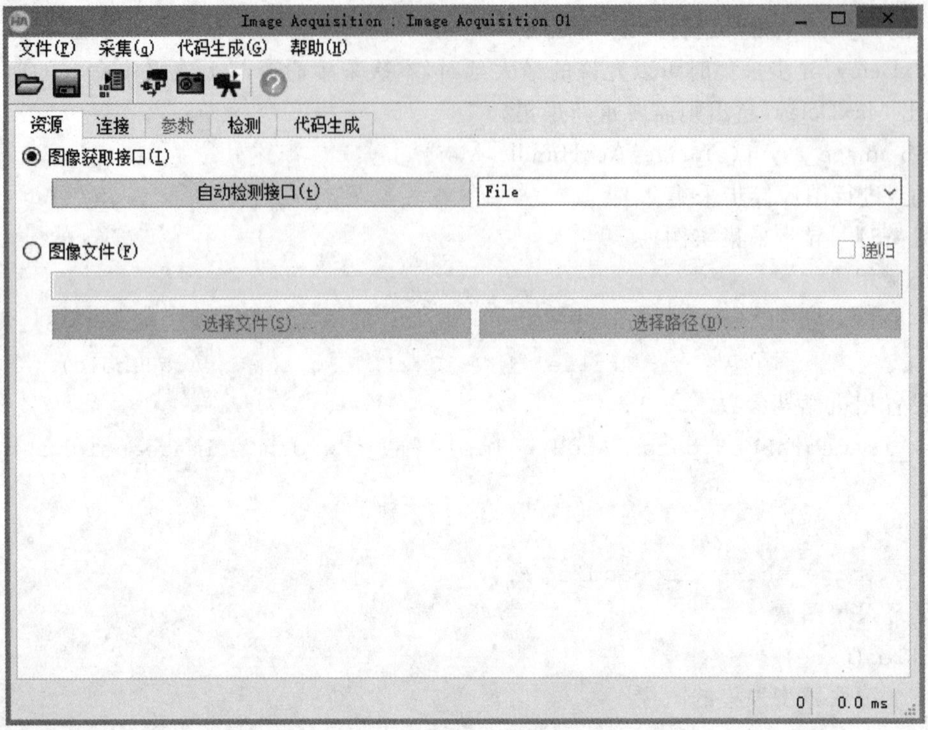

图 4-27　打开采集助手

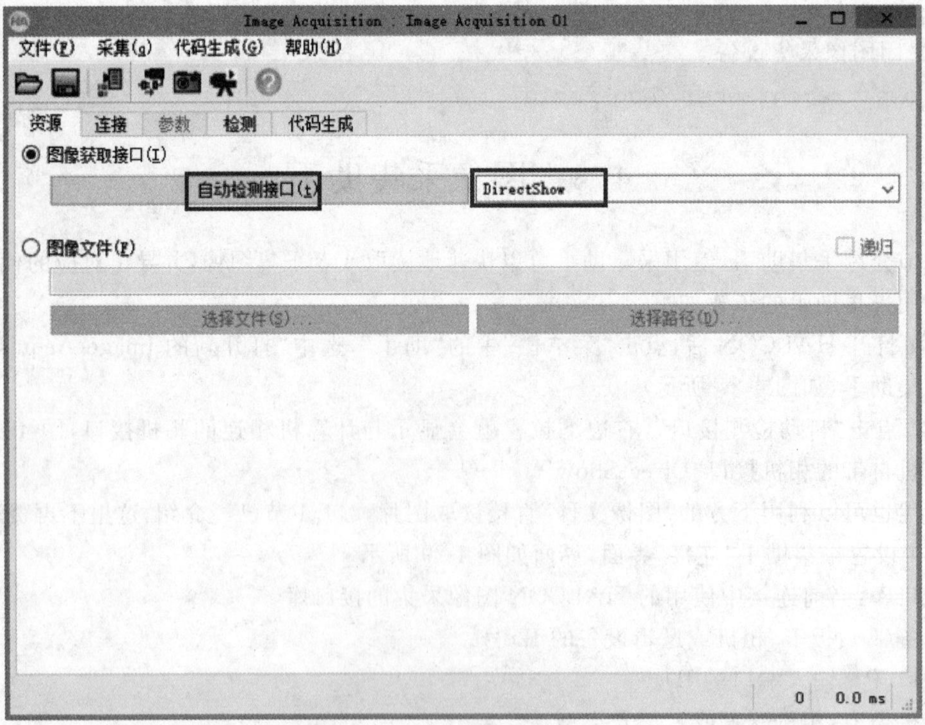

图 4-28　检测连接相机的接口

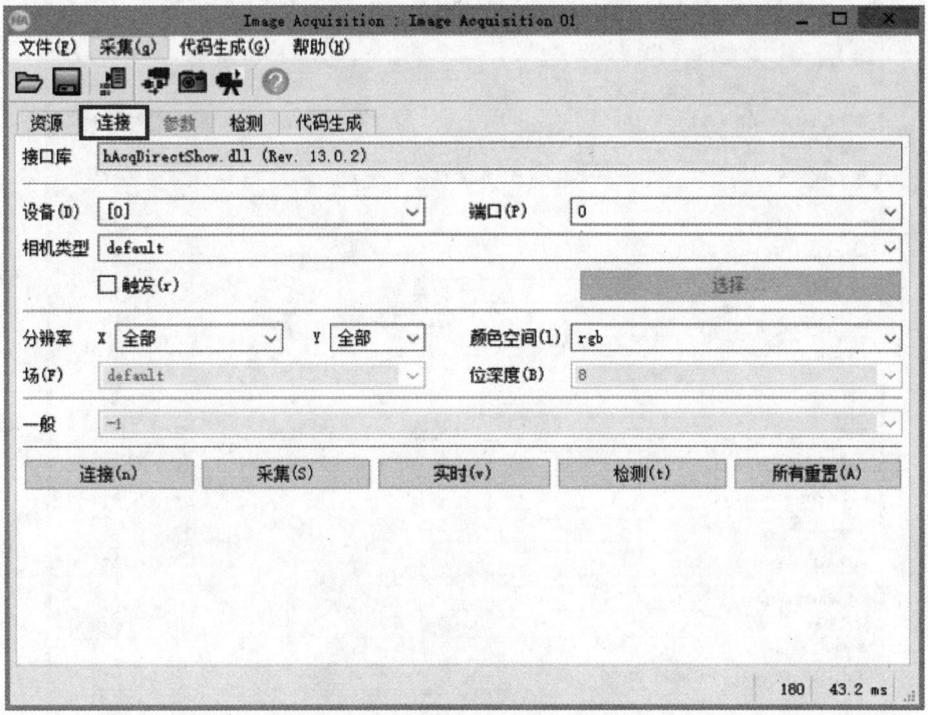

图 4-29　采集助手"连接"界面

颜色空间：可以选择获得 RGB 图或者灰度图。

场（F）：相机隔行扫描图像时场模式的选择。

位深度（B）：图像单个通道的位数。

一般：每个设备都不同，可以使用 HDevelop 语法中的任意类型或 Tuple 来表示。

点击"连接"按钮可以连接图像采集接口，再点击"断开"可以关闭图像采集接口；点击"采集"可以获取单张图像；点击"实时"可以实时采集图像，再点击"停止"可以停止实时采集；点击"检测"可以尝试检测当前采集接口的参数有效性；点击"所有重置"可以将界面内的所有参数重置为初始值。

（4）设置采集助手"参数"界面，界面如 4-30 所示。

grab_timeout：设置采集超时终止的时间。

brightness：设置亮度值（−64～64）。

contrast：设置对比度值（0～95）。

hue：设置色调值（−2000～2000）。

saturation：设置饱和度（0～100）。

sharpness：设置锐度值（1～7）。

gama：设置伽马值（100～300）。

white_balance：设置白平衡值（2800～6500）。

backlight_compensation：是否打开背光补偿。

frame_rate：设置所需的帧速率（以帧/秒为单位）。

external_trigger：是否有外部触发。

disconnect_graph：是否延迟显示。

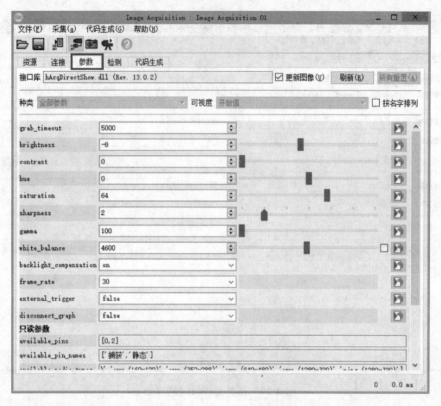

图 4-30　采集助手"参数"界面

（5）设置采集助手"检测"界面，界面如图 4-31 所示。

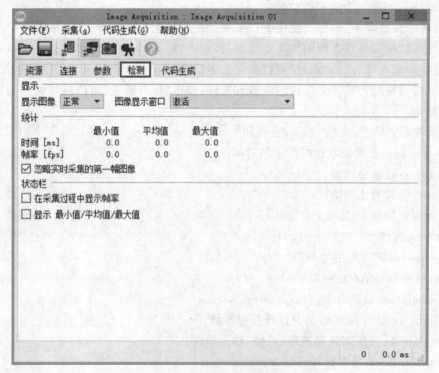

图 4-31　采集助手"检测"界面

"显示图像"一般情况下都设置为正常，如果要测量速度，则设置为快速；"图像显示窗口"设置为激活，这样采集到的图像将显示在选中的窗口中。

（6）设置采集助手"代码生成"界面，界面如图 4-32 所示。

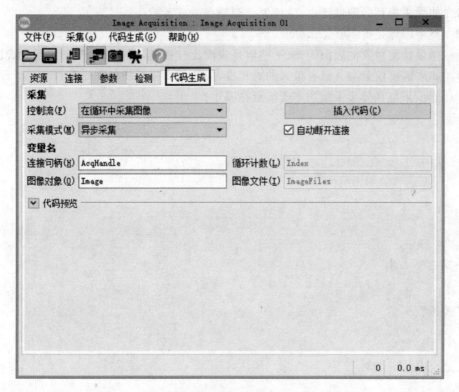

图 4-32　采集助手"代码生成"界面

控制流（F）：插入代码的通用结构。有"仅初始化""采集单幅图像""在循环中采集图像"三种选择，对应的代码不一样。

采集模式（M）：有"异步采集"和"同步采集"两种模式。

连接句柄（H）：存储采集连接句柄的变量。

图像对象（O）：图像采集变量。

循环计数（L）：采集循环中使用的变量。

图像文件（I）：文件名 Tuple 数组的存储变量。

选中"自动断开连接"，在代码插入时自动关闭连接并释放设备，以生成代码；点击"代码预览"的下拉键，可以预览代码；最后点击"插入代码"，程序窗口中就会显示相应的代码。

本 章 小 结

本章从相机、镜头和光源三个方面阐述了机器视觉的硬件选型，简单介绍了相机的同步采集、异步采集，并说明了采集助手的参数设置及其用法。

硬件的选型必须根据实际情况来决定，不同的环境下，相机和镜头的搭配、光源的选择和打光的方式肯定不同。要想做好一个项目，图像采集是关键，采集到的图像质量不行，后面的处理都是空谈。熟悉采集助手，图像的采集会事半功倍。

习　题

4.1　如果采集到的图像泛白,应该怎么调整光源或者镜头?

4.2　整个图像亮度不够怎么办?

4.3　如果检测对象的表面闪光、平整但是表面比较粗糙,用什么光源和照明方式比较好?

4.4　如果需要前景与背景有很大的对比度,应该怎么搭配相机和光源?

4.5　同步采集和异步采集的本质区别在哪里?

第5章 图像预处理

在图像获取、传输或者变换过程中，由于成像系统、光源以及通道带宽和噪声等因素的影响，会出现图像清晰度下降、对比度不足等图像质量退化问题，直接影响图像分析的算法设计和效果。因此，在进行图像分析前，需要对图像进行预处理。图像预处理一般是指在最低抽象层次的图像上所进行的操作，此时处理的输入和输出都是亮度图像，通常采用亮度值矩阵进行描述。预处理的目的是改善图像数据，消除图像中无关信息，增强某些对后续处理来说重要的特征，最大限度地简化数据，从而提高图像分割、特征提取、匹配和识别的可靠性。

图像的预处理方法往往具有针对性，预处理效果缺乏通用、客观的标准，结果往往只能靠人的主观感觉进行评价，所以一般选择性使用预处理方法。本章内容包括灰度变换、直方图处理、图像的几何变换、图像的平滑、图像的锐化和图像的彩色增强。

5.1 灰 度 变 换

5.1.1 灰度变换的基本概念

图像的灰度变换是图像增强处理中一种非常基础、直接的空间域图像处理方法。由于成像系统的限制或噪声的影响，获取的图像往往存在对比度不足、动态范围小等问题，从而导致视觉效果不佳。灰度变换是指根据某种目标条件，按照一定变换关系逐个改变原图中像素点的灰度值。灰度变换有时又被称作图像的对比度增强或者对比度拉伸。灰度变换可使图像动态范围增大，对比度得到扩展，图像变得更加清晰，图像特征更加明显。

灰度变换表达式描述为

$$g(x,y) = T[f(x,y)] \tag{5-1}$$

式中：(x,y)为像素坐标；$f(x,y)$为原始灰度图像数值描述；$g(x,y)$为灰度变换后的灰度图像数值描述；T定义了一种变换规则，并作用于原始图像。对于单幅灰度图像，T一般定义在点(x,y)的邻域。点(x,y)的邻域指的是以该点为中心的正方形或者矩形子图像，如图 5-1 所示。当邻域是单像素点，即 1×1 时，输出 $g(x,y)$ 仅仅依赖 $f(x,y)$ 在点(x,y)处的像素灰度值，也称作图像灰度的点处理。目前，常用的灰度变换方法有三种：线性灰度变换、分段线性灰度变换和非线性灰度变换。

5.1.2 线性灰度变换

令原图像的灰度范围为$[a,b]$，线性变换后的图像的灰度范围为$[c,d]$，灰度变换如图 5-2 所示，那么图像中任意一点的灰度值经过线性变换后，其数学表达式可表述为

$$g(x,y) = k \times [f(x,y) - a] + c \tag{5-2}$$

式中：$k = (d-c)/(b-a)$，称作变换函数的斜率。k取值不同，线性灰度变换后图像呈现的效果也会不同，分为以下 4 种情况。

（1）$k > 1$，扩展动态范围。线性灰度变换的结果会使图像灰度值的动态范围变宽，图像

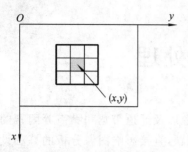

图 5-1　像素邻域

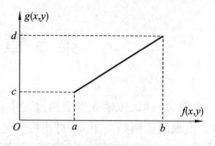

图 5-2　线性灰度变换

对比度增大，可改善曝光不足的情况，也可以充分利用图像显示设备的动态范围。

（2）$k = 1$，改变取值区间。经过线性灰度变换后，图像的灰度动态范围不变，灰度取值区间会随着 a 和 c 的大小而向上或者向下平移，变换后的效果是使得整个图像更暗或者更亮。

（3）$0 < k < 1$，缩小动态范围。经过线性灰度变换后，图像灰度值动态范围变窄，图像对比度变小。

（4）$k < 0$，反转或者取反。变换后的图像灰度值会反转，即原来图像亮的区域变暗，暗的区域变亮。特殊地，$k = -1$ 时，输出的图像是原图像的底片。

【例 5-1】　图像线性灰度变换。

HALCON 示例程序如下：

```
*读取图像
read_image (Image, 'cameraman')
*关闭窗口
dev_close_window ()
*得到原始图像的宽度、高度
get_image_size (Image, Width, Height)
*按照原图像大小尺寸打开一个窗口
dev_open_window_fit_size (0, 0, Width, Width, -1, -1, WindowHandle)
*显示图像
dev_display (Image)
*原图像转为灰度图像
rgb1_to_gray (Image, GrayImage)
*保存图像
dump_window (WindowHandle, 'bmp', '原图像')
*图像取反，并保存
invert_image (GrayImage, ImageInvert)
dump_window (WindowHandle, 'bmp', '取反')
*图像对比度增加，并保存
emphasize (GrayImage, ImageEmphasize, Width, Height, 1)
dump_window (WindowHandle, 'bmp', '增加对比度')
*图像对比度减小，并保存
scale_image (GrayImage, ImageScaled1, 0.5, 0)
```

```
dump_window (WindowHandle,'bmp', '减小对比度')
*图像亮度增加,并保存
scale_image (GrayImage, ImageScaled2, 1, 100)
dump_window (WindowHandle, 'bmp', '增加亮度')
*图像亮度减小,并保存
scale_image (GrayImage, ImageScaled3, 1, -100)
dump_window (WindowHandle, 'bmp', '减小亮度')
```

变换效果对比如图 5-3 所示。

(a) 原图像　　　　　　　　(b) 取反　　　　　　　　(c) 增加对比度

(d) 减小对比度　　　　　　(e) 增加亮度　　　　　　(f)减小亮度

图 5-3　线性灰度变换示例结果

案例中涉及的主要算子说明如下:

invert_image(Image : ImageInvert : :)

功能:图像反转。

Image:输入图像。

ImageInvert:输出反转图像。

emphasize(Image : ImageEmphasize : MaskWidth, MaskHeight, Factor :)

功能:增强图像对比度。

Image:输入图像。

ImageEmphasize:输出图像。

MaskWidth:低通掩模宽度。

MaskHeight:低通掩模高度。

Factor:对比度强度因子。

scale_image(Image : ImageScaled : Mult,Add :)

功能：缩放图像的灰度值。

Image：输入图像。

ImageScaled：输出缩放图像。

Mult：比例因子。

Add：补偿值。

5.1.3　分段线性灰度变换

进行图像分析时，并非所有的图像区域都是重要区域，为了突出图像中感兴趣的目标或者灰度区间，相对抑制不感兴趣的灰度区间，可以采用分段线性灰度变换的方法，如图 5-4 所示，每一个灰度区间线段都有一个局部的线性变换映射关系。图 5-4 中，感兴趣目标的灰度值范围 $[a,b]$ 被拉伸到 $[c,d]$，其他灰度区间被压缩，对应的分段线性变换表达式为

$$g(x,y) = \begin{cases} \dfrac{c}{a} f(x,y) & 0 \leqslant f(x,y) < a \\[2mm] \dfrac{d-c}{b-a}[f(x,y)-a] + c & a \leqslant f(x,y) \leqslant b \\[2mm] \dfrac{M_g - d}{M_f - b}[f(x,y)-b] + d & b < f(x,y) \leqslant M_f \end{cases} \tag{5-3}$$

式中：a、b、c、d 参数用于调节分段位置和分段线段斜率，最终实现任意灰度区间的拉伸或者压缩。分段线性灰度变换在数字图像中有增强对比度的效果。特殊地，若大部分像素的灰度值分布在 $[a,b]$ 之间，小部分灰度值超出了此区域，为了改善增强效果，可以用式（5-4）表示的变换关系，如图 5-5 所示。

$$g(x,y) = \begin{cases} c & 0 \leqslant f(x,y) < a \\[2mm] \dfrac{d-c}{b-a}[f(x,y)-a] + c & a \leqslant f(x,y) \leqslant b \\[2mm] d & b < f(x,y) \leqslant M_f \end{cases} \tag{5-4}$$

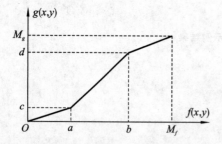

图 5-4　分段线性灰度变换

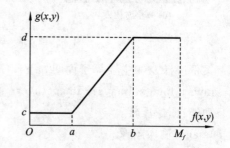

图 5-5　局部增强分段线性灰度变换

【例 5-2】　图像分段线性灰度变换。

HALCON 示例程序如下：

```
*读取并显示图像
read_image (Cameraman, 'cameraman')
get_image_size (Cameraman, Width, Height)
dev_clear_window ()
dev_open_window_fit_image (Cameraman, 0, 0, -1, -1, WindowHandle)
```

```
dev_display (Cameraman)
*获取图像最大和最小灰度值
min_max_gray (Cameraman, Cameraman, 0, Min, Max, Range)
*扩展灰度值至 0~ 255
scale_image_max (Cameraman, ImageScaleMax)
*保存图像
write_image (ImageScaleMax, 'bmp', 0, '结果.bmp')
```

程序执行结果如图 5-6 所示。

(a) 原始图像　　　　　　　(b) 原始图像灰度范围　　　　　　(c) 扩展灰度范围结果

图 5-6　分段线性灰度变换示例结果

上述案例涉及的主要算子说明如下。

min_max_gray(Regions, Image : : Percent : Min, Max, Range)

功能:确定区域内的最小和最大灰度值。例 5-2 的控制变量显示,最小灰度值为 4,最大灰度值为 127。

Regions:需要计算的区域。

Image:输入图像。

Percent:低于(高于)绝对最大值(最小值)的百分比。

Min:最小灰度值。

Max:最大灰度值。

Range:最大灰度值与最小灰度值之间的差值。

scale_image_max(Image : ImageScaleMax : :)

功能:扩展灰度值至 0～255 的范围。

Image:输入图像。

ImageScaleMax:扩展后的图像。

5.1.4　非线性灰度变换

线性变换可以一定程度上使得图像整体对比度得到优化,但是对图像细节的增强效果有限。非线性灰度变换是有选择性地对某一灰度范围进行扩展,其他的灰度范围则有可能被压缩。非线性灰度变换原理与线性灰度变换原理是相同的:根据某种非线性变换函数,将图像中的像素点逐个进行变换。常用的非线性灰度变换有对数变换和伽马变换。

1. 对数变换

对数变换是一种非线性灰度变换方法,可以扩展输入图像中范围较窄的低灰度值像素,也

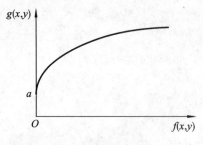

图 5-7　对数变换曲线

可以压缩输入图像中范围较宽的高灰度值像素,进而使得原本低灰度值的像素部分清晰呈现出来,其一般表达式为式(5-5),变换曲线如图 5-7 所示。

$$g(x,y) = a + \frac{\ln[f(x,y)+1]}{b \cdot \ln c} \qquad (5-5)$$

式中:a、b、c 为调整曲线位置和形状的参数,可以使输入图像中低灰度值范围变宽,高灰度值范围被压缩,使得图像灰度分布与人的视觉特性相匹配。

【例 5-3】　图像对数变换。

HALCON 示例程序如下:

```
*读取原始图像
read_image (Cameraman, 'cameraman')
get_image_size (Cameraman, Width, Height)
*显示图像
dev_close_window ()
dev_open_window_fit_image (Cameraman, 0, 0, -1, -1, WindowHandle)
dev_display (Cameraman)
*对原始灰度图像进行对数变换
log_image (Cameraman, LogImage, 'e')
*保存变换图像
dump_window (WindowHandle, 'bmp', '对数变换图像')
```

HALCON 程序执行结果如图 5-8 所示。

(a) 原始图像　　　　　　　　　(b) 对数变换后的图像

图 5-8　对数变换示例结果

上述案例涉及的主要算子说明如下:

log_image(Image : LogImage : Base :)

功能:对图像进行对数变换。

Image:输入图像。

LogImage:变换后的图像。

Base:对数的底数(一般取 e、2 或者 10)。

2. 伽马变换

伽马变换,又称指数变换或者幂次变换,其一般表达式为

$$g(x,y) = a\left[f(x,y) + \varepsilon\right]^{\gamma} \tag{5-6}$$

式中:a 为缩放系数,调整图像的显示,使其与人的视觉特性相匹配;ε 为补偿系数,保证指数的底数不为 0;γ 为伽马系数,其值对输入图像和输出图像之间的映射关系影响很大。

(1) $\gamma < 1$,将输入的窄的低灰度值范围映射到宽的高灰度值范围;

(2) $\gamma = 1$,等效为正比变换。

(3) $\gamma > 1$,将输入的宽的高灰度值范围映射到窄的低灰度值范围。

伽马变换的映射关系如图 5-9 所示。与对数变换不同之处在于,伽马变换可以根据 γ 的不同取值有选择性地增强低灰度值区域或者高灰度值区域的对比度。

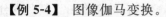

图 5-9　伽马变换曲线

【**例 5-4**】　图像伽马变换。

HALCON 示例程序如下:

```
read_image (Cameraman, 'cameraman')
get_image_size (Cameraman, Width, Height)
dev_close_window ()
dev_open_window_fit_image (Cameraman, 0, 0, -1, -1, WindowHandle)
dev_display (Cameraman)
*对原图像进行伽马变换,伽马系数为 0.5
pow_image (Cameraman, PowImage, 0.5)
dump_window (WindowHandle, 'bmp', '伽马系数 0.5')
*对原图像进行伽马变换,伽马系数为 1
pow_image (Cameraman, PowImage, 1)
dump_window (WindowHandle, 'bmp', '伽马系数 1')
*对原图像进行伽马变换,伽马系数为 2
pow_image (Cameraman, PowImage, 2)
dump_window (WindowHandle, 'bmp', '伽马系数 2')
```

HALCON 程序执行结果如图 5-10 所示。

(a) 原始图像　　　　(b) γ=0.5效果图　　　　(c) γ=1效果图　　　　(d) γ=2效果图

图 5-10　伽马变换示例结果

例 5-4 中主要的算子说明如下：

pow_image(Image：PowImage：Exponent：)

功能：对图像进行伽马变换。

Image：输入图像。

PowImage：变换后的图像。

Exponent：伽马系数。

5.2　直方图处理

5.2.1　灰度直方图的基本概念

灰度直方图描述了一幅图像的灰度分布统计信息。在 HALCON 图像处理中，灰度直方图是一个简单、有效的工具，可以描述图像的概貌和质量，例如图像的灰度范围、每个灰度值出现的频率、灰度分布等，为图像的进一步处理提供重要依据。大多数自然图像由于其灰度分布集中在较窄的区间，图像细节不够清晰，对图像的灰度直方图进行处理可使灰度分布均匀或者灰度间距拉开，图像细节清晰，从而达到增强图像的效果。

1. 灰度直方图的定义

灰度直方图指的是数字图像中每一个灰度级与其出现频数间的统计关系。若数字图像的灰度级范围 k 为 $0\sim L-1$，则数字图像的灰度直方图数学表达式为

$$P(r_k) = \frac{n_k}{n}，且 \sum_{k=0}^{L-1} P(r_k) = 1 \tag{5-7}$$

式中：r_k 为第 k 级灰度；n_k 为第 k 级灰度的像素点总数；n 为图像所有像素点总数；L 为灰度级数。式(5-7)反映了第 k 级灰度的像素出现的概率大小。

灰度直方图反映了图像的整体灰度分布情况，从图形上来看，其横坐标为图像中各个像素灰度级别，纵坐标表示具有某一灰度级的像素在图像中出现的次数（像素的个数）或者概率。

2. 灰度直方图的性质

由灰度直方图的定义可知，数字图像的灰度直方图具有如下几点性质：

(1) 表征了图像的一维信息，但不含有位置信息。灰度直方图只反映了图像中像素的不同灰度值出现的次数（或频数）的统计结果，而未反映某一灰度像素所在的位置。换言之，灰度直方图无法显示图像的空间位置信息。

(2) 灰度直方图与图像之间为一对多的映射关系。任意一幅图像都有唯一的灰度直方图与之对应，但是不同的图像可能有相同的灰度直方图。如图 5-11 所示的四幅不同的图像，它们的灰度直方图是完全相同的。同时图 5-11 也再次说明灰度直方图不包含位置信息。

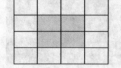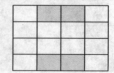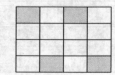

图 5-11　灰度直方图相同的四幅图像

(3) 灰度直方图具有可叠加性。由于灰度直方图是通过统计具有相同灰度值的像素而得

到的,因此,一幅图像的各个子图像灰度直方图之和等于该图像全图的灰度直方图。

在实际应用中,如果一幅图像的灰度直方图不理想,导致出现图像细节不清晰等问题,则可以人为地改变图像的灰度直方图,使整体灰度分布均匀,或者形成特定的灰度分布以满足特定的效果,即图像灰度直方图均衡化或灰度直方图规定化处理。HALCON 中提供了丰富的工具和算子以获取一幅图像的灰度直方图。

【例 5-5】 利用 HALCON 自带的灰度直方图工具箱获取灰度直方图。

```
*读取原始图像
read_image (Cameraman, 'cameraman')
get_image_size (Cameraman, Width, Height)
*显示原始图像
dev_close_window ()
dev_open_window_fit_size (0, 0, Width, Width, -1, -1, WindowHandle)
dev_display (Cameraman)
rgb1_to_gray (Cameraman, GrayImage)
```

单击 HDevelop 菜单栏中的"📉"按钮,可以显示图像灰度直方图,如图 5-12(b)所示。

【例 5-6】 利用 HALCON 的"gray_histo"算子获取灰度直方图。

```
*读取原始图像
read_image(Cameraman, 'cameraman')
get_image_size (Cameraman, Width, Height)
*显示原始图像
dev_close_window ()
dev_open_window_fit_size (0, 0, Width, Width, -1, -1, WindowHandle)
dev_display (Cameraman)
rgb1_to_gray (Cameraman, GrayImage)
*计算图像的灰度值分布
gray_histo (GrayImage, GrayImage, AbsoluteHisto, RelativeHisto)
*获取灰度直方图
gen_region_histo (Region, AbsoluteHisto, 255, 255, 1)
```

运行例 5-6 的 HALCON 程序,可以获取图像的灰度直方图,如图 5-12(c)所示。

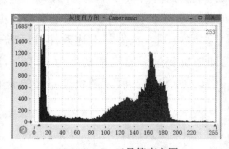
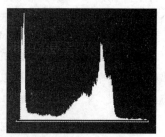

(a) 原始图像   (b) HDevelop工具箱直方图   (c) 算子求取灰度直方图

图 5-12 原始图像及由不同获取方法得到的图像灰度直方图

上述案例中涉及的主要算子说明如下:

gray_histo(Regions，Image ：：：AbsoluteHisto，RelativeHisto)

功能：计算区域灰度值分布。

Regions：需要计算的区域。

Image：输入图像。

AbsoluteHisto：绝对分布（对应灰度值出现的频数）。

RelativeHisto：相对分布（该区域面积内对应灰度出现的频数）。

gen_region_histo(：Region ：Histogram，Row，Column，Scale ：)

功能：得到灰度直方图。

Region：输入区域。

Histogram：灰度分布。

Row、Column：灰度直方图中心行、列坐标。

Scale：直方图比例。

5.2.2　直方图均衡化

直方图均衡化是一种简单有效的图像增强技术，通过改变图像的灰度直方图来改变图像中各像素的灰度，可用于增强动态范围偏小的图像的对比度。原始图像由于其灰度分布可能集中在较窄的区间而不够清晰。例如，过曝光图像的灰度集中在高亮度范围内，而曝光不足将使图像灰度集中在低亮度范围内。采用直方图均衡化，可以把原始图像的直方图变换为均匀分布（均衡）的形式，这样就增大了像素之间灰度值的动态范围，从而达到增强图像整体对比度的效果。图 5-13(a)(b)所示分别为原图和原图灰度直方图，图 5-13(c)(d)所示分别为对应直方图均衡化后的图像和灰度直方图。

1. 直方图均衡化原理

为讨论方便，以 r 和 s 分别表示归一化了的原图像灰度级和均衡化后的图像灰度级，即 $0 \leqslant r \leqslant 1, 0 \leqslant s \leqslant 1$。

在 $[0,1]$ 区间内的任意一个 r，经过 $T(r)$ 变换都可以产生一个 s，即 $s = T(r)$，并且变换函数满足下列条件：

(1) 在 $0 \leqslant r \leqslant 1$ 内，$T(r)$ 为单调递增函数；

(2) 在 $0 \leqslant r \leqslant 1$ 内，有 $0 \leqslant T(r) \leqslant 1$。

上述条件(1)保证灰度级保持从黑到白的次序不变，并且每一个灰度级 r 都对应一个输出灰度级 s；条件(2)确保映射后的像素灰度级在允许的动态范围内。由 s 到 r 的反变换关系为 $r = T^{-1}(s)$，$0 \leqslant s \leqslant 1$，同样，$T^{-1}(s)$ 对 s 也满足上述条件(1)和条件(2)。

由概率论知识可知，如果已知随机变量 r 的概率密度为 $P_r(r)$，随机变量 s 是 r 的函数，那么 s 的概率密度 $P_s(s)$ 可以由 $P_r(r)$ 求得。假设随机变量 s 的分布函数为 $F_s(s)$，根据分布函数定义，有

$$F_s(s) = \int_{-\infty}^{s} P_s(s)\mathrm{d}s = \int_{-\infty}^{r} P_r(r)\mathrm{d}r \qquad (5\text{-}8)$$

由于概率密度函数是分布函数的导数，式(5-8)两边对 s 求导，则有

$$P_s(s) = \frac{\mathrm{d}}{\mathrm{d}s}\left[\int_{-\infty}^{r} P_r(r)\mathrm{d}r\right] = P_r(r)\frac{\mathrm{d}r}{\mathrm{d}s} = P_r(r)\frac{\mathrm{d}}{\mathrm{d}s}\left[T^{-1}(s)\right] \qquad (5\text{-}9)$$

从式(5-9)可以看出，利用变换函数 $T(r)$ 可以控制图像灰度级的概率密度函数，从而改

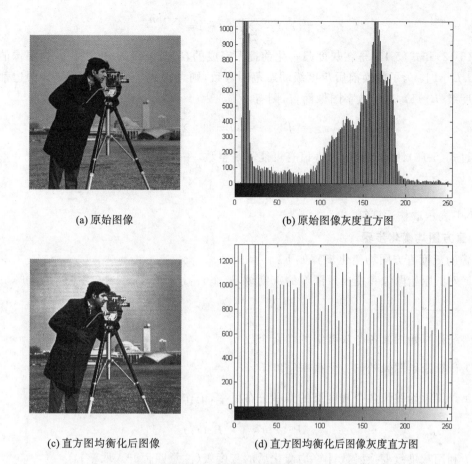

(a) 原始图像　　　　　　　　　　　　　　(b) 原始图像灰度直方图

(c) 直方图均衡化后图像　　　　　　　　(d) 直方图均衡化后图像灰度直方图

图 5-13　直方图均衡化前后对比

善图像灰度层次,这就是灰度直方图均衡化的基础。从人眼视觉特性方面考虑,如果一幅图像的灰度直方图是均匀分布的,即 $P_s(s) = k$(归一化的话,$k = 1$),则图像信息量最大,该图像色调比较协调。

对于连续图像,设原图像变换前后灰度级的概率密度分别是 $P_r(r)$ 和 $P_s(s)$,直方图均衡化(并归一化)处理后输出的图像灰度级概率密度函数是均匀分布的,即

$$P_s(s) = \begin{cases} 1 & 0 \leqslant s \leqslant 1 \\ 0 & \text{其他} \end{cases} \tag{5-10}$$

由式(5-9)可得

$$ds = P_r(r)dr \tag{5-11}$$

对式(5-11)两边积分后得

$$s = T(r) = \int_0^r P_r(r)dr \tag{5-12}$$

式(5-12)称作图像的累积分布函数,该式表明变换函数 $T(r)$ 从 0 单调递增到 1。

对于离散的数字图像,灰度级 r_k 出现的频率记作

$$P_r(r_k) = \frac{n_k}{n}, 0 \leqslant r_k \leqslant 1 \tag{5-13}$$

均衡化变换采用求和方式表示累积分布函数,即

$$s_k = T(r_k) = \sum_{j=0}^{k} P_r(r_j) = \sum_{j=0}^{k} \frac{n_j}{n} \tag{5-14}$$

式(5-12)和式(5-14)是在灰度归一化前提下完成的,即灰度级为[0,1]。若原图像的灰度级为[0, L-1],为了变换前后灰度级动态范围一致,则可将式(5-12)和式(5-14)两边都乘以最大灰度级(L-1),对于数字图像而言,则有

$$s'_k = T(r_k) = (L-1) \sum_{j=0}^{k} \frac{n_j}{n} \tag{5-15}$$

通过式(5-16)计算得到的灰度值有可能不是整数,一般采用取整法进行调整,即

$$s'_k = T(r_k) = \text{INT}\left[(L-1) \sum_{j=0}^{k} \frac{n_j}{n} + 0.5 \right] \tag{5-16}$$

式中,INT 表示取整运算符。

2. 直方图均衡化步骤

图像的灰度直方图均衡化步骤如下:

(1) 列出原始图像和变换后图像的灰度级,记作 r_k, s_k,则 $r_k, s_k = 0, 1, \cdots, L-1$,归一化后 $r_k, s_k = \dfrac{0}{L-1}, \dfrac{1}{L-1}, \cdots, 1$。

(2) 统计原始图像各个灰度级的像素个数 n_k。

(3) 计算原始图像的归一化概率密度 $P_r(r_k) = \dfrac{n_k}{n}$。

(4) 计算原始图像各个灰度级的累积分布概率,记作 $P_a(r_k)$:

$$P_a(r_k) = \sum_{j=0}^{k} P_r(r_j)$$

(5) 利用灰度级变换函数计算均衡化后的灰度级(注意四舍五入取整):

$$s_k = \text{INT}[(L-1)P_a + 0.5]$$

(6) 确定灰度级变换关系 $r_k \rightarrow s_k$,据此将原图像的灰度级 r_k 修改成 s_k。

(7) 统计变换后各个灰度级的像素个数 m_k。

(8) 计算均衡化后的图像灰度概率密度 $P_s(s_k) = \dfrac{m_k}{n}$。

【**例 5-7**】　假设有一幅像素为 64×64 的图像,灰度级为 8,各个灰度级分布如表 5-1 所示。

表 5-1　图像灰度级分布

原始图像灰度级 r_k	像素个数统计 n_k	概率密度 $P_r(r_k)$
0	790	0.19
1/7	1023	0.25
2/7	850	0.21
3/7	656	0.16
4/7	329	0.08
5/7	245	0.06
6/7	122	0.03
1	81	0.02

直方图均衡化过程如下：

（1）确定原始图像的灰度级，记作 $r_k = 0, \dfrac{1}{7}, \dfrac{2}{7}, \cdots, 1$。

（2）原始图像的像素个数 n_k 已经给出，如表 5-1 所示，像素总数 $n = 64 \times 64 = 4096$。

（3）计算原始图像的归一化概率密度 $P_r(r_k) = \dfrac{n_k}{n}$，具体概率密度参见表 5-1 的最后一列。

（4）计算图像各个灰度级的累积分布概率：
$$P_a(r_0) = 0.19$$
$$P_a(r_1) = \sum_{j=0}^{1} P_r(r_j) = P_r(r_0) + P_r(r_1) = 0.19 + 0.25 = 0.44$$

依次计算得到 $P_a(r_2) = 0.65, P_a(r_3) = 0.81, P_a(r_4) = 0.89, P_a(r_5) = 0.95, P_a(r_6) = 0.98, P_a(r_7) = 1.00$，对应的直方图如图 5-14(a) 所示。

（5）利用灰度级变换函数计算变换后的灰度级：
$$s_0 = \text{INT}[7 \times P_a(r_0) + 0.5] = 1$$
$$s_1 = \text{INT}[7 \times P_a(r_1) + 0.5] = 3$$

依次类推，变换后的其他灰度级分别是 $s_2 = 5, s_3 = 6, s_4 = 6, s_5 = 7, s_6 = 7, s_7 = 7$。

（6）确定灰度级变换关系 $r_k \rightarrow s_k$，由步骤（5）可以确定灰度级变换关系如表 5-2 所示。

（7）统计变换后各个灰度级的像素个数 m_k，如表 5-2 所示。

（8）计算均衡化后新图像的概率密度 $P_s(s_k)$，结果如表 5-2 所示。

均衡化后新图像的灰度等级是 5 个，直方图如图 5-14(c) 所示。

表 5-2　直方图均衡化计算过程及结果

灰度级 r_k	0	1/7	2/7	3/7	4/7	5/7	6/7	1
像素个数 n_k	790	1023	850	656	329	245	122	81
概率密度 $P_r(r_k)$	0.19	0.25	0.21	0.16	0.08	0.06	0.03	0.02
累积分布概率 $P_a(r_k)$	0.19	0.44	0.65	0.81	0.89	0.95	0.98	1.00
变换后灰度级 s_k	1	3	5	6	6	7	7	7
灰度级变换关系 $r_k \rightarrow s_k$	$0 \rightarrow 1$	$1 \rightarrow 3$	$2 \rightarrow 5$	$3,4 \rightarrow 6$		$5,6,7 \rightarrow 7$		
变换后灰度级像素个数 m_k	790	1023	850	985		448		
均衡化后新图像 概率密度 $P_s(s_k)$	0.19	0.25	0.21	0.24		0.11		

直方图均衡化是一种非线性变换，以牺牲图像等级为代价，增大像素灰度级的动态范围，提高图像对比度。

【例 5-8】　图像均衡化处理。

HALCON 示例程序如下：

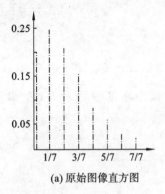
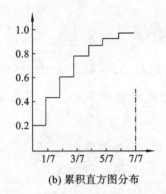
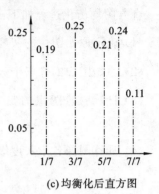

(a) 原始图像直方图　　　　　　(b) 累积直方图分布　　　　　　(c) 均衡化后直方图

图 5-14　直方图均衡化结果对比

```
*读取并显示原始图像
read_image (Cameraman, 'cameraman')
get_image_size (Cameraman, Width, Height)
dev_close_window ()
dev_open_window_fit_size (0, 0, Width, Width, -1, -1, WindowHandle)
dev_display (Cameraman)
rgb1_to_gray (Cameraman, GrayImage)
*直方图均衡化
equ_histo_image (GrayImage, ImageEquHisto)
dump_window (WindowHandle, 'bmp', '均衡化结果图')
```

程序运行结果如图 5-15 所示。

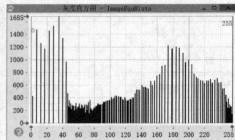

(a) 原始图像　　　　　　(b) 直方图均衡化图像　　　　　　(c) 均衡化后图像灰度直方图

图 5-15　图像直方图均衡化处理

上述案例涉及的主要算子说明如下：

equ_histo_image(Image : ImageEquHisto : :)

功能：直方图均衡化。

Image：输入图像。

ImageEquHisto：均衡化的图像。

5.2.3　直方图规定化

在实际应用中，有时不一定需要图像的整体均匀分布直方图，需要针对性地增强某个灰度范围内的图像,形成特定形状的直方图图像。直方图规定化就是针对上述思想提出来的。所谓直方图规定化,就是通过一个灰度映射函数,使原始图像的灰度直方图变成规定形状的直方图,也称作直方图匹配。一般而言,正确地选择规定化函数可以获得比直方图均衡化更好的效果。

1. 直方图规定化原理

假设 $P_r(r)$ 表示原始图像的灰度级概率密度函数,$P_z(z)$ 表示期望得到的图像的灰度级概率密度函数,r 和 z 分别表示原始图像和希望得到的图像的灰度级。对原始图像和期望图像进行直方图均衡化处理,即求得变换函数:

$$
\begin{cases}
s = T(r) = \int_0^r P_r(r)\,\mathrm{d}r \\
u = G(z) = \int_0^z P_z(z)\,\mathrm{d}z
\end{cases}
\tag{5-17}
$$

由式(5-17)可以得出,期望图像的灰度级满足如下逆运算:

$$
z = G^{-1}(u)
\tag{5-18}
$$

因而 $P_r(r)$ 和 $P_z(z)$ 具有相同的表达式,这样便可以用由原始图像得到的均匀灰度级 s 代替 u,则

$$
z = G^{-1}(u) = G^{-1}(s)
\tag{5-19}
$$

式(5-19)说明可以由原始图像均衡化后的图像灰度级来计算期望图像的灰度级 z,过程如图 5-16 所示。其中 $P_s(s)$ 表示均衡化后图像灰度级概率密度函数,s 表示均衡化后图像的灰度级。先将两个直方图均衡化,得到相同的归一化均匀直方图,以此为媒介,对参考图像进行均衡化的逆运算。图 5-17 展示了一组规定化案例。

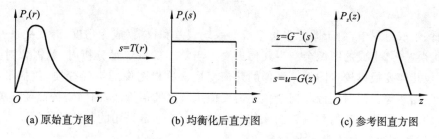

图 5-16　直方图规定化原理示意图

2. 直方图规定化步骤

假定 $G^{-1}(s)$ 是单值的,根据上述原理,总结图像直方图规定化的一般步骤如下:

(1) 对原始图像进行直方图均衡化,求取均衡化后的灰度级 s_k 及概率分布,确定 r_k 与 s_k 之间的映射关系。

(2) 按照希望得到的图像的灰度级概率密度函数 $P_z(z_k)$,根据式(5-17)求取变换函数 $G(z_k)$ 的所有值。通常情况下,期望的直方图灰度级与原图像灰度级相同,即有

$$
u = G(z_k) = \sum_{j=0}^k P_z(z_k), k = 0, 1, \cdots, L-1
\tag{5-20}
$$

(3) 将原直方图对应映射到规定的直方图:

①将由步骤(1)获得的灰度级应用于反变换函数 $z_k = G^{-1}(s_k)$,从而获得 z_k 与 s_k 的映射

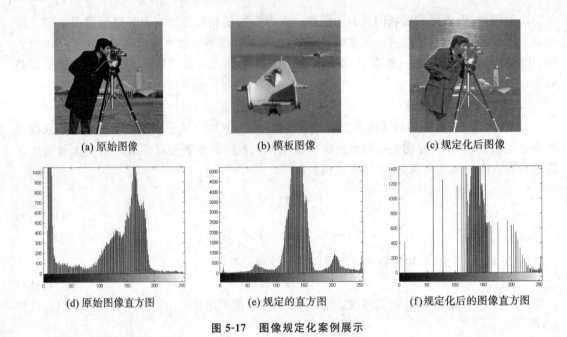

图 5-17   图像规定化案例展示

关系,即找出与 s_k 最接近的 $G(z_k)$ 值;

②根据 $z_k = G^{-1}(s_k) = G^{-1}(T(r_k))$ 进一步获取 r_k 与 s_k 之间的映射关系。

(4) 根据建立的 r_k 和 s_k 的映射关系确定新图像各个灰度级的像素个数,获取规定化后的直方图。

5.3   图像的几何变换

在图像生成过程中,由于图像采集系统的系统误差和仪器(成像角度、透视关系、镜头自身原因)随机误差等,生成的图像会产生几何失真。当对图像做定量分析时,就需要对失真图像先进行图像几何变换以校正图像。图像的几何变换又称作图像的空间变换,包括平移、转置、镜像、旋转、缩放等。同时图像几何变换还需要使用灰度插值算法,因为若按照变换关系计算,输出图像的像素可能被映射到输入图像的非整数坐标。通常采用的灰度插值算法有最近邻插值、双线性插值和双三次插值。

5.3.1   空间几何变换的基本概念

图像几何变换本质是建立图像与变换后的图像之间所有像素点的映射关系,以二维的图像为例,几何变换的通用表达式为

$$[u,v] = [X(x,y), Y(x,y)] \tag{5-21}$$

式中: $[u,v]$ 表示几何变换后的图像像素的笛卡儿坐标; (x,y) 为原始图像中像素的笛卡儿坐标; $X(x,y)$ 和 $Y(x,y)$ 分别定义了笛卡儿坐标系下横坐标和纵坐标变换的映射函数。特殊地,如果 $X(x,y) = x$, $Y(x,y) = y$,则有 $[u,v] = [x,y]$,变换图像并未发生改变,只是原始图像的复制。

图像的几何变换通常包含点变换、直线变换和单位正方形变换。

1. 点变换

图像处理其实是对图像中每个像素点进行处理(点变换)。点变换包括比例变换、原点变换、镜像变换和减移变换。

(1) 比例变换:针对某像素点的比例变换,就是将该点坐标按照给定的比例进行变换。通用的比例变换表达式如式(5-22)所示,其中 x^*,y^* 为变换后的坐标,x,y 为原始坐标。

$$[x,y,1]\begin{bmatrix} a & 0 & 0 \\ 0 & b & 0 \\ 0 & 0 & 1 \end{bmatrix} = [ax,by,1] = [x^*,y^*,1] \tag{5-22}$$

(2) 原点变换:像素点经过原点变换后,回到原点位置,即

$$[x,y]\begin{bmatrix} a & b \\ c & d \end{bmatrix} = [0,0] \quad 或 \quad [x,y,z]\begin{bmatrix} a & b & c \\ d & e & f \\ g & h & i \end{bmatrix} = [0,0,0] \tag{5-23}$$

(3) 镜像变换:指基于某条指定的直线进行镜像操作,可以基于 x 轴或者 y 轴进行镜像变换,也可以基于其他的特定直线进行镜像变换,具体如表 5-3 所示。

表 5-3 不同镜像变换表达式

变换方式	基于 x 轴的镜像变换	基于 y 轴的镜像变换	基于直线 $y=x$ 的镜像变换
表达式	$[x,y,1]\begin{bmatrix} 1 & 0 & 0 \\ 0 & -1 & 0 \\ 0 & 0 & 1 \end{bmatrix}$ $= [x,-y,1]$	$[x,y,1]\begin{bmatrix} -1 & 0 & 0 \\ 0 & 1 & 0 \\ 0 & 0 & 1 \end{bmatrix}$ $= [-x,y,1]$	$[x,y,1]\begin{bmatrix} 0 & 1 & 0 \\ 1 & 0 & 0 \\ 0 & 0 & 1 \end{bmatrix}$ $= [y,x,1]$

(4) 减移变换:在保证某点横坐标(或纵坐标)不变的前提下,对其纵坐标(或横坐标)进行变换处理,即

$$[x,y,1]\begin{bmatrix} 1 & b & 0 \\ 0 & 1 & 0 \\ 0 & 0 & 1 \end{bmatrix} = [x,bx+y,1] = [x^*,y^*,1] \tag{5-24}$$

$$[x,y,1]\begin{bmatrix} 1 & 0 & 0 \\ c & 1 & 0 \\ 0 & 0 & 1 \end{bmatrix} = [x+cy,y,1] = [x^*,y^*,1] \tag{5-25}$$

2. 直线变换(两个点的变换)

直线变换是对一条直线上像素点的操作。由于两点确定一条直线,因此在判断直线的性质(如斜率),或者判断两条直线是否平行时,只需判断直线上两点即可。

已知 $\begin{bmatrix} A \\ B \end{bmatrix}\begin{bmatrix} a & b \\ c & d \end{bmatrix} = \begin{bmatrix} A^* \\ B^* \end{bmatrix}$,此方程可以看作由 A、B 两点确定的直线变换过程。经过上述变换后,两条平行的直线仍然平行。

令 (x_1,y_1)、(x_2,y_2) 为某条直线上的两点,(x_3,y_3)、(x_4,y_4) 为另一条直线上的两点,这两条直线平行。两条平行直线的斜率相等,即

$$m_1 = \frac{y_2-y_1}{x_2-x_1},m_2 = \frac{y_4-y_3}{x_4-x_3} \text{ 且 } m_1 = m_2 \tag{5-26}$$

根据上述变换矩阵有如下变换过程:

$$\begin{cases} \begin{bmatrix} x_1 & y_1 \\ x_2 & y_2 \end{bmatrix} \begin{bmatrix} a & b \\ c & d \end{bmatrix} = \begin{bmatrix} ax_1 + cy_1 & bx_1 + dy_1 \\ ax_2 + cy_2 & bx_2 + dy_2 \end{bmatrix} = \begin{bmatrix} x_1^* & y_1^* \\ x_2^* & y_2^* \end{bmatrix} \\ \begin{bmatrix} x_3 & y_3 \\ x_4 & y_4 \end{bmatrix} \begin{bmatrix} a & b \\ c & d \end{bmatrix} = \begin{bmatrix} ax_3 + cy_3 & bx_3 + dy_3 \\ ax_4 + cy_4 & bx_4 + dy_4 \end{bmatrix} = \begin{bmatrix} x_3^* & y_3^* \\ x_4^* & y_4^* \end{bmatrix} \end{cases} \tag{5-27}$$

经过变换后,两条新的直线的斜率分别如下:

$$\begin{cases} m_1^* = \dfrac{bx_2 + dy_2 - (bx_1 + dy_1)}{ax_2 + cy_2 - (ax_1 + cy_1)} = \dfrac{b + dm_1}{a + cm_1} \\ m_2^* = \dfrac{bx_4 + dy_4 - (bx_3 + dy_3)}{ax_4 + cy_4 - (ax_3 + cy_3)} = \dfrac{b + dm_2}{a + cm_2} \end{cases} \tag{5-28}$$

式中: $m_1 = m_2$,所以 $m_1^* = m_2^*$,即变换后,两条平行的直线依旧平行。

3. 单位正方形变换

设 A 、 B 、 C 、 D 为单位正方形的四个顶点,通过式(5-29)转换为 A^* 、 B^* 、 C^* 、 D^* (四边形的四个顶点)。图 5-18(a)所示是单位正方形变换的坐标示意图,图 5-18(b)所示是平行四边形变换坐标示意图。特殊地,可计算得到变换后平行四边形面积:

$$S_T = ad - bc = \begin{vmatrix} a & b \\ c & d \end{vmatrix} = \det(T)$$

即平行四边形面积等于变换矩阵的行列式的值。

$$\begin{bmatrix} A \\ B \\ C \\ D \end{bmatrix} \begin{bmatrix} a & b \\ c & d \end{bmatrix} = \begin{bmatrix} 0 & 0 \\ 1 & 0 \\ 1 & 1 \\ 0 & 1 \end{bmatrix} \begin{bmatrix} a & b \\ c & d \end{bmatrix} = \begin{bmatrix} 0 & 0 \\ a & b \\ a+c & b+d \\ c & d \end{bmatrix} = \begin{bmatrix} A^* \\ B^* \\ C^* \\ D^* \end{bmatrix} \tag{5-29}$$

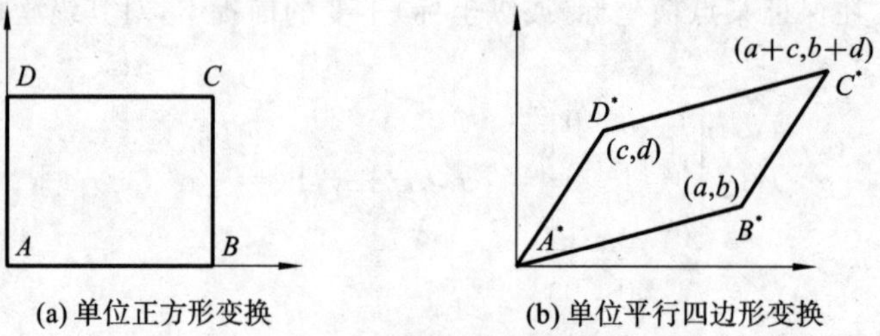

(a) 单位正方形变换　　　　　　　(b) 单位平行四边形变换

图 5-18　四边形变换坐标示意图

上述变换中, $\begin{bmatrix} a & b \\ c & d \end{bmatrix}$ 表示单位正方形变换的映射关系,通过该映射可以实现单位正方形和单位平行四边形的转换。该映射也适用于其他任意形状的四边形,它们可以理解为由无数个小正方形构成的。

5.3.2　仿射变换

如果所拍摄的对象在机械装置上或者其他稳定性不高的装置上,那么目标对象的位置和旋转角度不能保持恒定。为了提高图像分析效率,必须对拍摄的图像进行平移和旋转角度修正。有时由于物体和摄像机之间的距离发生变化,图像中物体尺寸也发生了明显变化,这时需要对图像进行缩放等处理,这些情况下的变换都属于仿射变换。仿射变换是一种二维坐标到二维坐标的线性变换,其一般数学表达式形式(齐次矩阵形式)如下:

$$\begin{bmatrix} u \\ v \\ 1 \end{bmatrix} = \boldsymbol{A} \begin{bmatrix} x \\ y \\ 1 \end{bmatrix} = \begin{bmatrix} a_2 & a_1 & a_0 \\ b_2 & b_1 & b_0 \\ 0 & 0 & 1 \end{bmatrix} \begin{bmatrix} x \\ y \\ 1 \end{bmatrix} \tag{5-30}$$

式中：矩阵 $\boldsymbol{A}$ 为仿射变换矩阵，包括线性部分和平移部分，其中 $\begin{bmatrix} a_0 \\ b_0 \end{bmatrix}$ 是平移部分，$\begin{bmatrix} a_2 & a_1 \\ b_2 & b_1 \end{bmatrix}$ 是线性部分。

仿射变换是通过一系列原子变换复合实现的，原子变换具体包括平移、翻转、旋转、缩放和剪切，如图 5-19 所示。

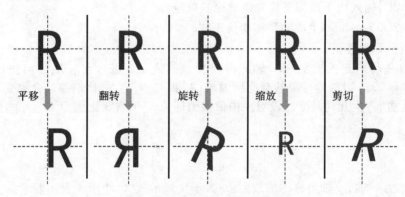

图 5-19　仿射变换的原子变换

仿射变换具有如下性质：

(1) 仿射变换只有六个自由度（式(5-30)变换矩阵的六个系数），因此仿射变换保持了二维图形的平直性（即直线经仿射变换后依然为直线），以及平行性（即直线之间的相对位置关系保持不变），平行线经仿射变换后依然为平行线，且直线上点的位置顺序不会发生变化，但不能保证边数多于 4 的多边形映射为等边数的多边形。

(2) 仿射变换的乘积和逆变换仍然是仿射变换。

(3) 仿射变换能够实现平移、旋转、缩放等几何变换。

在 HALCON 中，对图像、区域、XLD 轮廓等对象进行仿射变换一般包含如下三个步骤。

(1) 定义仿射变换单位矩阵，即初始化矩阵。初始化矩阵可通过 HALCON 的算子直接生成。

hom_mat2d_identity(: : : HomMat2DIdentity)

功能：生成仿射变换的初始化矩阵。

HomMat2DIdentity：生成的初始化矩阵，HomMat2DIdentity $= \begin{bmatrix} 1 & 0 & 0 \\ 0 & 1 & 0 \\ 0 & 0 & 1 \end{bmatrix}$。

(2) 在初始化矩阵的基础上添加变换矩阵，在 HALCON 中可以利用不同的算子生成不同的原子变换矩阵，可以先后添加多个组合矩阵生成最终的仿射变换矩阵。HALCON 中提供不同算子生成平移、比例缩放、旋转等仿射变换矩阵。

平移变换是将对象中所有像素点按照要求的偏移量进行垂直、水平移动。该变换只改变原有目标在画面中的位置，图像内容不发生变换。设像素点 (x, y) 平移到 $(x + x_0, y + y_0)$，

其中 x_0, y_0 是平移量,则平移变换表达式为

$$\begin{bmatrix} u \\ v \end{bmatrix} = \begin{bmatrix} x \\ y \end{bmatrix} + \begin{bmatrix} x_0 \\ y_0 \end{bmatrix} \tag{5-31}$$

平移变换的算子为

hom_mat2d_translate(: : HomMat2D, Tx, Ty : HomMat2DTranslate)

功能:在 2D 齐次仿射变换中增加平移变换,运算规则为

$$HomMat2DTranslate = \begin{bmatrix} 1 & 0 & T_x \\ 0 & 1 & T_y \\ 0 & 0 & 1 \end{bmatrix} \times HomMat2D$$

HomMat2D:输入用于添加平移变换的原基础矩阵。

HomMat2DTranslate:生成的平移变换矩阵。

Tx、Ty:行、列偏移量。

比例缩放是将给定的对象在 x 轴方向按比例缩放 s_x(倍),在 y 轴方向按比例缩放 s_y(倍)。如果 $s_x = s_y$,则称为对象的全比例缩放;如果 $s_x \neq s_y$,则比例缩放会改变原始对象像素间的相对位置,产生几何畸变。设对象中像素坐标 (x, y) 缩放比例为 (s_x, s_y),则比例缩放的表达式为

$$\begin{bmatrix} u \\ v \end{bmatrix} = \begin{bmatrix} s_x & 0 \\ 0 & s_y \end{bmatrix} \begin{bmatrix} x \\ y \end{bmatrix} \tag{5-32}$$

式中:s_x 和 s_y 为 x 轴、y 轴坐标的缩放因子,大于 1 表示放大,小于 1 表示缩小。

比例缩放的算子为

hom_mat2d_scale(: : HomMat2D, Sx, Sy, Px, Py : HomMat2DScale)

功能:在 2D 齐次仿射变换中增加比例缩放变换,运算规则为

$$HomMat2DScale = \begin{bmatrix} 1 & 0 & P_x \\ 0 & 1 & P_y \\ 0 & 0 & 1 \end{bmatrix} \times \begin{bmatrix} s_x & 0 & 0 \\ 0 & s_x & 0 \\ 0 & 0 & 1 \end{bmatrix} \times \begin{bmatrix} 1 & 0 & -P_x \\ 0 & 1 & -P_y \\ 0 & 0 & 1 \end{bmatrix} \times HomMat2D$$

HomMat2D:输入用于添加比例缩放变换的原基础矩阵。

HomMat2DScale:生成的缩放变换矩阵。

Sx、Sy:x 轴和 y 轴坐标的缩放因子。

Px、Py:基准点的横坐标、纵坐标,该基准点固定不变。

对象的旋转变换是指对象以某一点为原点进行逆时针或顺时针旋转一定的角度。对象的旋转变换属于位置变换,通常以对象的中心为原点,将对象上的所有像素都旋转一个相同的角度。旋转后,对象的大小可能会发生改变。输入对象绕笛卡儿坐标系的原点逆时针旋转 θ 角的变换表达式为

$$\begin{bmatrix} u \\ v \end{bmatrix} = \begin{bmatrix} \cos\theta & -\sin\theta \\ \sin\theta & \cos\theta \end{bmatrix} \begin{bmatrix} x \\ y \end{bmatrix} \tag{5-33}$$

旋转变换的算子为

hom_mat2d_rotate(: : HomMat2D, Phi, Px, Py : HomMat2DRotate)

功能:在 2D 齐次仿射变换中增加旋转变换,运算规则为

$$HomMat2DRotate = \begin{bmatrix} 1 & 0 & P_x \\ 0 & 1 & P_y \\ 0 & 0 & 1 \end{bmatrix} \times \begin{bmatrix} \cos\theta & -\sin\theta & 0 \\ \sin\theta & \cos\theta & 0 \\ 0 & 0 & 1 \end{bmatrix}$$

$$\times \begin{bmatrix} 1 & 0 & -P_x \\ 0 & 1 & -P_y \\ 0 & 0 & 1 \end{bmatrix} \times HomMat2D$$

HomMat2D：输入用于添加旋转变换的原基础矩阵。

HomMat2DRotate：生成的旋转变换矩阵。

Phi：旋转角度。

Px、Py：基准点的横坐标、纵坐标，该基准点固定不变。

综合变换，即复合几何变换。根据实际对象的几何位置进行特定系列的组合变换，变换过程中需要考虑原子变换的先后顺序。式(5-34)展示了先进行平移变换，然后进行比例缩放变换，最后进行旋转变换的综合变换。

$$\begin{bmatrix} u \\ v \end{bmatrix} = \begin{bmatrix} \cos\theta & -\sin\theta \\ \sin\theta & \cos\theta \end{bmatrix} \begin{bmatrix} s_x & 0 \\ 0 & s_y \end{bmatrix} \left\{ \begin{bmatrix} x \\ y \end{bmatrix} + \begin{bmatrix} x_0 \\ y_0 \end{bmatrix} \right\}$$
$$= \begin{bmatrix} s_x\cos\theta & -s_y\sin\theta \\ s_x\sin\theta & s_y\cos\theta \end{bmatrix} \begin{bmatrix} x \\ y \end{bmatrix} + \begin{bmatrix} s_x x_0 \cos\theta - s_y y_0 \sin\theta \\ s_x x_0 \sin\theta + s_y y_0 \cos\theta \end{bmatrix} \tag{5-34}$$

显然式(5-34)是线性表达式，故可以表示为如下形式：

$$\begin{bmatrix} u \\ v \end{bmatrix} = \begin{bmatrix} a_2 & a_1 \\ b_2 & b_1 \end{bmatrix} \begin{bmatrix} x \\ y \end{bmatrix} + \begin{bmatrix} a_0 \\ b_0 \end{bmatrix} \tag{5-35}$$

通过设定加权因子的值 $a_i, b_i, i = 0, 1, 2$，可以得到不同的变换效果。

(3) 根据步骤(2)生成的仿射变换矩阵执行仿射变换，HALCON 中支持利用不同的算子——affine_trans_image、affine_trans_region、affine_trans_contour_xld 对图像 Image、区域 Region 和 XLD 轮廓执行仿射变换，具体算子说明如下。

affine_trans_image(Image : ImageAffineTrans : HomMat2D, Interpolation, AdaptImageSize :)

功能：对图像进行仿射变换。

Image：输入图像。

ImageAffineTrans：仿射变换后的输出图像。

HomMat2D：变换矩阵。

Interpolation：插值方法（nearest_neighbor、bilinear、constant、weighted、bicubic 五种）。

AdaptImageSize：自动调节输出图像大小，取值只有'true'和'false'，若设置'true'则图像右下角对齐。

affine_trans_region(Region : RegionAffineTrans : HomMat2D, Interpolation :)

功能：对区域进行仿射变换。

Region：输入区域。

RegionAffineTrans：仿射变换后的输出区域。

HomMat2D：变换矩阵。

Interpolation：插值方法。

affine_trans_contour_xld(Contours : ContoursAffineTrans : HomMat2D :)

功能：对 XLD 轮廓进行仿射变换。

Contours：输入 XLD 轮廓。

ContoursAffineTrans：仿射变换后的输出区域。

HomMat2D：变换矩阵。

【例 5-9】 基于 HALCON 的图像仿射变换实例。

```
dev_close_window ()
dev_open_window (0, 0, 512, 512, 'white', WindowHandle)
dev_set_color ('black')
*用鼠标绘制自定义区域
draw_region (Region, WindowHandle)
*定义仿射变换的初始化矩阵
hom_mat2d_identity (HomMat2DIdentity)
*在 2D 齐次仿射变换中，添加旋转变换，-0.3 代表逆时针旋转角度，256,256 代表基准点坐标
hom_mat2d_rotate (HomMat2DIdentity, -0.3, 256, 256, HomMat2DRotate)
*在已生成的旋转变换矩阵中，添加比例缩放变换矩阵，1.5 表示缩放倍数，256,256 代表基准点坐标
hom_mat2d_scale (HomMat2DRotate, 1.5, 1.5, 256, 256, HomMat2DScale)
*在已生成的比例缩放变换矩阵中，添加比例平移变换矩阵，32 代表平移量
hom_mat2d_translate (HomMat2DScale, 32, 32, HomMat2DTranslate)
*根据已经生成的仿射矩阵，进行仿射变换运算得到变换区域 RegionAffineTrans
affine_trans_region (Region, RegionAffineTrans, HomMat2DTranslate, 'nearest_neighbor')
*显示变换前、变换后的区域
dev_clear_window ()
dev_set_draw ('margin')
dev_set_color ('red')
dev_display (Region)
dev_set_color ('green')
dev_display (RegionAffineTrans)
```

区域仿射变换结果如图 5-20 所示。

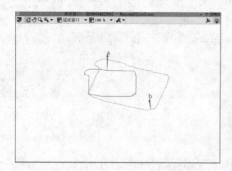

(a) 区域仿射变换前后对比　　　　　　(b) 区域仿射变换中变换矩阵变化

图 5-20　区域仿射变换结果展示

5.3.3 投影变换

投影变换是将图像投影到一个新的视平面,也称作透视变换,通用的变换公式为

$$\begin{bmatrix} x_2 \\ y_2 \\ w_2 \end{bmatrix} = \begin{bmatrix} a_{11} & a_{12} & a_{13} \\ a_{21} & a_{22} & a_{23} \\ a_{31} & a_{32} & a_{33} \end{bmatrix} \begin{bmatrix} x_1 \\ y_1 \\ w_1 \end{bmatrix} \tag{5-36}$$

式中: $[x_1, y_1, w_1]^{\mathrm{T}}$ 表示原始图像坐标。特殊地,对于 2D 空间上的图像, $[x_1, y_1]^{\mathrm{T}}$ 为其原始图像坐标,变换后的图像坐标为 $[x, y]^{\mathrm{T}}$,则

$$\begin{cases} x = \dfrac{x_2}{w_2} = \dfrac{a_{11}x_1 + a_{12}x_2 + a_{13}}{a_{31}x_1 + a_{32}x_2 + a_{33}} \\ y = \dfrac{y_2}{w_2} = \dfrac{a_{21}x_1 + a_{22}x_2 + a_{23}}{a_{31}x_1 + a_{32}x_2 + a_{33}} \end{cases} \tag{5-37}$$

式中: $a_{31} \neq 0, a_{32} \neq 0$ 。所以,已知变换对应的几个点就可以求取变换公式。

投影变换也是一种平面映射,变换过程中直线映射为直线,但平行度不一定能保证。投影变换有九个自由度,可以实现平面四边形到平面四边形的映射。仿射变换可以理解为投影变换的一种特殊形式,只需令式(5-36)变换矩阵中的 a_{31}、a_{32}、a_{33} 为 0 即可。HALCON 中实现投影变换的方式有两种。

(1)直接用给定点生成投影变换矩阵,然后对原图像进行投影变换操作。

hom_vector_to_proj_hom_mat2d(: : Px, Py, Pw, Qx, Qy, Qw, Method : HomMat2D)

功能:确定投影变换矩阵 HomMat2D。

Px、Py、Pw、Qx、Qy、Qw:用于确定投影变换矩阵的图像上的四个点,投影变换矩阵满足如下等式,

$$\text{HomMat2D} \begin{bmatrix} \text{Px} \\ \text{Py} \\ \text{Pw} \end{bmatrix} = \begin{bmatrix} \text{Qx} \\ \text{Qy} \\ \text{Qw} \end{bmatrix}$$

projective_trans_image(Image : TransImage : HomMat2D, Interpolation,AdaptImageSize, TransformDomain :)

功能:对图像进行投影变换。

Image:原始输入图像。

TransImage:投影变换后的输出图像。

HomMat2D:投影变换矩阵。

Interpolation:插值方法。

AdaptImageSize:自动调整输出图像大小。

TransformDomain:是否对原图像定义域进行变换。

【例 5-10】 HALCON 基于点坐标的投影变换实例。

```
dev_update_off ()
dev_close_window ()
*读取并显示图像
read_image (Image_slanted, 'datacode/ecc200/ecc200_to_preprocess_001')
```

```
dev_open_window_fit_image (Image_slanted, 0, 0, -1, -1, WindowHandle)
set_display_font (WindowHandle, 14, 'mono', 'true', 'false')
dev_set_color ('green')
dev_set_line_width (3)
XCoordCorners :=[130,225,290,63]
YCoordCorners :=[101,96,289,269]
```
*为每个输入点生成十字形状的 XLD 轮廓，6 表示十字横线长度，0.785398 表示角度
```
gen _ cross _ contour _ xld (Crosses, XCoordCorners, YCoordCorners, 6,
0.785398)
dev_display (Image_slanted)
dev_display (Crosses)
```
*根据变换前后的点坐标，生成投影变换矩阵 HomMat2D
```
hom_vector_to_proj_hom_mat2d (XCoordCorners, YCoordCorners, [1,1,1,1],
[70,270,270,70], [100,100,300,300], [1,1,1,1], 'normalized_dlt', HomMat2D)
```
*投影变换
```
projective _ trans _ image (Image _ slanted, Image _ rectified, HomMat2D,
'bilinear', 'false', 'false')
dev_display (Image_rectified)
```
变换前后对比如图 5-21 所示。

 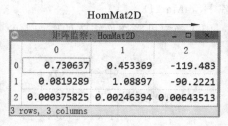 

(a) 原始图像　　　　　　(b) 投影变换矩阵　　　　　(c) 投影变换后图像

图 5-21　基于点坐标的投影变换

（2）将三维仿射变换矩阵进行转换，生成投影变换矩阵，再对原图像进行投影变换操作。一般分为如下三个步骤。

①进行一系列的旋转变换，产生三维仿射变换矩阵，使得相机和被拍平面不垂直。

hom_mat3d_identity (HomMat3D)

功能：生成三维仿射变换中的齐次单位矩阵。

HomMat3D：生成的齐次单位矩阵。

hom_mat3d_rotate(: : HomMat3D, Phi, Axis, Px, Py, Pz : HomMat3DRotate)

功能：在 HomMat3D 矩阵的基础上加入旋转变换，生成新的三维仿射旋转变换矩阵 HomMat3DRotate。

HomMat3D：输入三维基础矩阵。

HomMat3DRotate：最终输出的旋转变换矩阵。

Phi：旋转角度。

Axis：旋转变换参照的坐标轴。

Px、Py、Pz：旋转固定基准点。

②将步骤①中生成的三维仿射变换矩阵转化成投影变换矩阵，HALCON 中的算子如下。

hom_mat3d_project(: : HomMat3D, PrincipalPointRow, PrincipalPointCol, Focus : HomMat2D)

功能：生成投影变换矩阵 HomMat2D。

HomMat3D：输入三维仿射变换矩阵。

PrincipalPointRow：基准点行坐标。

PrincipalPointCol：基准点列坐标。

Focus：相机像素焦距。

③利用 HALCON 中的 projective_trans_image 算子进行投影变换。

【例 5-11】　HALCON 中利用三维仿射变换实现投影变换实例。

```
*读取并显示原始图像
dev_close_window ()
read_image (Code, '2DCode')
dev_open_window_fit_image (Code, 0, 0, -1, -1, WindowHandle)
*生成三维仿射变换齐次单位矩阵
hom_mat3d_identity (HomMat3DIdentity)
*在单位仿射变换中，增加绕 z 轴的旋转仿射变换
hom_mat3d_rotate (HomMat3DIdentity, 0.785, 'z', 256, 256, 256,
HomMat3DRotate)
*将三维仿射变换转化成投影变换
hom_mat3d_project (HomMat3DRotate, 256, 256, 256, HomMat2D)
*进行投影变换
projective_trans_image (Code, TransImage, HomMat2D, 'bilinear', 'false',
'false')
*保存结果
dump_window (WindowHandle, 'bmp', 'result')
```

变换前后对比如图 5-22 所示。

(a) 原始图像　　　　　　　(b) 转化的投影变换矩阵　　　　　　(c) 变换后的图像

图 5-22　基于三维仿射变换生成投影变换矩阵实例

5.3.4　图像校正案例

【例 5-12】　使用仿射变换和投影变换两种方式实现图像顺时针旋转 90°。

（1）基于仿射变换实现旋转的 HALCON 程序段如下。

```
hom_mat2d_identity (HomMat2DIdentity)
hom_mat2d_rotate (HomMat2DIdentity, rad (- 90), Width/2, Height/2,
HomMat2DRotate)
affine_trans_image (Cameraman, ImageAffineTrans, HomMat2DRotate,
'constant', 'false')
```

（2）基于投影变换实现旋转的 HALCON 程序段如下。

```
hom_vector_to_proj_hom_mat2d ([0,0,256,256], [0,256,256,0], [1,1,1,1], [0,
256,256,0], [256,256,0,0], [1,1,1,1], 'normalized_dlt', HomMat2D)
projective_trans_image (Cameraman, TransImage, HomMat2D, 'bilinear',
'false', 'false')
```

图像顺时针旋转效果如图 5-23 所示。

(a) 原始图像　　　　　　　　　　　　(b) 旋转后图像

图 5-23　图像顺时针旋转效果

【例 5-13】　投影变换在图像校正中的应用实例。

```
*关闭当前显示窗口,清空屏幕
dev_close_window ()
*读取测试图像
read_image (Image_display, 'display.jpg')
*将图像转化为灰度图像
rgb1_to_gray (Image_display, GrayImage)
*获取图像的尺寸
get_image_size(Image_display,imageWidth, imageHeight)
*新建显示窗口,适应图像尺寸
dev_open_window (0, 0, imageWidth, imageHeight, 'black', WindowHandle1)
dev_display (GrayImage)
*初始化角点坐标
XCoordCorners :=[70,75,419,337]
```

```
YCoordCorners :=[61,541,533,94]
*输入四个顶点生成十字形状 XLD 轮廓
gen_cross_contour_xld (Cross, XCoordCorners, YCoordCorners, 6, 0.785398)
*生成投影变换矩阵
hom_vector_to_proj_hom_mat2d (XCoordCorners, YCoordCorners, [1,1,1,1],
[70,70,420,420], [60,558,558,60], [1,1,1,1], 'normalized_dlt', HomMat2D)
*投影变换
projective_trans_image (Image_display, Image_rectified, HomMat2D,
'bilinear', 'false', 'false')
*显示校正结果
dev_display (Image_rectified)
dump_window (WindowHandle1, 'jpg', 'result')
```

图 5-24(b)所示为输入的四个坐标点的展示,通过生成投影变换矩阵完成投影变换,最终视角校正后的显示屏如图 5-24(c)所示。当然借助三维仿射变换也可以实现投影变换的效果,具体可参照 5.3.3 节内容。

(a) 原始图像　　　　　　　　(b) 输入点XLD轮廓　　　　　　　(c) 变换后图像

图 5-24　图像校正案例示意图

5.4　图像的平滑

图像的平滑是利用图像数据的冗余性来抑制图像噪声,是在图像噪声模型未知时消除或者减小噪声的一种常规办法,其作用一是消除或减小噪声,改善图像质量,二是模糊图像,使得图像看起来更柔和自然。

5.4.1　图像噪声

图像中的噪声指存在于图像数据中的不必要的或多余的干扰信息,其种类很多,对图像信号幅值和相位的影响十分复杂,有些噪声和图像信号相互独立,有些与图像信号相关,噪声之间也存在相关性,简而言之,图像中各种妨碍人们接收图像信息的因素即可称为图像噪声。

1. 图像噪声的来源

(1) 图像获取过程中。

两种常用类型的图像传感器 CCD 和 CMOS 在采集图像过程中,受传感器材料属性、工作环境、电子元器件和电路结构等影响,会引入各种噪声,如电阻引起的热噪声,场效应管的沟道热噪声、光子噪声、暗电流噪声、光响应非均匀性噪声。

（2）图像信号传输过程中。

由于传输介质和记录设备等的不完善，数字图像在其传输记录过程中往往会受到多种噪声的污染。另外，在图像处理的某些环节中，当输入的图像并不如预想时也会在结果图像中引入噪声。

2. 图像噪声的分类

图像噪声按照不同的分类标准可以有不同的分类形式：

（1）按照产生的原因分为外部噪声、内部噪声两大类。外部噪声：外部干扰（如电磁波、电源串进系统内部）引起的噪声。内部噪声：系统内部设备、器件、电路引起的噪声，如热噪声、光量子噪声、散粒噪声等。

（2）按照噪声频谱分为白噪声、$1/f$ 噪声、三角噪声等。白噪声：频谱幅度均匀分布的噪声。$1/f$ 噪声：频谱幅度与频率成反比的噪声。三角噪声：频谱幅度与频率平方成正比的噪声。

（3）按照统计特性分为平稳噪声、非平稳噪声两类。平稳噪声：噪声信号统计特性不随时间变化的噪声。非平稳噪声：噪声信号统计特性与时间相关的噪声。

（4）按照噪声幅度分布分为高斯噪声、瑞利噪声两大类。高斯噪声：噪声幅度分布属于高斯分布的噪声。瑞利噪声：噪声幅度分布属于瑞利分布的噪声。

（5）按照噪声与信号之间的关系分为加性噪声、乘性噪声两大类。加性噪声：加性噪声（如运算放大器、图像传输过程引入的信道噪声等）与图像信号强度不相关，即噪声信号直接加在图像信号之上。乘性噪声：乘性噪声与图像信号是相关的，往往随图像信号的变化而变化，载送每一个像素信息的载体的变化产生的噪声受信息本身调制。在某些情况下，如信号变化很小，噪声也不大时，为了分析处理方便，常常将乘性噪声近似认为是加性噪声，而且总是假定信号和噪声互相统计独立。

3. 图像噪声的特征

（1）噪声在图像中的分布和大小不规则，具有随机性。

（2）噪声与图像之间一般具有相关性。例如，摄像机的信号和噪声相关，黑暗部分噪声大，明亮部分噪声小。数字图像中的量化噪声与图像相位相关，图像内容接近平坦时，量化噪声呈现伪轮廓，但图像中的随机噪声会因为颤噪效应反而使量化噪声变得不明显。

（3）噪声具有叠加性。在串联图像传输系统中，若各部分窜入的噪声是同类噪声，则可以进行功率相加，信噪比会下降。

4. 图像平滑方法分类

常见的图像平滑技术可以分为三大类：空域平滑法、频域平滑法和局部统计法。空域平滑法可以理解为在空间域内，直接对图像的像素点进行操作运算，常见的有邻域平均法、加权平均法、中值滤波法、多图像平均法等；频域平滑法是指在图像的变换域中，对其进行处理的方法，常用低通滤波器进行图像平滑。图 5-25 概括了常用的图像平滑方法。

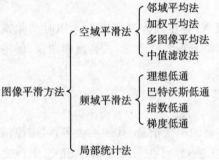

图 5-25　图像平滑常用方法

5.4.2　空域平滑法

1. 邻域平均法

邻域平均法，也称作均值滤波法，是一种最基本的图像平滑方法，能够消除或减少噪声，改善图像质量，模糊图像，使图像看起来柔和自然。其核心思想是在图像中选择一个子图像（即邻域），用该邻域内所有像素灰度的平均值替换邻域中心像素的灰度值。

假设 $f(x, y)$ 是含有噪声的原始图像表达式，经过邻域平均法处理后的图像表示为 $g(x, y)$，$g(x, y)$ 每个像素的灰度值由包含点 (x, y) 邻域的几个像素的灰度值平均值决定，则有

$$g(x, y) = \frac{1}{M} \sum_{(i,j) \in S} f(i, j) \tag{5-38}$$

式中：S 是以点 (x, y) 为中心的邻域的集合；M 代表 S 内坐标点的总数。

图像邻域平均法的平滑效果与使用的邻域半径有关，半径越大，图像的模糊程度越高。其优点是算法简单，计算速度快；缺点是在减弱噪声时会使得图像变得模糊，特别是边缘和细节处。

2. 加权平均法

加权平均法与邻域平均法类似，但是邻域平均法中每个点 $f(i, j)$ 对最终的图像 $g(x, y)$ 的贡献是相等的，而加权平均法中每个点对最终的像素值的贡献有不同的权重。如果所有点的权重相同，那么加权平均法和邻域平均法相同。加权平均法的表达式如下：

$$g(x, y) = f_{\omega} = \frac{1}{M + N} \Big[\sum_{(i,j) \in S} f(i, j) + M f(x, y) \Big] \tag{5-39}$$

式中：M 为点 (x, y) 的权值；N 为 S 内坐标点的总数。

无论是邻域平均法还是加权平均法，在对图像进行平滑时均是通过模板在图像中游走，然后对模板覆盖下的所有像素点进行相应的模板运算，用运算结果替代 $f(x, y)$。表 5-4 总结了邻域平均法和加权平均法常用的几种模板。

表 5-4　常用邻域平均和加权平均模板

模　　板	4-邻域平均模板	8-邻域平均模板	高斯模板	加权平均模板
表　达　式	$\dfrac{1}{5}\begin{bmatrix} 0 & 1 & 0 \\ 1 & 1 & 1 \\ 0 & 1 & 0 \end{bmatrix}$	$\dfrac{1}{9}\begin{bmatrix} 1 & 1 & 1 \\ 1 & 1 & 1 \\ 1 & 1 & 1 \end{bmatrix}$	$\dfrac{1}{16}\begin{bmatrix} 1 & 2 & 1 \\ 2 & 4 & 2 \\ 1 & 2 & 1 \end{bmatrix}$	$\dfrac{1}{8+2}\begin{bmatrix} 1 & 1 & 1 \\ 1 & 2 & 1 \\ 1 & 1 & 1 \end{bmatrix}$

3. 多图像平均法

在图像采集过程中，往往存在一些空间域上互不相关的加性噪声，即

$$g(x, y) = f(x, y) + \eta(x, y) \tag{5-40}$$

式中：$g(x, y)$ 为采集的图像；$f(x, y)$ 表示无噪声图像；$\eta(x, y)$ 为噪声。多图像平均的过程就是利用已知的 $g(x, y)$ 来近似得到 $f(x, y)$ 的过程。

多图像平均法的基本思想是：同一场景下，采集同一目标的若干幅图像，然后通过对采集到的多幅图像进行平均的方法来减弱随机噪声。假设同一目标的 M 幅图像可表示为 $\{g_1(x, y), g_2(x, y), \cdots, g_M(x, y)\}$，对于在同一个场景中拍摄的多幅图像来说，$f_i(x, y)$ 是相同的，而 $\eta_i(x, y)$ 是随机的且相互之间不相关。相同场景的 M 幅图像的均值可以表示为

$$\overline{g}(x, y) = \frac{1}{M} \sum_{i=1}^{M} g_i(x, y) = \frac{1}{M} \sum_{i=1}^{M} f_i(x, y) + \frac{1}{M} \sum_{i=1}^{M} \eta_i(x, y) = f(x, y) + \frac{1}{M} \sum_{i=1}^{M} \eta_i(x, y)$$

$$\tag{5-41}$$

由于噪点随机且不相关，可得其平均图像的期望：

$$E(\overline{g}(x, y)) = f(x, y) \tag{5-42}$$

平均图像的方差为

$$\sigma^2_{g(x,y)} = \frac{1}{M}\sigma^2_{\eta(x,y)} \tag{5-43}$$

同场景的多幅图像的均值的期望是无噪声图像,但是会存在一些扰动,这些扰动的标准差就决定了噪声的强度。对图像去噪的本质就是减小在空间域上的标准差。从式（5-43）中不难发现,增大 M 值,即增加平均图像的数量,即可减少噪声。

4. 中值滤波法

中值滤波本质上是一种排序滤波,是一种非线性信号平滑处理技术,处理思路是选择一定形式的窗口,使其在图像的各点上移动,用窗口内像素灰度值的中值代替窗口中心点处的像素灰度值。

一维中值滤波用一个含有奇数点的一维滑动窗口,将窗口中心点的像素值用窗口内各点像素值的中值代替。二维中值滤波是用二维滑动模板,将模板内像素按照像素值大小进行排序,生成单调上升（或下降）的二维数据序列,取数据中值代替模板中心点像素值。中值滤波模板可以是线形、十字形、方形等不同形状的,如图 5-26 所示。

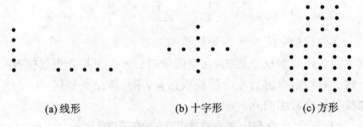

(a) 线形　　　　　　　(b) 十字形　　　　　　(c) 方形

图 5-26　常用的二维中值滤波模板

中值滤波可以消除孤立点和线段的干扰,能减弱或消除傅里叶空间的高频分量,但也会对低频分量产生影响。中值滤波中,不同形状、不同大小的模板会产生不同的效果。

【例 5-14】　基于 HALCON 对图像进行平滑实例。

```
read_image (Coins, 'coins.png')
get_image_size (Coins, Width, Height)
dev_close_window ()
dev_open_window_fit_size (0, 0, Width, Width, -1, -1, WindowHandle)
dev_display (Coins)
*生成高斯噪声,噪声标准差 20
gauss_distribution (20, Distribution)
*原图像添加高斯噪声
add_noise_distribution (Coins, ImageNoise, Distribution)
dump_window (WindowHandle, 'bmp', 'gaussNoise')
*对噪声图像进行均值滤波
mean_image (ImageNoise, ImageMean, 5, 5)
dump_window (WindowHandle, 'bmp', '4 邻域平滑')
*生成椒盐噪声
sp_distribution (3, 3, Distribution1)
*原图像加入椒盐噪声
```

```
add_noise_distribution (Coins, ImageNoise1, Distribution1)
dump_window (WindowHandle, 'bmp', 'spNoise')
```
*对噪声图像进行中值滤波,边长为 3
```
median_image (ImageNoise1, ImageMedian, 'square', 3, 'mirrored')
dump_window (WindowHandle, 'bmp', '3x3 中值滤波')
```
*对噪声图像进行中值滤波,边长为 7
```
median_image (ImageNoise1, ImageMedian1, 'square', 7, 'mirrored')
dump_window (WindowHandle, 'bmp', '7x7 中值滤波')
```

结果对比如图 5-27 所示。

(a) 原始图像

(b) 高斯噪声图像

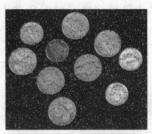

(c) 椒盐噪声图像

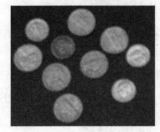

(d) 高斯噪声图像的均值
滤波结果图像

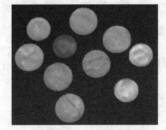

(e) 椒盐噪声图像中值滤波
结果图像(边长为3)

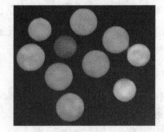

(f) 椒盐噪声图像中值滤波
结果图像(边长为7)

图 5-27　图像平滑实例

例 5-14 中,主要算子说明如下:

mean_image(Image : ImageMean : MaskWidth, MaskHeight :)

功能:对图像进行均值滤波。

Image:输入原图像。

ImageMean:平滑后输出图像。

MaskWidth、MaskHeight :掩模模板宽和高。

median_image(Image : ImageMedian :MaskType, Radius, Margin :)

功能:对图像进行中值滤波。

Image:输入原图像。

ImageMedian:中值滤波后输出图像。

MaskType:掩模类型,circle 或 square。

Radius:掩模半径。

Margin:边界处理方式。

5.4.3　频域低通滤波

图像中,噪声或物体边缘处灰度变化剧烈,对应傅里叶频谱的高频分量;物体内部灰度分布均匀,变化平稳,对应傅里叶频谱的低频分量。因此可以用频域低通滤波器去除或削弱图像的高频成分,以使噪声得到消除或抑制,从而使图像平滑,其表达式为

$$G(u,v) = H(u,v)F(u,v) \tag{5-44}$$

式中:$F(u,v)$ 为含噪声图像的傅里叶变换;$G(u,v)$ 为图像在频域内经过滤波平滑后的结果;$H(u,v)$ 为频域低通滤波器的传递函数。频域低通滤波器工作原理如图 5-28 所示,对原始图像 $f(x,y)$ 进行傅里叶变换,利用 $H(u,v)$ 对 $F(u,v)$ 进行高频分量滤除,得到 $G(u,v)$ 后再经过傅里叶反变换得到希望的图像 $g(x,y)$。

图 5-28　频域低通滤波器原理

图像的滤波平滑效果取决于 $H(u,v)$。常见的几种低通滤波器介绍如下。

1. 理想低通滤波器(ILPF)

在以频率平面原点为圆心、D_0 为半径的圆内,所有频率的信号无衰减地通过,而在圆外"切断"所有频率信号的二维低通滤波器,称为理想低通滤波器,其传递函数表达式为

$$H(u,v) = \begin{cases} 1 & D(u,v) \leqslant D_0 \\ 0 & D(u,v) > D_0 \end{cases} \tag{5-45}$$

式中:D_0 为一个非负常数,称作截止频率;$D(u,v)$ 为频率中心点 (u,v) 与频域原点的距离,即

$$D(u,v) = \sqrt{u^2 + v^2} \tag{5-46}$$

理想低通滤波器的频率特性曲线如图 5-29 所示。它可以滤除 D_0 以外的高频分量,但是该滤波器在截止频率处转折过快,即 $H(u,v)$ 在 D_0 处由 1 突然变为 0,频域内的突变会引起空域的波动,进而导致图像模糊,此现象称作振铃现象。

2. 巴特沃斯低通滤波器(BLPF)

巴特沃斯低通滤波器又称作最大平坦度滤波器,其特点是通频带内的频率响应曲线最大限度平坦,没有起伏,而阻频带则逐渐下降为零。n 阶巴特沃斯滤波器的传递函数为

$$H(u,v) = \frac{1}{1 + [D(u,v)/D_0]^{2n}} \tag{5-47}$$

式中:n 为阶数,决定了衰减率。图 5-30 展示了不同阶数的巴特沃斯低通滤波器的频率特性曲线。D_0 是滤波器的截止频率,一般将 $H(u,v)$ 的值下降到初始值的 1/2 处的 $D(u,v)$ 定义为截止频率。由于滤波器没有陡峭的截止特性,其尾部包含了一些高频分量,因此振铃现象会被削弱。

理想低通滤波器和巴特沃斯低通滤波器的滤波结果如图 5-31 所示。

3. 指数低通滤波器(ELPF)

指数低通滤波器的传递函数 $H(u,v)$ 表达式为

$$H(u,v) = e^{-k[D(u,v)/D_0]^n} \tag{5-48}$$

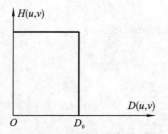

图 5-29　理想低通滤波器频率特性曲线

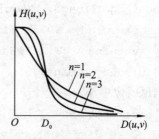

图 5-30　巴特沃斯低通滤波器频率特性曲线

(a) 原始图像

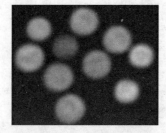

(b) 理想低通滤波器滤波后效果

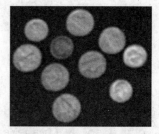

(c) 巴特沃斯低通滤波器滤波后效果

图 5-31　理想低通滤波器和巴特沃斯低通滤波器滤波结果对比

式中：k 取值为 1 或者 $\ln\sqrt{2}$。一般将 $H(u,v)$ 的值下降到最大值的 $1/\mathrm{e}$ 处的 $D(u,v)$ 定义为截止频率 D_0。指数低通滤波器的频率特性曲线如图 5-32(a)所示。

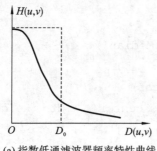

(a) 指数低通滤波器频率特性曲线

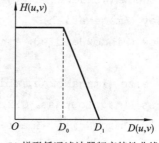

(b) 梯形低通滤波器频率特性曲线

图 5-32　指数低通滤波器和梯形低通滤波器频率特性曲线

4. 梯形低通滤波器（TLPF）

梯形低通滤波器的传递函数 $H(u,v)$ 表达式为

$$H(u,v) = \begin{cases} 1 & D(u,v) < D_0 \\ 1 - \dfrac{D(u,v) - D_0}{D_1 - D_0} & D_0 \leqslant D(u,v) \leqslant D_1 \\ 0 & D(u,v) > D_1 \end{cases} \tag{5-49}$$

式中：D_0 为截止频率；D_1 为最大阻断频率。梯形低通滤波器的滤波效果介于理想低通滤波器和具有平滑过渡带的低通滤波器之间，滤波结果具有一定的振铃效应。梯形低通滤波器的频率特性曲线如图 5-32(b)所示。

【例 5-15】　HALCON 进行空域平滑和低通滤波处理实例。

```
read_image (Image, 'Liquid.png')
dev_open_window (0, 0, 512, 512, 'black', WindowHandle0)
dev_set_window (WindowHandle0)
dev_display (Image)
```
*向原图像中加入椒盐噪声
```
sp_distribution (5, 5, Distribution)
add_noise_distribution (Image, ImageNoise, Distribution)
dev_open_window (0, 0, 512, 512, 'black', WindowHandle0)
dev_set_window (WindowHandle0)
dev_display (ImageNoise)
```
*均值滤波
```
mean_image (ImageNoise, ImageMean, 9, 9)
dev_open_window (0, 0, 512, 512, 'black', WindowHandle0)
dev_set_window (WindowHandle0)
dev_display (ImageMean)
dump_window (WindowHandle0, 'png', 'picMean')
```
*中值滤波
```
median_image (ImageNoise, ImageMedian, 'circle', 5, 'mirrored')
dev_open_window (0, 0, 512, 512, 'black', WindowHandle0)
dev_set_window (WindowHandle0)
dev_display (ImageMedian)
dump_window (WindowHandle0, 'png', 'picMedian')
```
*低通滤波
```
get_image_size (ImageNoise, Width, Height)
gen_lowpass (ImageLowpass, 0.2, 'n', 'dc_center', Width, Height)
fft_generic (ImageNoise, ImageFFT, 'to_freq', -1, 'none', 'dc_center',
'complex')
convol_fft (ImageFFT, ImageLowpass, ImageConvol)
fft_generic (ImageConvol, ImageFFT1, 'from_freq', 1, 'none', 'dc_center',
'byte')
dev_open_window (0, 0, 512, 512, 'black', WindowHandle0)
dev_set_window (WindowHandle0)
dev_display (ImageFFT1)
dump_window (WindowHandle0, 'png', 'ImageFFT1')
```
图像平滑结果对比如图 5-33 所示。

例 5-15 中涉及的主要算子说明如下：

gen_lowpass(: ImageLowpass : Frequency，Norm，Mode，Width，Height :)

功能：生成理想的低通滤波图像。

ImageLowpass：输出图像参数，表示生成的低通滤波图像。

Frequency：截止频率，决定了滤波图像中间白色椭圆区域的大小。

(a) 噪声原图　　　　　　(b) 均值滤波结果　　　　　(c) 中值滤波结果　　　　　(d) 低通滤波结果

图 5-33　图像平滑结果对比

Norm：滤波器归一化因子。

Mode：频率图中心位置。

Width、Height：生成滤波图像的宽、高。

fft_generic(Image：ImageFFT：Direction，Exponent，Norm，Mode，ResultType：)

功能：快速傅里叶变换。

Image：输入图像。

ImageFFT：傅里叶变换后输出的图像。

Direction：变换的方向，从频域到空域还是从空域到频域。

Exponent：指数符号。

Norm：变化的归一化因子。

Mode：频率图中心位置。

ResultType：变换后图像类型。

convol_fft(ImageFFT，ImageFilter：ImageConvol：：)

功能：在频域内进行图像卷积运算。

ImageFFT：输入的频域图像。

ImageFilter：滤波器。

ImageConvol：卷积运算后的频域图像。

5.5　图像的锐化

5.5.1　图像锐化基本概念

　　图像锐化与图像平滑是相反的操作。在频域采用高频提升滤波的方法来增强图像，使得图像目标物轮廓和细节更突出的方法称作图像锐化。图像锐化加强了细节和边缘，增强了灰度反差，对图像有去模糊的作用，便于后期对目标的识别和处理。另外，由于噪声主要分布在高频区域，如果图像中存在噪声，则图像锐化处理在增强图像的同时也增加了图像的噪声。常见的图像锐化方法分为空域锐化和频域锐化两大类，如图 5-34 所示。

　　其中，Roberts 算子、Sobel 算子、Prewitt 算子、Kirsch 算子较多应用于边缘检测场景，其原理及算子实例将在第 6 章中具体介绍。本节重点介绍梯度运算、拉普拉斯运算及频域高通滤波的锐化方法及实例。

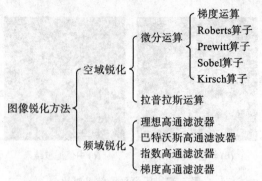

图 5-34　常用的图像锐化方法分类

5.5.2　梯度运算

图像的锐化可以用积分的反运算——微分来实现,即利用微分运算提取出图像的边缘和轮廓,使图像的边缘和轮廓变得清晰。

对于图像 $f(x,y)$,在像素点 (x,y) 处的梯度定义为

$$\mathbf{grad}(x,y) = [f'_x, f'_y]^{\mathrm{T}} = \left[\frac{\partial f(x,y)}{\partial x}, \frac{\partial f(x,y)}{\partial y}\right]^{\mathrm{T}} \tag{5-50}$$

梯度是一个矢量,其大小称作梯度的幅度(或幅值),其方向是函数 $f(x,y)$ 最大变化率的方向,大小和方向分别为

$$\begin{cases} G[f(x,y)] = \sqrt{\left(\frac{\partial f(x,y)}{\partial x}\right)^2 + \left(\frac{\partial f(x,y)}{\partial y}\right)^2} \\ \theta = \arctan(f'_y/f'_x) = \arctan\left(\frac{\partial f(x,y)}{\partial y} \Big/ \frac{\partial f(x,y)}{\partial x}\right) \end{cases} \tag{5-51}$$

对离散图像而言,常用到的是梯度的幅值,因此将梯度的幅值惯称为"梯度",不做特殊说明时,本书也遵从一般习惯。在数字图像处理中,一般采用一阶差分近似一阶偏微分导数,即

$$f'_x = f(x+1,y) - f(x,y) , \quad f'_y = f(x,y+1) - f(x,y)$$

式(5-51)的梯度近似表达为

$$\begin{aligned} G[f(x,y)] &\approx \max(|f'_x| \quad |f'_y|) \\ &= \max(|f(x+1,y) - f(x,y)| \quad |f(x,y+1) - f(x,y)|) \end{aligned}$$

或

$$\begin{aligned} G[f(x,y)] &\approx |f'_x| + |f'_y| \\ &= |f(x+1,y) - f(x,y)| + |f(x,y+1) - f(x,y)| \end{aligned} \tag{5-52}$$

式(5-52)也称作水平垂直差分法,一幅图像中突出的边缘区域,其梯度较大;平滑区域的梯度较小;灰度值不变为常值的区域,梯度便为零。

5.5.3　拉普拉斯运算

拉普拉斯算子是欧几里得空间中的一个二阶微分算子,对于离散数字图像,$f(x,y)$ 的二阶偏微分导数可近似用二阶差分表示:

$$\begin{aligned} \nabla^2 f(x,y) &= \frac{\partial^2 f(x,y)}{\partial x^2} + \frac{\partial^2 f(x,y)}{\partial y^2} \\ &= f(x+1,y) + f(x-1,y) + f(x,y+1) + f(x,y-1) - 4f(x,y) \end{aligned}$$
$$\tag{5-53}$$

　　拉普拉斯算子的 3×3 等效模板如图 5-35 所示。通过拉普拉斯模板增强后的图像 $g(x,y)$ 可以表示为

$$g(x,y) = f(x,y) + k\,\nabla^2 f(x,y) \qquad (5\text{-}54)$$

　　系数 k 的选择要合理，过大会使得图像的轮廓边缘产生过冲，过小又会使得锐化效果不明显。

0	−1	0
−1	4	−1
0	−1	0

图 5-35　拉普拉斯算子模板

【例 5-16】　HALCON 中进行拉普拉斯算子锐化实例。

```
read_image (Cameraman, 'cameraman.tif')
get_image_size (Cameraman, Width, Height)
dev_close_window ()
dev_open_window_fit_size (0, 0, Width, Width, -1, -1, WindowHandle)
dev_display (Cameraman)
*拉普拉斯算子锐化
laplace (Cameraman, ImageLaplace, 'absolute', 3, 'n_4')
dump_window (WindowHandle, 'png', 'camerLap')
```

拉普拉斯算子锐化效果如图 5-36 所示。

(a) 原图像　　　　　　　　　　　　(b) 拉普拉斯算子锐化处理

图 5-36　拉普拉斯算子锐化效果

　　例 5-16 中涉及的 HALCON 主要算子详细介绍如下：

laplace(Image : ImageLaplace : ResultType，MaskSize，FilterMask ：)

功能：利用拉普拉斯算子检测图像边缘。

Image：输入图像。

ImageLaplace：拉普拉斯算子滤波后输出图像。

ResultType：图像类型。

MaskSize：掩模尺寸。

FilterMask：拉普拉斯掩模类型。

5.5.4　频域高通滤波法

　　图像高通滤波与低通滤波思路一致，首先将图像经傅里叶变换变换到频域空间，通过特定高通滤波器滤除低频部分保留高频部分，将结果经傅里叶反变换变换到空间域得到结果图像。常见的几种高通滤波器介绍如下。

1. 理想高通滤波器（IHPF）

理想高通滤波器的传递函数为

$$H(u,v) = \begin{cases} 1 & D(u,v) > D_0 \\ 0 & D(u,v) \leqslant D_0 \end{cases} \tag{5-55}$$

IHPF 的频率特性曲线如图 5-37 所示。对比图 5-29 可见，IHPF 的特性曲线形状与 ILPF 的剖面正好相反，即截止频率 D_0 以下的频率分量被截止，高于频率 D_0 的分量顺利通过被保留下来，并适当抑制中低频分量，使图像的细节变得清楚。

2. 巴特沃斯高通滤波器（BHPF）

常用的高通滤波器之一是巴特沃斯高通滤波器，其传递函数表达式为

$$H(u,v) = \frac{1}{1 + [D_0/D(u,v)]^{2n}} \tag{5-56}$$

BHPF 的频率特性曲线如图 5-38 所示。当 $D(u,v)$ 的值大于 D_0 时，对应的 $H(u,v)$ 逐渐接近 1，从而使得高频部分通过；而当 $D(u,v)$ 的值小于 D_0 时，$H(u,v)$ 逐渐接近 0，过滤低频部分。

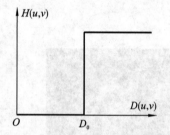

图 5-37　理想高通滤波器频率特性曲线

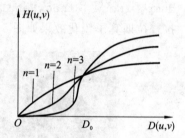

图 5-38　BHPF 频率特性曲线

3. 指数高通滤波器（EHPF）

指数高通滤波器的传递函数 $H(u,v)$ 表达式为

$$H(u,v) = e^{-k[D_0/D(u,v)]^n} \tag{5-57}$$

式中：k 取值为 1 或者 $\ln\sqrt{2}$。变量 n 控制从原点开始的传递函数 $H(u,v)$ 的增长率。其对应的频率特性曲线如图 5-39(a) 所示。

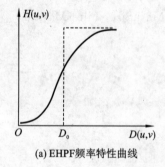

(a) EHPF 频率特性曲线

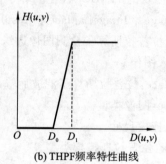

(b) THPF 频率特性曲线

图 5-39　EHPF 与 THPF 频率特性曲线

4. 梯形高通滤波器（THPF）

梯形高通滤波器的传递函数 $H(u,v)$ 表达式为

$$H(u,v) = \begin{cases} 0 & D(u,v) < D_0 \\ \dfrac{D(u,v) - D_0}{D_1 - D_0} & D_0 \leqslant D(u,v) \leqslant D_1 \\ 1 & D(u,v) > D_1 \end{cases} \qquad (5\text{-}58)$$

式中：D_0 为截止频率；D_1 为最大通频频率。其对应的频率特性曲线如图 5-39(b)所示。

【例 5-17】　HALCON 中进行图像高通滤波处理实例。

```
read_image (Coins, 'coins.png')
get_image_size (Coins, Width, Height)
dev_close_window ()
dev_open_window_fit_size (0, 0, Width, Height, -1, -1, WindowHandle)
dev_display (Coins)
*生成高通滤波器
gen_highpass (ImageHighpass, 0.06, 'none', 'dc_center', Width, Height)
*对原图像进行傅里叶变换
fft_generic (Coins, ImageFFT, 'to_freq', -1, 'sqrt', 'dc_center',
'complex')
*对频域的原图像进行高通滤波
convol_fft (ImageFFT, ImageHighpass, ImageConvol)
*傅里叶反变换得到结果图像
fft_generic (ImageConvol, ImageFFT1, 'from_freq', -1, 'sqrt', 'dc_center',
'byte')
dump_window (WindowHandle, 'bmp', 'filterResult')
```

高通滤波实例结果如图 5-40 所示。

(a) 原图像　　　　　　　　　　　　　(b) 高通滤波后结果图像

图 5-40　高通滤波实例结果

例 5-17 中涉及的主要算子详细介绍如下：

gen_highpass(: ImageHighpass : Frequency，Norm，Mode，Width，Height :)

功能：生成理想的高通滤波器。

ImageHighpass：生成的频域高通滤波器。

Frequency：截止频率，决定了滤波图像中间白色椭圆区域的大小。

Norm：滤波器归一化因子。

Mode：频率图中心位置。

Width：生成滤波图像的宽。

Height：生成滤波图像的高。

5.6 图像的彩色增强

人的肉眼可分辨的灰度级在十几到二十几之间，能区分几千种不同色度、不同亮度的色彩，即人眼对彩色的分辨力可以达到灰度分辨力的百倍以上。利用视觉系统的这一特性，将灰度图像变换成彩色图像或者改变已有的彩色分布，改善图像的可分辨性，从而改善人眼视觉效应的手段称作图像的彩色增强技术。图像的彩色增强方法可分为真彩色增强、伪彩色增强和假彩色增强。

5.6.1 真彩色增强

1. RGB 模型下的真彩色增强

真彩色增强的对象是一幅自然的彩色图像。在 RGB 模型空间进行真彩色增强，处理方便、简单。可以根据需要调节 R、G、B 三通道的分量大小，以达到预期的目标和效果，其原理如图 5-41 所示。

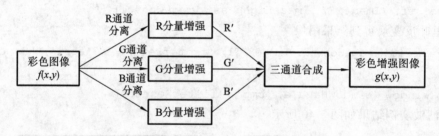

图 5-41　RGB 模型下真彩色增强原理

由图 5-41 可见，当 R、G、B 三通道分量按照比例变化时，$g(x,y)$ 图像最终呈现的只是原图像 $f(x,y)$ 的亮度的变化。但是如果三通道中某一个或两个发生变化，其他不变，则最终的图像会偏向某种颜色。尽管 RGB 模型下可以增强图像中可视细节的亮度，但是会导致原图像颜色发生较大程度的变化，可能会使增强后的图像色调不具备实际意义。

2. HSI 模型下的真彩色增强

HSI 模型反映了人的视觉系统观察彩色图像的方式，使用非常接近人感知色彩的方式来定义彩色。对于图像处理来说，这种模型的优势在于将颜色信息和灰度信息分开了。色调（hue）分量描述一种纯色的颜色属性（如红色、绿色、黄色）；饱和度（saturation）分量是一种纯色被白光稀释的程度的度量，也可以理解为颜色的浓淡程度（如深红色、淡绿色）；亮度（intensity）分量描述颜色的亮暗程度。

HSI 模型中，色调为 0°时颜色为红色，120°时为绿色，240°时为蓝色。在 HSI 模型下的真彩色增强原理如图 5-42 所示。首先将彩色图像从 RGB 模型转换至 HSI 模型，将亮度分量和色调分量分开。利用增强方法增强某个分量，然后将增强后的 HSI 模型转换到 RGB 模型，通过合并 RGB 三通道，得到最终的彩色增强图像。

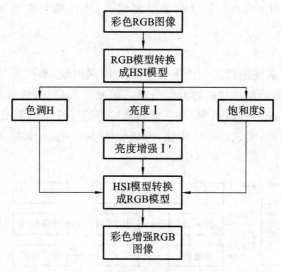

图 5-42　HSI 模型下真彩色增强原理

5.6.2　伪彩色增强

伪彩色增强是一种将原灰度图像中不同灰度值的区域赋予不同的色彩,以更明显地区分识别图像的增强方法。从图像处理的角度看,伪彩色增强的输入是灰度图像,输出是彩色图像。常见的伪彩色增强技术有密度分割法、灰度级-彩色变换法、频域滤波法等。

1. 密度分割法

密度分割法是伪彩色增强方法中较为简单的一种方法。基本原理是将灰度图像的灰度从 0(黑)到 L (白)分成 n 个区间 $L_i (i = 1, 2, \cdots, n)$,每个区间 L_i 指定一种色彩 C_i ,对于像素点 (x, y) ,如果其灰度满足 $L_{i-1} \leqslant f(x, y) \leqslant L_i$,则将其灰度值转换成彩色,得 $g(x, y) = C_i$,这样便可以将一幅灰度图像转换成彩色图像。密度分割法比较直观、简单,缺点是增强后的色彩数目有限。

2. 灰度级-彩色变换法

灰度级-彩色变换法是一种应用较多的有效彩色增强方法。基本原理是将原图像 $f(x, y)$ 的灰度范围分段,经过相互独立的红、绿、蓝不同的变换,转换成三基色分量,分别控制彩色显示设备的红绿蓝电子枪,进而在显示设备上合成一幅彩色图像。

最终图像 $g(x, y)$ 的色彩含量由转换器的变换函数决定,典型的变换函数如图 5-43 所示。每个变换取不同的分段函数(见图 5-43(a)至图 5-43(c))。图 5-43(d)所示是变换函数 $R(x, y)$、$G(x, y)$、$B(x, y)$ 合成到一个坐标系上。当原图像的灰度值为零时,输出的彩色图像呈现

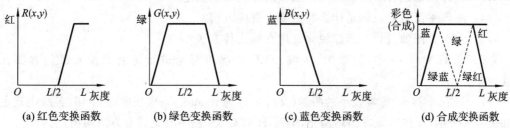

(a) 红色变换函数　　　(b) 绿色变换函数　　　(c) 蓝色变换函数　　　(d) 合成变换函数

图 5-43　灰度级-彩色变换处理的变换函数

为蓝色;当图像灰度值为 $L/2$ 时,彩色图像呈现绿色;当图像灰度值为 L 时,彩色图像呈现红色。

3. 频域滤波法

频域滤波法是先将灰度图像经过傅里叶变换变换到频域,根据原始图像中各个区域的不同频率含量,用三组不同传递特性的滤波器分离三组独立的分量,然后经过傅里叶反变换得到三幅代表不同频率分量的单色调图像,对三幅图像进行进一步的增强处理,最后将结果输入彩色显示设备的红绿蓝通道,实现伪彩色增强,原理如图 5-44 所示,其中图中的滤波器可以选用低通、带通和高通三种。

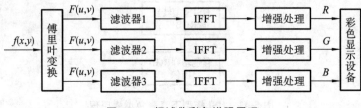

图 5-44　频域伪彩色增强原理

本 章 小 结

图像分析中,图像质量的好坏直接影响识别算法的设计与效果,因此在图像分析(特征提取、分割、匹配和识别等)前,需要进行预处理。图像预处理的主要目的是消除图像中无关的信息,恢复有用的真实信息,增强有关信息的可检测性,最大限度地简化数据,从而提高特征提取、图像分割、匹配和识别的可靠性。图像的预处理算法有很多,但在实际工程应用中只需根据具体需求选用一种或多种处理算法。

本章介绍了几种常见的预处理方法,包括灰度变换、直方图处理、几何变换、图像平滑、图像锐化、图像彩色增强技术,并且给出了相关 HALCON 算法实例。

习　题

5.1　什么是灰度变换?主要方法有哪些?线性灰度变换斜率因子取值对灰度变换有何影响?

5.2　查阅 HALCON,例 5-1 中 scale_image 算子进行灰度变换的映射函数是什么?调整哪一个参数可以修改灰度变换函数斜率?

5.3　直方图修正有哪两种常见方法?两者主要区别是什么?

5.4　图像平滑主要目标是什么?主要有哪些方法?

5.5　什么是图像锐化?图像锐化处理有哪几种方法?

5.6　在 HALCON 中,对图像、区域、XLD 轮廓等对象进行仿射变换一般包含哪几个步骤?

5.7　设有 64×64 像素大小的图像(文件名称为 image.jpg),灰度级为 16,各级出现的概率如表 5-5 所示,试进行直方图均衡化,编写 HALCON 程序段完成直方图均衡化。

表 5-5　各灰度级概率分布

r	n_k	$p_k(r_k)$	r	n_k	$p_k(r_k)$
$r_0 = 0$	800	0.195	$r_8 = 8/15$	150	0.037
$r_1 = 1/15$	650	0.160	$r_9 = 9/15$	130	0.032
$r_2 = 2/15$	600	0.147	$r_{10} = 10/15$	110	0.027
$r_3 = 3/15$	430	0.105	$r_{11} = 11/15$	96	0.023
$r_4 = 4/15$	300	0.073	$r_{12} = 12/15$	80	0.019
$r_5 = 5/15$	230	0.056	$r_{13} = 13/15$	70	0.017
$r_6 = 6/15$	200	0.049	$r_{14} = 14/15$	50	0.012
$r_7 = 7/15$	170	0.041	$r_{15} = 15/15$	30	0.007

第6章 图 像 分 割

图像分割是指将图像中具有特殊意义的不同区域划分开来,这些区域是互不相交的,每一个区域都满足灰度、纹理、彩色等特征的某种相似性准则。图像分割是图像分析过程中最重要的步骤之一。

图像分割的方法有很多种,有些分割方法可以直接应用于大多数图像,而有些则只适用于特殊情况,要视具体情况来定。一般采用的图像分割方法有阈值分割、边缘检测、区域分割、霍夫(Hough)变换等。

图像分割在科学研究和工程领域中有着广泛的应用。在工业上,应用于对产品质量的检测;在医学上,应用于计算机断层扫描(CT)、X光透视、细胞检测等;另外,在交通、机器人视觉等各个领域也有着广泛的应用。因为其应用的广泛性以及作为相对新兴产业的发展未饱和性,图像分割可以在促进生产业变革、提高生产效率、减少不必要劳动力、提升自动化程度、提升人民生活健康水平等方面做出巨大贡献,从而促进整个社会发展,提升国家国际竞争力和影响力。

6.1 阈 值 分 割

阈值分割是一种按图像像素灰度幅度进行分割的方法,它是把图像的灰度分成不同的等级,然后用设置灰度门限(阈值)的方法确定有意义的区域或要分割物体的边界。阈值分割的一个难点是在图像分割之前无法确定图像分割后生成区域的数目;另一个难点是阈值的确定,阈值的选择直接影响分割的精度及对分割后的图像进行描述分析的正确性。对只有背景和目标两类对象的灰度图像来说,阈值选取过高,容易把大量的目标误判为背景;阈值选取过低,又容易把大量的背景误判为目标。一般来说,阈值分割可以分成以下三步:

(1) 确定阈值;

(2) 将阈值与像素灰度值进行比较;

(3) 把像素分类。

阈值分割常见的方法一般有以下几种。

6.1.1 实验法

实验法指通过人眼的观察,对已知某些特征的图像选取不同的阈值,观察是否满足要求。实验法适用范围窄,使用时必须事先知道图像的某些特征,比如平均灰度等,而且分割后的图像质量的好坏受主观因素的影响很大。

【例 6-1】 实验法确定阈值图像分割实例。

实验法确定阈值分割 HALCON 程序如下:

```
read_image (Audi2, 'audi2')
*阈值分割
```

```
threshold (Audi2, Region, 0, 90)
dev_display (Audi2)
dev_display (Region)
```

实验法确定阈值图像分割结果如图 6-1 所示。

(a) 原图像   (b) 阈值分割后

图 6-1　实验法确定阈值图像分割结果

6.1.2　根据直方图谷底确定阈值法

如果图像的前景物体内部和背景区域的灰度值分布都比较均匀,那么这个图像的灰度直方图具有明显的双峰,此时可以选择两峰之间的谷底对应的灰度值 T 作为阈值进行图像分割,T 值的选取如图 6-2 所示。

$$g(x) = \begin{cases} 255 & f(x,y) \geqslant T \\ 0 & f(x,y) < T \end{cases} \tag{6-1}$$

式中:$g(x)$ 为阈值运算后的二值图像。计算图像中所有像素点的灰度值,同时根据图像的灰度直方图确定阈值 T。当像素点的灰度值小于 T 时,将此像素点的灰度值设为 0;当像素点的灰度值大于或等于 T 时,将此像素点的灰度值设为 255。在实际处理的时候,一般用 0 表示对象区域,用 255 表示背景区域。

这种单阈值分割方法简单、易操作,但是当两个峰值相差很远时不适用,而且,此种方法容易受到噪声的影响,进而导致阈值选取产生误差。对于有多个峰值的直方图,可以选择多个阈值,这些阈值的选取一般没有统一的规则,要根据实际情况而定,具体如图 6-2 和图 6-3 所示。

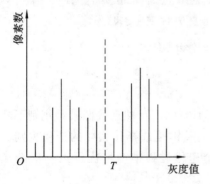
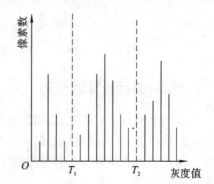

图 6-2　根据直方图谷底确定阈值   **图 6-3　多峰值直方图确定阈值**

注意：由于直方图是各灰度的像素统计，其峰值和谷底不一定代表目标和背景。因此，如果没有图像其他方面的知识，只靠直方图进行图像分割不一定准确。

【例6-2】 根据直方图谷底确定阈值图像分割实例。

根据直方图谷底确定阈值图像分割HALCON程序如下：

```
read_image (Image, 'letters')
get_image_size (Image, Width, Height)
dev_close_window ()
dev_open_window (0, 0, Width / 2, Height / 2, 'black', WindowID)
dev_set_color ('red')
**计算图像的灰度直方图
gray_histo (Image, Image, AbsoluteHisto, RelativeHisto)
**从直方图中确定灰度值阈值
histo_to_thresh (RelativeHisto, 8, MinThresh, MaxThresh)
dev_set_colored (12)
**根据上面计算得到的 MinThresh、MaxThresh 进行阈值分割
threshold (Image, Region, MinThresh, MaxThresh)
dev_display (Region)
```

根据直方图谷底确定阈值图像分割结果如图6-4所示。

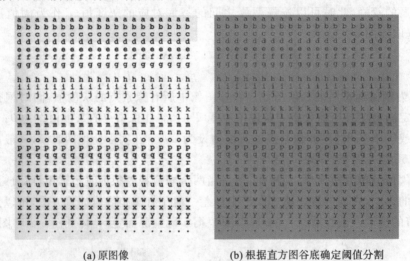

(a) 原图像   (b) 根据直方图谷底确定阈值分割

图6-4 根据直方图谷底确定阈值图像分割结果

6.1.3 迭代选择阈值法

迭代选择阈值法的基本思路是：选择一个阈值作为初始估计值，然后按照某种规则不断地更新这一估计值，直到满足给定的条件为止。这个过程的关键是选择什么样的迭代规则。一个好的迭代规则必须既能够快速收敛，又能够在每一个迭代过程中产生优于上一次迭代的结果。

【例6-3】 迭代选择阈值法图像分割实例。

迭代选择阈值法图像分割HALCON程序如下：

```
dev_update_off ()
dev_close_window ()
dev_open_window (0, 0, 512, 512, 'black', WindowHandle)
set_display_font (WindowHandle, 14, 'mono', 'true', 'false')
ImagePath :='../iteration/'
read_image (Image,'dip_switch_02.PNG')
dev_resize_window_fit_image (Image, 0, 0, -1, -1)
dev_display (Image)
Message :='Test image for binary_threshold'
disp_message (WindowHandle, Message, 'window', 12, 12, 'black', 'true')
```

**通过参数'smooth_histo'和'light'来平滑图像的灰度直方图,得到一个最小值,该值将图像分成两部分,程序选择图像中灰度值最大的一部分作为阈值得到的结果

```
binary_threshold (Image, RegionSmoothHistoLight, 'smooth_histo', 'light',
UsedThreshold)
```

**显示原图

```
dev_display (Image)
```

**显示运用迭代阈值法后得到的结果

```
dev_display (RegionSmoothHistoLight)
```

**显示程序的附加注释信息

```
Message :='Bright background segmented globally with'
Message[1] :='Method =\'smooth_histo\''
Message[2] :='Used threshold: ' +UsedThreshold
disp_message (WindowHandle, Message, 'window', 12, 12, 'black', 'true')
Message :='Bright background segmented globally with'
Message[2] :='Used threshold: ' +UsedThreshold
disp_message (WindowHandle, Message, 'window', 12, 12, 'black', 'true')
```

迭代选择阈值法图像分割结果如图 6-5 所示。

(a) 原图像　　　　　　　　　　　(b) 迭代选择阈值法分割结果

图 6-5　迭代选择阈值法图像分割结果

6.1.4　最小均方误差法

最小均方误差法也是最常用的阈值分割法之一。这种方法通常以图像中的灰度为模式特征,假设各模式的灰度是独立分布的随机变量,并假设图像中待分割的模式服从一定的概率分布,一般来说采用的是正态分布,即高斯概率分布。

首先假设一幅图像仅包含前景和背景两个主要的灰度区域。令 z 表示灰度值,$p(z)$ 表示灰度值概率密度函数的估计值,则描述图像中整体灰度变换的混合密度函数为

$$p(z) = p_1 p_1(z) + p_2 p_2(z) \tag{6-2}$$

式中:p_1 为前景中灰度值为 z 的像素出现的概率;p_2 为背景中灰度值为 z 的像素出现的概率,两者的关系为

$$p_1 + p_2 = 1 \tag{6-3}$$

即,图像中的像素只能属于前景或者背景,没有第三种情况。现要选择一个阈值 T,将图像中的像素进行分类。采用最小均方误差法的目的是选择 T 时使对一个给定像素进行分类时出错的概率最小,如图 6-6 所示。

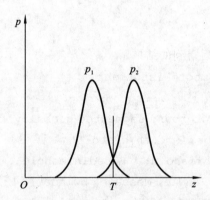

图 6-6　最小均方误差法确定阈值

当选定阈值 T 时,将一个背景点当成前景点的分类错误的概率是

$$E_1(T) = \int_{-\infty}^{T} p_2(z)\mathrm{d}z \tag{6-4}$$

当选定阈值 T 时,将一个前景点当成背景点的分类错误的概率为

$$E_2(T) = \int_{T}^{+\infty} p_1(z)\mathrm{d}z \tag{6-5}$$

总错误率为

$$E(T) = p_2 E_1(T) + p_1 E_2(T) \tag{6-6}$$

要找到出错最少的阈值 T,需要将 $E(T)$ 对 T 求微分并令微分式等于 0,于是可得到

$$p_1 p_1(T) = p_2 p_2(T) \tag{6-7}$$

根据这个等式解出 T,即得最佳阈值。

下面讨论如何得到 T 的解析式。

要想得到 T 的解析式,需要已知两个概率密度函数的解析式。一般假设图像的前景和背景的灰度分布都满足正态分布,即使用高斯概率密度函数。此时,

$$p_1(z) = \frac{1}{\sqrt{2\pi}\sigma_1} \exp\left[-\frac{(z-\mu_1)^2}{2\sigma_1^2}\right] \tag{6-8}$$

$$p_2(z) = \frac{1}{\sqrt{2\pi}\sigma_2}\exp\left[-\frac{(z-\mu_2)^2}{2\sigma_2^2}\right] \tag{6-9}$$

若 $\sigma^2 = \sigma_1^2 = \sigma_2^2$ ，则单一阈值：

$$T = \frac{\mu_1 + \mu_2}{2} + \frac{\sigma^2}{\mu_1 - \mu_2}\ln\left(\frac{p_2}{p_1}\right) \tag{6-10}$$

若 $p_1 = p_2 = 0.5$ ，则最佳阈值是均值的平均值，即位于曲线 $p_1(z)$ 和 $p_2(z)$ 的交点处，且

$$T = \frac{\mu_1 + \mu_2}{2} \tag{6-11}$$

一般来讲，确定能使均方误差最小的参数的过程很复杂，而上述讨论也仅在图像的前景和背景的灰度都服从正态分布的条件下成立。但是，确定前景和背景的灰度是否都服从正态分布，这也是一个具有挑战性的问题。

6.1.5　最大类间方差法

最大类间方差法是由日本学者大津（Nobuyuki Otsu）在 1979 年提出来的，是一种比较典型的图像分割方法，也称为 Otsu 分割法（或者大津法）。在使用该方法对图像进行阈值分割的时候，选定的分割阈值应该使前景区域的平均灰度、背景区域的平均灰度与整幅图像的平均灰度之间的差别最大，这种差异用方差来表示。该算法是在判别分析最小二乘法原理的基础上推导得出的，它是自适应计算单阈值的简单高效算法。

设图像中灰度值为 i 的像素数为 n_i ，灰度值 i 的范围为 $[0, L-1]$，则总的像素数为

$$N = \sum_{i=0}^{L-1} n_i \tag{6-12}$$

各灰度值出现的概率为

$$p_1 = \frac{n_i}{N} \tag{6-13}$$

对于 p_i 有

$$\sum_{i=0}^{L-1} p_i = 1 \tag{6-14}$$

把图中的像素用阈值 T 分成 C_0 和 C_1 两类，C_0 由灰度值在 $[0, T-1]$ 的像素组成，C_1 由灰度值在 $[T, L-1]$ 的像素组成，则区域 C_0 和 C_1 出现的概率分别为

$$p_0 = \sum_{i=0}^{T-1} p_i \tag{6-15}$$

$$p_1 = \sum_{i=T}^{L-1} p_i = 1 - p_0 \tag{6-16}$$

区域 C_0 和 C_1 的平均灰度分别为

$$\mu_0 = \frac{1}{p_0}\sum_{i=0}^{T-1} ip_i = \frac{\mu(T)}{p_0} \tag{6-17}$$

$$\mu_1 = \frac{1}{p_1}\sum_{i=T}^{L-1} ip_i = \frac{\mu - \mu(T)}{1 - p_0} \tag{6-18}$$

式中：μ 为整幅图像的平均灰度，且

$$\mu = \sum_{i=0}^{L-1} ip_i = \sum_{i=0}^{T-1} ip_i + \sum_{i=T}^{L-1} ip_i = p_0\mu_0 + p_1\mu_1 \tag{6-19}$$

两个区域的总方差为

$$\sigma_{\mathrm{B}}^2 = p_0 (\mu_0 - \mu)^2 + p_1 (\mu_1 - \mu)^2 = p_0 p_1 (\mu_0 - \mu_1)^2 \tag{6-20}$$

让 T 在 $[0, L-1]$ 范围内依次取值，使 σ_{B}^2 最大的 T 值便是最佳区域分割阈值。

【例 6-4】 最大类间方差法阈值分割实例。

最大类间方差法阈值分割 HALCON 程序如下：

```
dev_close_window ()
dev_clear_window ()
read_image (Image, '例 6-4.jpg')
dev_open_window (0, 0, 512, 512, 'black', WindowHandle)
dev_display (Image)
get_image_size (Image, Width, Height)
rgb1_to_gray (Image, GrayImage)
*最大方差初始化为 0
MaxVariance:=0.0
*最佳分割灰度阈值从 1 遍历到 255，初始阈值可以取图像平均灰度值
for TH :=1 to 255 by 1
    dev_display (GrayImage)
    *区域分割
    threshold (GrayImage, Region3, TH, 255)
    *获得前景区域像素个数
    area_center (Region3, Area, Row, Column)
    *获得前景区域均值和方差
    intensity (Region3, GrayImage, Mean, Deviation)
    *获得背景区域像素个数、均值和方差
    complement (Region3, RegionComplement)
    area_center (RegionComplement, Area1, Row1, Column1)
    intensity (RegionComplement, GrayImage, Mean1, Deviation1)
    *计算类间方差
    Otsu:= Area* 1.0/[Width* Height]*Area1*1.0/[Width* Height]* pow(Mean
-Mean1,2)
    *获得最大类间方差的最佳阈值
    if(Otsu>MaxVariance)
        MaxVariance:=Otsu
        BestThreshold:=TH
    endif
endfor
*利用得到的阈值分割
threshold (GrayImage, Region4, BestThreshold, 255)
dev_display (Region4)
```

最大类间方差法阈值分割结果如图 6-7 所示。

(a) 原图像　　　　　　　　　　　(b) 阈值分割后

图 6-7　最大类间方差法阈值分割结果

最大类间方差法是较通用的方法,但是对于两群物体灰度不明显的情况,其会丢失一些整体信息。为了解决这个问题,采用灰度拉伸的增强最大类间方差法:在最大类间方差法的思想上增加灰度的级数来增强前两群物体的灰度差;将原来的灰度级乘以同一个系数,从而扩大图像灰度的级数。实验结果表明:对于不同的拉伸系数,分割效果差别比较大。

6.2　边　缘　检　测

6.2.1　边缘检测概述

图像的边缘是图像的基本特征。边缘上的点是指图像周围像素灰度产生变化的那些点,即灰度值导数较大的地方。边缘检测就是标识图像上像素灰度变化明显的像素点的集合。边缘检测的基本步骤如图 6-8 所示。

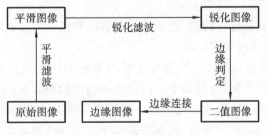

图 6-8　边缘检测步骤

(1) 平滑滤波:由于梯度计算易受噪声的影响,因此首先应该进行滤波,去除噪声。同时应该注意到,降低噪声的能力越强,边界强度的损失越大。

(2) 锐化滤波:为了检测边缘,必须确定某点邻域中灰度的变化。锐化操作使有意义的灰度局部变化位置的像素点得到加强。

(3) 边缘判定:在图像中存在许多梯度不为零的点,但是对于特定的应用,不是所有的点都有意义。这就要求操作者根据具体的情况选择和处理点,具体的方法包括二值化处理和过零检测等。

(4) 边缘连接:将间断的边缘连接为有意义的完整边缘,同时去除假边缘。

6.2.2　边缘检测原理

边缘的具体性质如图 6-9 所示。

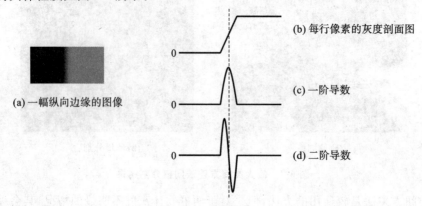

图 6-9　边缘性质

从数学上看,图像的模糊相当于图像被平均或积分,为实现图像的锐化,必须用它的反运算"微分"加强高频分量作用,使轮廓清晰。梯度对应一阶导数,对于一个连续图像函数 $f(x,y)$,梯度矢量定义:

$$\nabla f(x,y) = [G_x, G_y]^{\mathrm{T}} = \left[\frac{\partial f}{\partial x}, \frac{\partial f}{\partial y}\right]^{\mathrm{T}} \tag{6-21}$$

梯度的幅度:

$$\left|\nabla f(x,y)\right| = \mathrm{mag}(\nabla f(x,y)) = \sqrt{G_x^2 + G_y^2} \tag{6-22}$$

梯度的方向:

$$\phi(x,y) = \arctan(G_y/G_x) \tag{6-23}$$

6.2.3　边缘检测方法的分类

通常将边缘检测的算法分为两类:基于查找的算法和基于零穿越的算法。除此之外,还有 Canny 边缘检测算法、统计判别方法等。

(1) 基于查找的算法就是通过寻找图像一阶导数中的最大值和最小值来检测边界,通常将边界定位在梯度最大的方向,这是基于一阶导数的边缘检测算法。

(2) 基于零穿越的算法是通过寻找图像二阶导数零穿越点来寻找边界,通常是拉普拉斯过零点或者非线性差分表示的过零点,该方法是基于二阶导数的算法。

基于一阶导数的边缘检测算子包括 Roberts 算子、Sobel 算子、Prewitt 算子等,它们都是梯度算子;基于二阶导数的边缘检测算子主要是高斯-拉普拉斯算子。

6.2.4　典型算子

1. Roberts 算子

Roberts 算子利用局部差分算子寻找边缘,边缘定位较准,但容易丢失一部分边缘,同时由于图像没有经过平滑处理,因此不具有抑制噪声的能力,对噪声敏感。该算子对具有陡峭边缘且含噪声少的图像的处理效果较好。

$$G(x,y) = \sqrt{[f(x,y) - f(x+1, y+1)]^2 + [f(x+1,y) - f(x,y+1)]^2} \tag{6-24}$$

$G(x,y)$称为 Roberts 算子。在实际应用中为简化计算,用梯度函数的 Roberts 绝对值来近似表示:

$$G(x,y) = |f(x,y) - f(x+1,y+1)| + |f(x+1,y) - f(x,y+1)| \qquad (6\text{-}25)$$

用卷积模板表示为

$$G(x,y) = |G_x| + |G_y|$$

其中 G_x 和 G_y 由如下的模板表示:

$$\begin{bmatrix} -1 & 0 \\ 0 & 1 \end{bmatrix} \quad \begin{bmatrix} 0 & -1 \\ 1 & 0 \end{bmatrix}$$

【例 6-5】 Roberts 算子边缘提取分割实例。

利用 Roberts 算子进行边缘提取的 HALCON 程序如下:

```
read_image (Image, '风车')
**用 Roberts 算子提取边缘
roberts (Image, ImageRoberts, 'roberts_max')
*进行阈值分割
threshold (ImageRoberts, Region, 9, 255)
*进行区域骨骼化
skeleton (Region, Skeleton)
dev_display (Image)
dev_set_color ('red')
dev_display (Skeleton)
```

进行阈值分割后的效果如图 6-10(b)所示,进行区域骨骼化后的结果如图 6-10(c)所示。

(a) 原图像   (b) 阈值分割后   (c) 边缘提取并骨骼化

图 6-10   Roberts 边缘提取分割结果

2. Sobel 算子

考虑到采用 3×3 的模板可以避免在像素之间的内插点上计算梯度,故设计出图 6-11 所示的点(x,y)周围点的排列情况。Sobel 算子即是如此排列的一种梯度幅值。

$$G(x,y) = \sqrt{G_x^2 + G_y^2} \qquad (6\text{-}26)$$

式中:

$$G_x = [f(x+1,y-1) + 2f(x+1,y) + f(x+1,y+1)] - $$
$$[f(x-1,y-1) + 2f(x-1,y) + f(x-1,y+1)]$$
$$G_y = [f(x-1,y+1) + 2f(x,y+1) + f(x+1,y+1)] - $$
$$[f(x-1,y-1) + 2f(x,y-1) + f(x+1,y-1)]$$

其中的偏导数用下式计算：

$$\begin{cases} G_x = (a_0 + ca_7 + a_6) - (a_2 + ca_3 + a_4) \\ G_y = (a_0 + ca_1 + a_2) - (a_6 + ca_5 + a_4) \end{cases}$$

式中：常数 $c=2$。

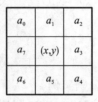

图 6-11　Sobel 算子和 Prewitt 算子的 8 邻域像素点

和其他的梯度算子一样，G_x 和 G_y 可用卷积模板来实现。算子把重点放在接近模板中心的像素点。Sobel 边缘检测算子如下：

$$\begin{bmatrix} 1 & 0 & -1 \\ 2 & 0 & -2 \\ 1 & 0 & -1 \end{bmatrix} \quad \begin{bmatrix} 1 & 2 & 1 \\ 0 & 0 & 0 \\ -1 & -2 & -1 \end{bmatrix}$$

Sobel 算子很容易在空间上实现。Sobel 算子边缘检测器可以产生较好的边缘检测效果，同时由于 Sobel 算子引入了局部平均，其受噪声的影响也比较小。当使用较大的模板时，抗噪声特性会更好，但是这样会增大计算量，并且得到的边缘比较粗。

Sobel 算子是根据当前像素点的 8 邻域点的灰度加权进行计算的算子。Sobel 算子利用灰度值在边缘点处达到极值这一现象进行边缘检测，因此对噪声具有平滑作用，可提供较为精确的边缘方向信息。但是，由于局部平均的影响，它同时会检测出许多伪边缘，且边缘定位精度不够高。在精度要求不是很高的情况下，这是一种较为常用的边缘检测方法。

【例 6-6】 Sobel 算子边缘提取分割实例。

根据 Sobel 算子进行边缘提取的 HALCON 程序如下（为方便查看效果进行骨骼化）：

```
**读取图像
read_image(Image, '风车')
**Sobel 滤波
sobel_amp (Image, EdgeAmplitude, 'sum_abs', 3)
**阈值分割得到边缘
threshold (EdgeAmplitude, Region, 10, 255)
**边缘骨骼化
skeleton (Region, Skeleton)
**显示原图像
dev_display (Image)
dev_set_color ('red')
**显示骨骼化的边缘
dev_display (Skeleton)
```

阈值分割后的效果如图 6-12(c)所示，边缘骨骼化的效果如图 6-12(d)所示。

(a) 原图像　　　　　　　　　　　　　　　(b) Sobel 算子滤波

(c) 阈值分割后　　　　　　　　　　　　　　(d) 骨骼化

图 6-12　Sobel 算子边缘提取分割结果

3. Prewitt 算子

Prewitt 算子和 Sobel 算子的方程完全一样,只是常数 $c=1$,因此其卷积模板为

$$\begin{bmatrix} -1 & -1 & -1 \\ 0 & 0 & 0 \\ 1 & 1 & 1 \end{bmatrix} \quad \begin{bmatrix} -1 & 0 & 1 \\ -1 & 0 & 1 \\ -1 & 0 & 1 \end{bmatrix}$$

由于常数 c 不同,Prewitt 算子与 Sobel 算子的不同之处在于 Prewitt 算子没有把重点放在接近模板中心的像素点。当用两个掩膜板(卷积算子)组成边缘检测器时,通常取较大的幅度作为输出值,这使得它们对边缘的走向比较敏感。取它们平方和的开方可以获得性能更一致的全方位的响应,这与真实的梯度值更接近。另一种方法是,可以将 Prewitt 算子扩展成 8 个方向,即边缘算子模板,这些算子模板由理想的边缘子图构成。依次用边缘模板去检测图像,与被检测区域原图相似的模板给出最大值,将这个最大值作为算子的输出值 $P(x,y)$,这样可将边缘像素检测出来。Prewitt 边缘检测算子模板如下:

$$\begin{bmatrix} 1 & 1 & 1 \\ 1 & -2 & 1 \\ -1 & -1 & -1 \end{bmatrix} \quad \begin{bmatrix} 1 & 1 & 1 \\ 1 & -2 & -1 \\ 1 & -1 & -1 \end{bmatrix} \quad \begin{bmatrix} 1 & 1 & -1 \\ 1 & -2 & -1 \\ 1 & 1 & -1 \end{bmatrix} \quad \begin{bmatrix} 1 & -1 & -1 \\ 1 & -2 & -1 \\ 1 & 1 & 1 \end{bmatrix}$$

$$\qquad 1\,方向 \qquad\qquad\qquad 2\,方向 \qquad\qquad\qquad 3\,方向 \qquad\qquad\qquad 4\,方向$$

$$\begin{bmatrix} -1 & -1 & -1 \\ 1 & -2 & 1 \\ 1 & 1 & 1 \end{bmatrix} \quad \begin{bmatrix} -1 & -1 & 1 \\ -1 & -2 & 1 \\ 1 & 1 & 1 \end{bmatrix} \quad \begin{bmatrix} -1 & 1 & 1 \\ -1 & -2 & 1 \\ -1 & 1 & 1 \end{bmatrix} \quad \begin{bmatrix} 1 & 1 & 1 \\ -1 & -2 & 1 \\ -1 & -1 & 1 \end{bmatrix}$$

$$\qquad 5\,方向 \qquad\qquad\qquad 6\,方向 \qquad\qquad\qquad 7\,方向 \qquad\qquad\qquad 8\,方向$$

【例 6-7】 Prewitt 算子进行边缘提取分割实例。

根据 Prewitt 算子进行边缘提取的 HALCON 程序如下：

```
read_image (Image, '风车')
**根据 Prewitt 算子进行边缘提取
prewitt_amp (Image, ImageEdgeAmp)
**进行阈值分割
threshold (ImageEdgeAmp, Region, 20, 255)
skeleton (Region, Skeleton)
dev_display (Image)
dev_set_color ('red')
dev_display (Skeleton)
```

根据 Prewitt 算子进行边缘提取的效果如图 6-13(b)所示，进行阈值分割后的效果如图 6-13(c)所示。

(a) 原图像　　　　　　　　　　(b) Prewitt 算子边缘提取

(c) 阈值分割后　　　　　　　　　(d) 骨骼化

图 6-13　Prewitt 算子边缘提取分割结果

4. Kirsch 算子

Kirsch 算法由 K0～K7 8 个方向的模板决定，将 K0～K7 的模板元素分别与当前像素点的 3×3 模板区域的像素点作乘求和，然后选 8 个值中的最大值作为中央像素的边缘强度。

$$g(x,y) = \max(g_0, g_1, \cdots, g_T) \tag{6-27}$$

其中：

$$g_i(x,y) = \sum_{k=-1}^{1} \sum_{l=-1}^{1} K_i(k,l) f(x+k, y+l)$$

若 $g_i(x,y)$ 最大，说明此处的边缘的方向为 i 方向，Kirsch 算子 8 个方向模板如下：

$$\begin{bmatrix} 5 & 5 & 5 \\ -3 & 0 & -3 \\ -3 & -3 & -3 \end{bmatrix} \quad \begin{bmatrix} -3 & 5 & 5 \\ -3 & 0 & 5 \\ -3 & -3 & -3 \end{bmatrix} \quad \begin{bmatrix} -3 & -3 & 5 \\ -3 & 0 & 5 \\ -3 & -3 & 5 \end{bmatrix} \quad \begin{bmatrix} -3 & -3 & -3 \\ -3 & 0 & 5 \\ -3 & 5 & 5 \end{bmatrix}$$

$$\begin{bmatrix} -3 & -3 & -3 \\ -3 & 0 & -3 \\ 5 & 5 & 5 \end{bmatrix} \quad \begin{bmatrix} -3 & -3 & -3 \\ 5 & 0 & -3 \\ 5 & 5 & -3 \end{bmatrix} \quad \begin{bmatrix} 5 & -3 & -3 \\ 5 & 0 & -3 \\ 5 & -3 & -3 \end{bmatrix} \quad \begin{bmatrix} 5 & 5 & -3 \\ 5 & 0 & -3 \\ -3 & -3 & -3 \end{bmatrix}$$

【例 6-8】　Kirsch 算子边缘提取分割实例。

使用 Kirsch 算子进行边缘提取的 HALCON 程序如下：

```
read_image (Image, '风车')
**使用 Kirsch 算子检测边缘
kirsch_amp (Image, ImageEdgeAmp)
**进行阈值分割
threshold (ImageEdgeAmp,Region,70,255)
**区域骨骼化
skeleton (Region, Skeleton)
**显示图像
dev_display (Image)
**设置区域显示颜色
dev_set_color ('red')
**骨骼化区域显示
dev_display (Skeleton)
```

使用 Kirsch 进行边缘提取的效果如图 6-14(b)所示，阈值分割后的结果如图 6-14(c)所示。

5. 高斯-拉普拉斯算子

由于拉普拉斯算子是一个二阶导数，对噪声和离散点具有很大的敏感性，而且其幅值会产生双边缘，另外，边缘方向的不可检测性也是拉普拉斯算子的缺点，因此，一般不将其原始形式用于边缘检测。为了弥补拉普拉斯算子的缺陷，美国学者 Marr 提出了一种算法，在使用拉普拉斯算子之前先进行高斯低通滤波，可表示为

$$\nabla^2 \left[G(x,y) * f(x,y) \right] \tag{6-28}$$

式中：$f(x,y)$ 为图像函数，$G(x,y)$ 为高斯函数，表达式为

$$G(x,y) = \frac{1}{2\pi\sigma^2} \exp\left(-\frac{x^2+y^2}{2\sigma^2} \right) \tag{6-29}$$

式中：σ 为标准差。用高斯卷积使一幅图像变得模糊，图像模糊的程度是由 σ 决定的。

由于在线性系统中卷积与微分的次序可以交换，由式(6-28)可得

$$\nabla^2 \left[G(x,y) * f(x,y) \right] = \nabla^2 G(x,y) * f(x,y) \tag{6-30}$$

式(6-30)说明可以先对高斯算子进行微分运算，然后再进行 $f(x,y)$ 卷积运算，其效果等价于在运用拉普拉斯之前先进行高斯低通滤波。

计算式(6-29)的二阶偏导数，结果如下：

$$\frac{\partial^2 G(x,y)}{\partial x^2} = \frac{1}{2\pi\sigma^4} \left(\frac{x^2}{\sigma^2} - 1 \right) \exp\left(-\frac{x^2+y^2}{2\sigma^2} \right) \tag{6-31}$$

(a) 原图像　　　　　　　　　　(b) Kirsch算子边缘提取

(c) 阈值分割后　　　　　　　　　(d) 骨骼化

图 6-14　Kirsch 算子边缘提取分割结果

$$\frac{\partial^2 G(x,y)}{\partial y^2} = \frac{1}{2\pi\sigma^4}\left(\frac{y^2}{\sigma^2}-1\right)\exp\left(-\frac{x^2+y^2}{2\sigma^2}\right) \tag{6-32}$$

可得

$$\nabla^2 G(x,y) = -\frac{1}{\pi\sigma^4}\left(1-\frac{x^2+y^2}{2\sigma^2}\right)\exp\left(-\frac{x^2+y^2}{2\sigma^2}\right) \tag{6-33}$$

式(6-33)称为高斯-拉普拉斯算子,简称 LOG 算子,也称为 Marr 边缘检测算子。

应用 LOG 算子时,高斯函数中标准差参数 σ 的选择很关键,对图像边缘检测效果有很大的影响,不同图像应选择不同参数。σ 较大,表明在较大的子域内平滑运算更趋于平滑,有利于抑制噪声,但不利于提高边界定位精度;σ 较小时,效果相反。可根据图像的特征选择 σ,一般 σ 取 1～10。取不同的 σ 值进行处理可以得到不同的过零点图,其细节丰富程度亦不同。

LOG 算子克服了拉普拉斯算子抗噪声能力较差的缺点,但是在抑制噪声的同时也可能将原有的比较尖锐的边缘也平滑掉了,造成这些尖锐边缘无法被检测到。

常用的 LOG 算子是 5×5 的模板,模板如下:

$$\begin{bmatrix} 0 & 0 & -1 & 0 & 0 \\ 0 & -1 & -2 & -1 & 0 \\ -1 & -2 & 16 & -2 & -1 \\ 0 & -1 & -2 & -1 & 0 \\ 0 & 0 & -1 & 0 & 0 \end{bmatrix}$$

【例 6-9】 高斯-拉普拉斯算子边缘提取分割实例。

根据高斯-拉普拉斯算子进行边缘提取的 HALCON 程序如下:

```
dev_close_window ()
read_image (Image, 'mreut')
get_image_size (Image, Width, Height)
dev_open_window (0, 0, Width, Height, 'black', WindowID)
set_display_font (WindowID, 14, 'mono', 'true', 'false')
**进行高斯-拉普拉斯变换
laplace_of_gauss (Image, ImageLaplace, 5)
*通过提取高斯-拉普拉斯图像上的零交叉点进行边缘检测
zero_crossing (ImageLaplace, RegionCrossing2)
```

利用高斯-拉普拉斯算子进行边缘提取的效果如图 6-15(b)所示,零交叉边缘检测效果如图 6-15(c)所示。

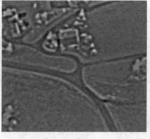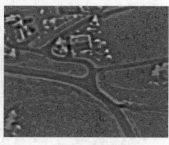

(a) 原图像　　　　　(b) 高斯-拉普拉斯算子边缘提取　　　　　(c) 零交叉边缘检测效果

图 6-15　高斯-拉普拉斯算子边缘提取结果

6. Canny 算子

Canny 算子是一种具有较好边缘检测性能的算子,利用高斯函数的一阶微分性质,把边缘检测问题转换为检测准则函数极大值的问题,能在噪声抑制和边缘检测之间取得较好的折中。一般来说,图像边缘检测算法必须能有效地抑制噪声,且有较高的信噪比,这样检测的边缘质量高;Canny 算子就是极小化由图像信噪比和边缘定位精度乘积组成的函数表达式,得到最优逼近算子。与 LOG 边缘检测算子类似,Canny 算子也属于先平滑后求导的方法。

利用 Canny 算子对边缘检测质量进行分析,提出以下三个准则。

（1）信噪比准则:边缘的错误检测率要尽可能低,尽可能地检测出图像的真实边缘,且尽可能少地检测出虚假边缘,获得比较好的结果。在数学上,就是使信噪比 SNR 尽量大。输出信噪比越大,错误率越小。

$$\text{SNR} = \frac{\left| \int_{-w}^{+w} G(-x) f(x) \mathrm{d}x \right|}{n_0 \left[\int_{-w}^{+w} f^2(x) \mathrm{d}x \right]^{1/2}} \tag{6-34}$$

式中:$f(x)$是边界为$[-w, w]$的有限滤波器的脉冲响应;$G(x)$代表边缘;n_0为高斯噪声的均方根。

（2）定位精度准则:检测出的边缘要尽可能接近真实边缘。数学上就是寻求滤波函数$f(x)$,使 Loc 变量的值尽量大:

$$\text{Loc} = \frac{\left| \int_{-w}^{+w} G'(-x) f'(x) \mathrm{d}x \right|}{n_0 \left[\int_{-w}^{+w} f'^2(x) \mathrm{d}x \right]^{1/2}} \tag{6-35}$$

式中：$G'(-x)$、$f'(x)$ 分别为 $G(-x)$、$f(x)$ 的一阶导数。

（3）单边缘响应原则：对同一边缘要有低的响应次数，即对单边缘最好只有一个响应。滤波器对边缘响应的极大值之间的平均距离为

$$d_{\max} = 2\pi \left[\frac{\int_{-w}^{+w} f'^2(x) \mathrm{d}x}{\int_{-w}^{+w} f''^2(x) \mathrm{d}x} \right]^{1/2} \approx kw \tag{6-36}$$

因此在 $2w$ 宽度内，极大值的数目为

$$N = \frac{2w}{kw} = \frac{2}{k} \tag{6-37}$$

显然，只要固定了 k，就固定了极大值的个数。

有了这三个准则，寻找最优的滤波器的问题就转化为泛函的约束优化问题了，其解可以用高斯的一阶导数去逼近。

Canny 算子的基本思想就是首先选择一定的高斯滤波器对图像进行平滑滤波，然后用非极值抑制技术处理得到最后的边缘图像。其步骤如下。

（1）用高斯滤波器平滑图像。这里使用了一个省略系数的高斯函数 $H(x,y)$：

$$H(x,y) = \exp\left(-\frac{x^2 + y^2}{2\sigma^2} \right) \tag{6-38}$$

$$G(x,y) = f(x,y) * H(x,y) \tag{6-39}$$

式中：$f(x,y)$ 为图像数据。

（2）用一阶偏导数的有限差分来计算梯度的幅值和方向。利用一阶差分卷积模板：

$$H_1 = \begin{vmatrix} -1 & -1 \\ 1 & 1 \end{vmatrix} \qquad H_2 = \begin{vmatrix} 1 & -1 \\ 1 & -1 \end{vmatrix}$$

$$\varphi_1(x,y) = f(x,y) * H_1(x,y) \qquad \varphi_2(x,y) = f(x,y) * H_2(x,y)$$

计算得到幅值：

$$\varphi(x,y) = \sqrt{\varphi_1^2(x,y) + \varphi_2^2(x,y)} \tag{6-40}$$

方向：

$$\theta_\varphi = \arctan \frac{\varphi_2(x,y)}{\varphi_1(x,y)} \tag{6-41}$$

（3）对梯度幅值进行非极大值抑制。仅仅得到全局梯度，并不足以确定边缘。为确定边缘，必须保留局部梯度最大的点，而非极大值抑制，就是将非局部最大值点置零，以得到细化的边缘。

如图 6-16 所示，4 个扇区的标号为 0～3，对应的 3×3 邻域有 4 种梯度方向组合。

在每一点上，将邻域的中心像素 M 与沿着梯度线的两个像素相比，如果 M 的梯度值不比沿梯度线的两个相邻像素梯度值大，则令 $M=0$。

（4）用双阈值算法检测边缘和连接边缘。使用两个阈值 T_1 和 T_2（$T_1 < T_2$），可以得到两个阈值边缘图像 $N_1[i,j]$ 和 $N_2[i,j]$。由于 $N_2[i,j]$ 是使用高阈值得到的，因而含有较少的假边缘，但有间断。双阈值法要在 $N_2[i,j]$ 中把边缘连接成轮廓，当到达轮廓的端点时，该算

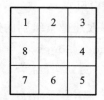

图 6-16 非极大值抑制

法就在 $N_1[i,j]$ 的 8 邻域点位置寻找可以连接到轮廓上的边缘,算法不断地在 $N_1[i,j]$ 中收集边缘,直到将 $N_2[i,j]$ 中边缘连接起来为止。T_2 用来找到每条线段,T_1 用来在这些线段的两个方向上延伸寻找边缘的断裂处,并连接这些边缘。

【例 6-10】 Canny 算子边缘提取分割实例。

根据 Canny 算子进行边缘提取分割的 HALCON 程序如下:

```
read_image (Image, '风车')
**使用 Canny 算法进行边缘提取
edges_image (Image, ImaAmp, ImaDir, 'canny', 0.5, 'nms', 12, 22)
threshold (ImaAmp, Edges, 1, 255)
**进行骨骼化
skeleton (Edges, Skeleton)
**将骨骼化的区域转化为 XLD 轮廓
gen_contours_skeleton_xld (Skeleton, Contours, 1, 'filter')
dev_display (Image)
dev_set_colored (6)
dev_display (Contours)
```

使用 Canny 算子进行边缘提取的结果如图 6-17(b)所示,骨骼化的结果如图 6-17(c)所示。

(a) 原图像   (b) Canny算子边缘提取   (c) 边缘骨骼化显示

图 6-17 Canny 算子边缘提取分割结果

7. 亚像素级别的边缘提取

在提取边缘的时候根据提取的边缘的像素级别分为像素边缘提取和亚像素边缘提取。

【例 6-11】 亚像素边缘提取分割实例。

亚像素边缘提取分割的 HALCON 程序如下:

```
read_image (Image, '风车')
**利用Sobel算法提取亚像素级别的边缘
edges_sub_pix (Image, Edges, 'sobel', 0.5, 7, 22)
dev_set_part (0, 0, 511, 511)
dev_display (Image)
dev_set_colored (6)
**边缘可视化
dev_display (Edges)
```

利用Sobel算子进行亚像素级别边缘提取结果如图6-18(b)所示,亚像素边缘局部放大如图6-18(c)所示。

(a) 原图像　　　　　　(b) Sobel算子亚像素级别边缘提取　　　　　(c) 亚像素边缘局部放大

图 6-18　亚像素边缘提取分割结果

6.3　区 域 分 割

区域分割是利用图像的空间性质,认为分割出来的属于同一区域的像素具有相似的性质。传统的区域分割算法有区域生长法和区域分裂合并法,其中最基础的是区域生长法。本节对基于区域的图像分割算法中的区域生长法和区域分裂合并法进行详细介绍。

6.3.1　区域生长法

区域生长法的基本思想是将有相似性质的像素点合并到一起构成区域。对每一个区域要先指定一个种子点作为生长的起点,然后将种子点周围领域的像素点和种子点进行对比,将具有相似性质的点合并起来继续向外生长,直到没有满足条件的像素点被包括进来为止。这样一个区域的生长就完成了。

图6-19给出了一个简单的区域生长例子。图6-19(a)所示为原图像,数字表示像素的灰度,以灰度值为4的像素点为初始生长点,生长准则为种子点像素与所考虑的邻近点的像素灰度值差的绝对值小于阈值($T=3$)。种子点在像素8邻域内第一次生长的结果如图6-19(b)所示,因为灰度值为2、3、4、5的像素点都满足生长准则而合并区域,而灰度值为7的点不符合生长准则,故不能合并进区域。第二次区域生长结果如图6-19(c)所示。

区域生长法的研究重点有如下两点:一是区域相似性特征度量和区域生长准则的设计;二

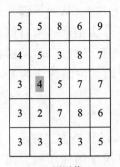
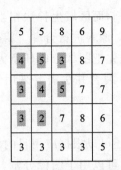
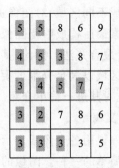

　　　(a) 原图像　　　　　　　(b) 第一次区域生长结果　　　　　(c) 第二次区域生长结果

图 6-19　区域生长实例

是算法的高效性和准确性。区域生长法的优点是计算简单。其缺点是需要人工交互以获得种子像素点,这样使用者必须在每个需要分割的区域中植入一个种子点;区域生长法对噪声敏感,导致分割出的区域有空洞或者局部应该分开的区域被连接起来。

　　图 6-19 所示的例子就是最简单的基于区域灰度差的生长方法,但是利用这种方法得到的分割效果对区域生长起点的选择具有较大的依赖性。为了克服这个问题,可将包括种子像素在内的某个邻域的平均值与要考虑的像素进行比较,如果所考虑的像素与种子像素灰度值差的绝对值小于某个阈值 T,则将该像素纳入种子像素所在区域。

　　对于一个含有 N 个像素的图像区域 R,其均值为

$$k = \frac{1}{N}\sum_{R} f(x,y) \tag{6-42}$$

对像素的比较测试表示为

$$\max_{R} |f(x,y) - k| = T \tag{6-43}$$

　　如果以灰度分布相似性作为生长准则来确定合并的区域,则需要比较邻接区域的累积灰度直方图并检测其相似性,过程如下:

　　(1) 把图像分成互不重叠的合适小区域。小区域的尺寸大小对分割的结果具有较大影响,太大时分割的结果不理想,一些小目标会被淹没难以分割出来;尺寸过小的话检测分割可靠性就会降低,因为不同的图像可能具有相似的直方图。

　　(2) 比较各个邻接小区域的累积灰度直方图,根据灰度分布的相似性进行区域合并,直方图的相似性常采用柯尔莫哥洛夫-斯米诺夫(Kolmogorov-Smirnov)检测或平滑差分检测方法来检测,如果检测结果小于给定的阈值,则将两区域合并。

　　柯尔莫哥洛夫-斯米诺夫检测:

$$\max_{R} |h_1(z) - h_2(z)| < T \tag{6-44}$$

平滑差分检测:

$$\sum_{z} |h_1(z) - h_2(z)| < T \tag{6-45}$$

式中:$h_1(z)$ 和 $h_2(z)$ 分别为邻接两个区域的累积灰度直方图;T 为给定的阈值。

　　(3) 重复过程(2)中的操作,将各个区域依次合并直到邻接的区域不满足式(6-44)或式(6-45)或其他设定的终止条件为止。

6.3.2　分裂合并法

　　从上面图像分割的方法中可以了解到,图像阈值分割法是从上到下(将整幅图像根据不同

的阈值分成不同区域)对图像进行分割,而区域生长法相当于从下往上(从种子像素开始不断接纳新像素最后构成整幅图像)不断对像素进行合并。将这两种方法结合起来对图像进行划分,便是分裂合并法。因此,其实质是先把图像分成任意大小且不重叠的区域,然后再合并或分裂这些区域以满足分割的要求。分裂合并法需要采用图像的四叉树结构作为基本数据结构,下面先对其进行简单介绍。

1. 四叉树

图像除了用各个像素表示之外,还可以根据应用目的的不同,以其他方式表示。四叉树就是其中最简单的一种。图像的四叉树可以用于图像分割,也可以用于图像压缩。四叉树通常要求图像的大小为 2 的整数次幂,设 $N = 2^n$,对于 $N \times N$ 大小的图像 $f(m,n)$,它的金字塔数据结构是一个从 1×1 到 $N \times N$ 逐次增加的由 $n+1$ 个图像构成的序列。序列中,1×1 图像是由 $f(m,n)$ 所有像素灰度的平均值构成的序列,实际上是图像灰度的均值。序列中,2×2 图像是将图像划分为 4 个大小相同且互不重叠的正方形区域,各区域的像素灰度平均值分别为 2×2 图像相应位置上的 4 个像素的灰度。同样,再分别将已经划分的 4 个区域一分为四,然后求各区域的灰度平均值,将其作为 4×4 图像的像素灰度。重复这个过程,直到图像尺寸变为 $N \times N$ 为止,如图 6-20 所示。

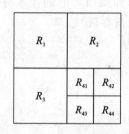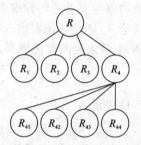

图 6-20　四叉树数据结构的几种不同表示

一致性测度可以选择基于灰度的统计特征(如同质区域中的方差),假设阈值为 T,则算法步骤如下:

(1) 对于任一 R_i,如果 $V(R_i) > T$,则将其分裂成互不重叠的四等分;

(2) 对于相邻区域 R_i 和 R_j,如果 $V(R_i \cup R_j) \leqslant T$,则将二者合并;

(3) 如果无法进行进一步的分裂或合并,则终止算法。

也可以从相反方向构造四叉树数据结构。序列中的 $N \times N$ 图像就是原始图像 $f(m,n)$。将 $f(m,n)$ 划分成 $N/2 \times (N/2)$ 个大小相同、互不重叠的正方区域,各区域含有 4 个像素,各区域中 4 个像素灰度平均值分别为相应位置上 $N/2 \times (N/2)$ 图像像素的灰度,然后再将规格为 $N/2 \times (N/2)$ 的图像划分成 $N/2 \times (N/2)$ 个大小相同、互不重叠的正方区域,各区域中 4 个像素的灰度平均值分别为相应位置上的 $N/4 \times (N/4)$ 图像像素的灰度,依次类推。采用四叉树数据结构的主要优点是可以首先在较低分辨率的图像上进行需要的操作,然后根据操作结果决定是否要在高分辨率图像上进一步处理,并确定如何处理,从而节省图像分割需要的时间。

2. 利用四叉树进行图像分割

在利用四叉树进行图像分割时,需要用到图像区域内和区域间的均一性;均一性准则是区域是否可以合并的判断条件。可以选择的形式有:

（1）区域中灰度最大值与最小值的方差小于某选定值；

（2）两区域平均灰度之差及方差小于某选定值；

（3）两区域的纹理特征相同；

（4）两区域参数统计检验结果相同；

（5）两区域的灰度分布函数之差小于某选定值。

利用这些"一致性谓语"实现图像分割的基本过程如下。

（1）初始化：生成图像的四叉树数据结构。

（2）合并：根据经验和任务需要，从四叉树的某一层开始，由下向上检测每一个节点的一致性准则；如果满足相似性或同质性，则合并子节点。重复对图像进行操作，直到不能合并为止。

（3）分裂：考虑过程（2）中不能合并的子块，如果它的子节点不满足一致性准则，则将这个节点永久地分为 4 个子块。如果分出的子块仍然不能满足一致性准则，则继续划分，直到所有的子块都满足为止。这是一个由上至下的检测节点一致性准则的过程。

（4）由于人为地将图像进行四叉树分解，则同一区域的相似分子可能不能按照四叉树合并到子块内，因此，需要搜索所有的图像块，将邻近的未合并的子块合并为一个区域。

（5）由于噪声影响或者按照四叉树划分时边缘未对准，进行上述操作后可能仍存在大量的小区域。为了消除这些影响，可以将它们按照相似性准则归入邻近的大区域内。

【例 6-12】 区域生长法图像分割实例。

根据区域生长法进行图像分割的 HALCON 程序如下：

```
*读取图像
read_image (Image, '风车')
dev_set_colored (12)
*进行区域生长操作
regiongrowing (Image, Regions, 1, 1, 1, 1000)
*创建一个空的区域
gen_empty_region (EmptyRegion)
*依据灰度值或颜色填充两个区域的间隙或分割重叠区域
expand_gray (Regions, Image, EmptyRegion, RegionExpand, 'maximal', 'image', 4)
```

区域生长分割的结果如图 6-21(b)所示，最终结果如图 6-21(c)所示。

(a) 原图像   (b) 区域生长分割   (c) 最终结果

图 6-21 区域生长法图像分割结果

6.4　霍　夫　变　换

　　霍夫变换是一种检测、定位直线和解析曲线的有效方法。它是把二值图变换到霍夫参数空间,在参数空间用极值点的检测来完成目标的检测,即把提取图像空间中直线的问题转换成在霍夫空间中计算点的峰值的问题。

　　在实际中由于噪声和光照不均等因素,在很多情况下获得的边缘点是不连续的,必须通过边缘连接将它们转化为有意义的边缘,一般的做法是对经过边缘检测的图像进一步使用连接技术,从而将边缘像素组合成完整的边缘。

　　霍夫变换是一个非常重要的检测间断点边界形状的方法,其主要优点是能容忍特征边缘描述中的间隔,并且相对其他方法,该变换受图像噪声的影响小,可通过将图像变换到参数空间来实现直线和曲线的拟合。下面介绍霍夫变换的原理。

6.4.1　直线检测

1. 直角坐标参数空间

　　在图像 x-y 坐标空间中,经过 (x_i, y_i) 的直线表示为

$$y_i = ax_i + b \tag{6-46}$$

式中:参数 a 为斜率;b 为截距。

　　经过点 (x_i, y_i) 的直线有无数条,且对应不同的 a 和 b 值,它们都满足式(6-46)。如果将 x_i 和 y_i 视为常数,而将原本的参数 a 和 b 视为变量,则式(6-46)可表示为

$$b = -x_i a + y_i \tag{6-47}$$

　　这样就将点 (x_i, y_i) 变换到了参数平面 a-b。这个变换就是直角坐标系中对于 (x_i, y_i) 的霍夫变换。该方程是图像坐标空间中点 (x_i, y_i) 在参数空间的唯一方程。考虑图像坐标空间的另一点 (x_j, y_j),它在参数空间中也有一条相应的直线,表示为

$$b = -x_j a + y_j \tag{6-48}$$

　　这条直线与点 (x_i, y_i) 在参数空间的直线相交于一点 (a_0, b_0),如图 6-22 所示。

　　图像坐标空间中过点 (x_i, y_i) 和 (x_j, y_j) 的直线上的每一点在参数空间 a-b 上都各自对应一条直线,这些直线都相交于点 (a_0, b_0),而 a_0、b_0 就是图像坐标空间 x-y 中点 (x_i, y_i) 和点 (x_j, y_j) 所确定的直线的参数。反之,在参数空间相交于同一点的所有直线,在图像坐标空间都有共线的点与之对应。根据这个特性,给定图像坐标空间的一些边缘点,就可以通过霍夫变换确定连接这些点的直线方程。

　　具体计算的时候,可将参数空间视为离散的。建立一个二维累加数组 $A(a, b)$,第一维的范围是图像坐标空间中直线斜率的可能范围,第二维的范围是图像坐标空间中直线截距的可能范围。开始时将 $A(a, b)$ 初始化为 0,然后对于图像坐标空间中的每一个前景点 (x_i, y_i),将参数空间中每一个 a 的离散值代入式(6-48),从而计算出对应的 b 值。每计算出一对 (a, b),都将对应的数组元素 $A(a, b)$ 加 1,即 $A(a, b) = A(a, b) + 1$。所有的计算都结束后,在参数空间表决结果中找到 $A(a, b)$ 的最大峰值,所对应的 a_0、b_0 就是原图像中共线点数目最多(共 $A(a_0, b_0)$ 个共线点)的直线方程的参数,接下来可以继续寻找次峰值及第三峰值和第四峰值等,它们对应于原图中共线点数目略少一些的直线。

　　图 6-22 的霍夫变换参数空间情况如图 6-23 所示。

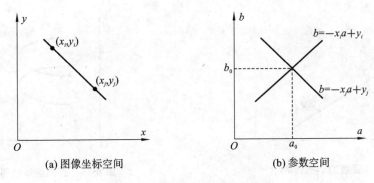

(a) 图像坐标空间　　　　　(b) 参数空间

图 6-22　直角坐标中的霍夫变换

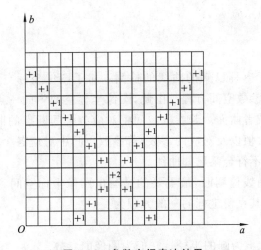

图 6-23　参数空间表决结果

这种利用二维累加器的离散化方法大大简化了霍夫变换的计算,参数空间 $a\text{-}b$ 上的细分程序决定了最终找到的直线上点的共线精度。上述的二维累加数组 A 也常常被称为霍夫矩阵。

2. 极坐标参数空间

图像空间中如果一条直线是竖直的,那么斜率 k 是没有定义的(或者说无穷大)。为了避免这个问题,霍夫变换采用了另一个参数空间——极坐标参数空间。

用如下参数方程表示一条直线:

$$\rho = x\cos\theta + y\sin\theta \tag{6-49}$$

式中: ρ 表示直线到原点的垂直距离; θ 表示 x 轴到直线垂线的角度,取值范围为 $\pm 90°$,如图 6-24 所示。

与直角坐标类似,极坐标中的霍夫变换也将图像坐标空间中的点变换到参数空间中。在极坐标表示下,图像坐标空间中共线的点变换到参数空间后,在参数空间都相交于同一点,此时所得到的 ρ、θ 即为所求的直线的极坐标参数。与直角坐标不同的是,用极坐标表示时,图像坐标空间中的共线的两点 (x_i, y_i) 和 (x_j, y_j) 映射到参数空间是两条正弦曲线,相交于点 (ρ_0, θ_0),如图 6-25 所示。

具体计算时,与直角坐标类似,也要在参数空间中建立一个二维数组累加器 A,只是取值范围不同。对一幅大小为 $D \times D$ 的图像,通常 ρ 的取值范围为 $[-\sqrt{2}D/2, \sqrt{2}D/2]$,$\theta$ 的取值

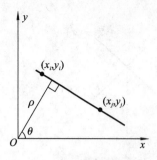

图 6-24　直线的参数式表示

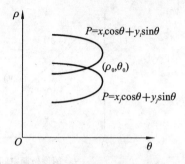

图 6-25　直角坐标映射到参数空间

范围为 $[-90°, 90°]$。计算方法与直角坐标系中累加器的计算方法相同,最后得到最大的二维数组累加器 A 所对应的 (ρ, θ)。

6.4.2　曲线检测

霍夫变换同样适用于方程已知的曲线的检测。对于图像坐标空间中一条已知方程的曲线,也可以建立其相应的参数空间方程。由此,图像坐标空间中的一点,在参数空间中就可以映射为相应的轨迹曲线或者曲面。若参数空间中对应各个间断点的曲线或曲面能够相交,就能够找到参数空间的极大值以及对应的参数;若参数空间中对应各个间断点的曲线或者曲面不能相交,则说明间断点不符合某已知曲线。

利用霍夫变换进行曲线检测时,最重要的是写出图像坐标空间到参数空间的变换公式。例如对于已知的圆方程,其直角坐标的一般方程为

$$(x-a)^2 + (y-b)^2 = r^2 \tag{6-50}$$

式中:(a, b) 为圆心坐标;r 为圆的半径。它们为图像的参数。

那么,参数空间可以表示为 (a, b, r),图像坐标空间中的一个圆对应参数空间中的一点。

具体的计算方法与前面讨论的方法相同,只是数组累加器为三维 $A(a, b, r)$。计算过程是让 a、b 在取值范围内增大,解出满足式(6-50)的 r 值,每计算出一个 (a, b, r) 值,数组元素 $A(a, b, r)$ 就加 1。计算结束后找到最大的 $A(a, b, r)$ 所对应的 a、b、r,这就是所求的圆的参数。

6.4.3　任意形状的检测

这里所说的任意形状的检测,是指应用广义霍夫变换去检测某一任意形状边界的图形。首先选取该形状中的任意点 (a, b) 为参考点,然后对于该任意形状图形边缘的每一点,计算其切线方向 φ 和其到参考点 (a, b) 位置的偏移矢量 r,以及 r 与 x 轴的夹角 α,如图 6-26 所示。参考点 (a, b) 的位置由下式算出:

$$a = x + r(\varphi)\cos(\alpha(\varphi)) \tag{6-51}$$

$$b = x + r(\varphi)\sin(\alpha(\varphi)) \tag{6-52}$$

利用广义霍夫变换检测任意形状边界的主要步骤如下:

(1)在预知区域形状的条件下,将物体边缘形状用相对于参考点 (a, b) 的参考坐标表示,对于每个边缘点计算梯度角 φ_i,对每一个梯度角 φ_i 算出对应于参考点的距离 r_i 和角度 α_i。如图 6-26 所示,同一个梯度角 φ 对应两个点,则边缘区域坐标表示为 $\varphi: (r_1, \alpha_1)(r_2, \alpha_2)$。

同理,可以表示出其他梯度角 φ_i 所对应的参考坐标。

（2）在参数空间建立一个二维累加数组 $A(a, b)$，初值为 0。对于边缘上的每一个点，计算出该点处的梯度角，然后由式(6-51)和式(6-52)计算出每一个可能的参考点的位置值，相应的数组元素 $A(a, b)$ 加 1。

（3）计算结束后，具有最大值的数组元素 $A(a, b)$ 所对应的 a、b 值即为图像坐标空间中所求的参考点。

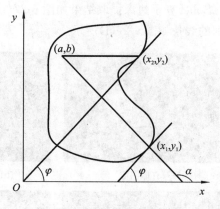

图 6-26　广义霍夫变换

求出参考点以后，整个目标的边界就可以确定了。

霍夫变换的优点是抗噪声能力强，能够在信噪比较低的条件下，检测出直线或解析曲线。其缺点是需要首先进行二值化以及边缘检测等图像预处理工作，原始图像中的许多信息会损失。

【例 6-13】　霍夫变换图像分割实例。

根据霍夫变换进行图像分割的 HALCON 程序如下：

```
*读取图像
read_image (Image, 'fabrik')
**获取目标区域图像
rectangle1_domain (Image, ImageReduced, 170, 280, 310, 370)
*用 Sobel 算子提取边缘
sobel_dir (ImageReduced, EdgeAmplitude, EdgeDirection,'sum_abs', 3)
dev_set_color ('red')
*阈值分割得到边缘区域
threshold (EdgeAmplitude, Region, 55, 255)
*将方向图像缩减为边缘区域那部分的图像
reduce_domain (EdgeDirection, Region, EdgeDirectionReduced)
*用边缘方向信息进行霍夫变换
hough_lines_dir (EdgeDirectionReduced, HoughImage, Lines, 4, 2, 'mean',
3, 25, 5, 5, 'true', Angle, Dist)
*根据得到的 Angle, Dist 参数生成线
gen_region_hline (LinesHNF, Angle, Dist)
dev_display (Image)
dev_set_colored (12)
*显示线条
*选择显示方式为边缘
dev_set_draw ('margin')
dev_display (LinesHNF)
*通过边缘像素将对应的线条显示出来
dev_set_draw ('fill')
dev_display (Lines)
```

Sobel 算子边缘提取结果如图 6-27(c)所示,阈值分割结果如图 6-27(d)所示,霍夫变换后得到的线条如图 6-27(f)所示。

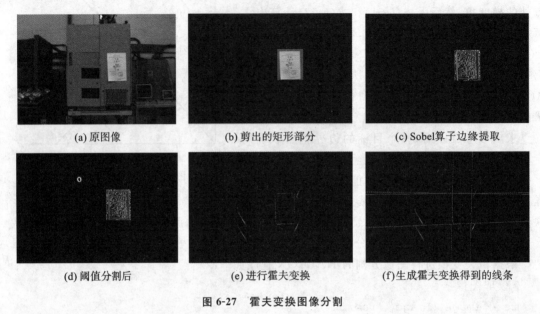

| (a) 原图像 | (b) 剪出的矩形部分 | (c) Sobel算子边缘提取 |

| (d) 阈值分割后 | (e) 进行霍夫变换 | (f)生成霍夫变换得到的线条 |

图 6-27　霍夫变换图像分割

6.5　动态聚类分割

层次聚类法,顾名思义就是一层一层地进行聚类。在层次聚类法中,样本只要归入某个类以后就不再改变了,因此要求分类方法的准确度要高。

聚类和分类是不能混为一谈的,二者有本质区别:分类的目标是事先已知的;而聚类则不一样,聚类事先不知道目标变量是什么,类别并没有像分类那样被预先定义出来。

动态聚类法就是选择一些初始聚类中心,将样本按某种原则划分到各类中,得到初始分类;然后,用某种原则进行修正,直到分类比较合理为止。动态聚类法的流程框图如图 6-28 所示,其中,每一部分都有很多种方法,不同的组合方式可得到不同动态聚类算法。动态聚类算法有三个要点:

(1) 选定某种相似性测度作为样本间的相似性度量;

(2) 确定某个评价聚类结果质量的准则函数;

(3) 给定某个初始分类,用迭代算法找出使函数取极值的聚类结果。

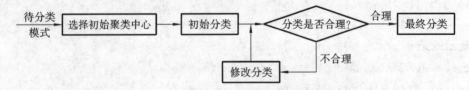

图 6-28　动态聚类法的流程框图

下面简要介绍两种典型的动态聚类算法:K 均值聚类算法、模糊 C 均值聚类算法。

6.5.1　K 均值聚类

K 均值聚类算法使用的聚类准则是误差平方和准则,即通过反复迭代优化聚类结果,使所有样本到各自所属类别的中心的距离平方和达到最小。此算法最大的特点是简单、容易理解、运算速度快,但是其只能应用于连续型的数据,并且要在聚类前指定分成几类。

K 均值聚类算法又称"C-均值算法",若 N_i 是第 i 聚类 Γ_i 的样本数目,m_i 是这些样本的均值,即

$$m_i = \frac{1}{N_i} \sum_{y \in \Gamma_i} y \tag{6-53}$$

把 Γ_i 中的各样本 y 与均值 m_i 的误差平方和对所有类相加后为

$$J_e = \sum_{i=1}^{C} \sum_{y \in \Gamma_i} \| y - m_i \|^2 \tag{6-54}$$

J_e 是误差平方和聚类准则,J_e 度量用 C 个聚类中心 $m_1, m_2, \cdots, m_C$ 代表 C 个样本子集 $\Gamma_1, \Gamma_2, \cdots, \Gamma_C$ 时产生的总的误差平方。对于不同的聚类,使 J_e 极小的聚类是误差平方和准则下的最优结果。

把样本 y 从 Γ_k 类移入 Γ_j 类对误差平方和的影响如下:

(1) 设从 Γ_k 中移出 y 后的集合为 $\widetilde{\Gamma}_k$,它相应的均值是 $\widetilde{m}_k$:

$$\widetilde{m}_k = m_k + \frac{1}{N_k - 1} (m_k - y) \tag{6-55}$$

式中:m_k、N_k 为 Γ_k 的样本均值和样本数。

(2) 设 Γ_j 接受 y 后的集合为 $\widetilde{\Gamma}_j$,它相应的均值是 $\widetilde{m}_j$:

$$\widetilde{m}_j = m_j + \frac{1}{N_j + 1} (y - m_j) \tag{6-56}$$

式中:m_j、N_j 为 $\widetilde{\Gamma}_j$ 的样本均值和样本数。

(3) y 的移动只影响 Γ_k 和 Γ_j 两类,对其他类无任何影响,因此只需要计算这两类的新的误差平方和 $\widetilde{J}_k$ 和 $\widetilde{J}_j$:

$$\widetilde{J}_k = J_k - \frac{N_k}{N_k - 1} \| y - m_k \|^2, \quad \widetilde{J}_j = J_j + \frac{N_j}{N_j + 1} \| y - m_j \|^2 \tag{6-57}$$

如果 $\dfrac{N_j}{N_j + 1} \| y - m_j \|^2 < \dfrac{N_k}{N_k - 1} \| y - m_k \|^2$,则把样本 y 从 Γ_k 移到 Γ_j 会使误差平方和减小。只有当 y 离 m_j 的距离比离 m_k 的距离更近时上述不等式才满足。

假设聚 C 个类,则 K 均值聚类算法流程如下:

(1) 确定 C 个初始聚类群,计算相应的聚类中心 $m_1, m_2, \cdots, m_C$;

(2) 选择一个待选样本 y,设 y 在 Γ_i 类中;

(3) 若 $N_i = 1$,则转步骤(2),否则继续向下执行;

(4) 计算 $\rho_j = \begin{cases} \dfrac{N_j}{N_j + 1} \| y - m_j \|^2, & j \neq i \\[3mm] \dfrac{N_i}{N_i - 1} \| y - m_i \|^2, & j = i \end{cases}$;

(5) 对于所有的 j,若 $\rho_k < \rho_j$,则把 y 从 Γ_i 类移到 Γ_k 类中;

(6) 重新计算 m_i 和 m_k 的值，并修改 J_e 的值；

(7) 连续迭代几次后若 J_e 不再改变，则停止迭代，否则转回步骤(2)继续执行。

K 均值简化算法：

(1) 确定 C 个初始聚类群，并计算相应的聚类中心 $m_1, m_2, \cdots, m_C$；

(2) 对于每个待聚类样本，计算其与 C 个聚类中心的距离，把待聚类样本归到离其最近的一个聚类群中；

(3) 当每个待分样本都被分到 C 个聚类群中后，重新计算聚类中心 $m_1, m_2, \cdots, m_C$；

(4) 重复步骤(2)(3)，直到 C 个聚类中心不变为止。

6.5.2　模糊 C 均值聚类

K 均值聚类算法是误差平方和准则下的聚类算法，它把每个样本严格地划分到某一类，属于硬划分的范畴。实际上，样本并没有严格的属性，它们在性态和类属方面存在着中介性。为了解决这一问题，研究者们将模糊理论引入 K 均值聚类算法（C 均值），由此，K 均值聚类算法由硬聚类被推广为模糊聚类，即模糊 C 均值算法（fuzzy C-means，简称 FCM）。FCM 定义为通过优化函数得到每个样本点对所有类中心的隶属度，从而决定样本点的类，以达到自动对样本数据进行分类的目的。

$\{x_i(i=1,2,\cdots,n)\}$ 是有 n 个样本的集合，c 为预定的类别数目，$v_i(i=1,2,\cdots,c)$ 为每个聚类的中心，$\mu_j(x_i)$ 是第 i 个样本对第 j 类的隶属度函数，用隶属度函数定义的聚类损失函数可以写为

$$J_f = \sum_{j=1}^{c} \sum_{i=1}^{n} \left[\mu_j(x_i)\right]^b \parallel x_i - v_j \parallel^2 \tag{6-58}$$

其中 $b>1$，是一个可以控制聚类结果的隶属程度的常数，在不同的隶属度定义方法下最小化该损失函数，就得到不同的模糊聚类方法。

FCM 算法的步骤如下。

(1) 设定聚类数目 c 和参数 b；

(2) 初始化各个聚类中心 v_i；

(3) 重复下面的运算，直到各个样本的隶属度值稳定：

①用当前的聚类中心计算隶属度函数。

②用当前的隶属度函数更新各类聚类中心。

当算法收敛时，即可根据各类的聚类中心和各个样本对各类的隶属度值完成模糊聚类划分。如果需要，还可以将模糊聚类结果进行去模糊化，把模糊聚类划分转化为确定性分类。

6.6　分水岭算法

本节介绍分水岭算法及其应用，利用分水岭算法获得盆地区域之后可接着进行区域选择或者分割，以及计数应用等。

分水岭分割方法是一种基于拓扑理论的数学形态学的分割方法，其基本思想是把图像看作测地学上的拓扑地貌，图像中的每一点像素的灰度值表示该点的海拔高度，高灰度值代表山脉，低灰度值代表盆地，每一个局部极小值及其影响区域称为集水盆，而集水盆的边界则形成分水岭。

分水岭的概念和形成过程可以通过模拟浸入过程来说明。在每一个局部极小值表面,刺穿一个小孔,然后把整个模型浸入水中,随着浸入深度的加大,每一个局部极小值的影响域慢慢向外扩展,在两个集水盆汇合处构筑大坝,即形成分水岭。

有时直接使用图像灰度值代表高度来实现分水岭算法太难,需要进行距离变换,下面简单介绍一下距离变换。

距离变换于 1966 年被学者提出,目前已经被应用于图像分析、计算机视觉、模式识别等领域,人们利用它来实现目标细化、骨架提取、形状插值及匹配、粘连物体的分离等。距离变换是一种针对二值图像的变换。在二维空间中,一幅二值图像可以被认为仅仅包括目标和背景两种像素,目标的像素值为 1,背景的像素值为 0;距离变换的结果不是另一幅二值图像,而是一种灰度值图像,即距离图像,图像中的每个像素的灰度值为该像素与距其最近的背景像素间的距离。

距离变换针对此点的灰度值,代表此点到边界的距离。距离边界越近,灰度值越小;距离边界越远,灰度值越大;中心灰度值最大,边界为零。

在距离变换过程中度量距离的方法不同,对应的距离也有不同的定义,常用的距离有欧氏距离、街区距离、棋盘距离,参见 3.3.3 节。

一个最常见的距离变换算法是通过连续的腐蚀操作来实现的。腐蚀操作的停止条件是所有前景像素都被完全腐蚀。这样根据腐蚀的先后顺序我们就得到各个前景像素点到前景中心骨架像素点的距离。根据各个像素点的距离值,设置不同的灰度值。这样就完成了二值图像的距离变换。

下面简单介绍一下实现分水岭算法的时候可能用到的几个算子。

distance_transform(Region:DistanceImage:Metric,Foreground,Width,Height)

功能:对区域进行距离变换获得距离变换图。

Region:距离变换目标区域。

DistanceImage:获得距离信息图。

Metric:度量距离类型('City-block','chessboard','euclidean')。

Foreground:'true'——针对前景区域进行距离变换,'false'——针对背景区域(整个区域减去前景区域)进行距离变换。

Width、Height:设置输出图像的大小。

watersheds(Image:Basins,Watersheds)

功能:直接提取图像的盆地区域和分水岭区域。

Image:需要分割的图像(图像类型只能是 byte、uint2、real)。

Basins:盆地区域。

Watersheds:分水岭区域(至少一个像素宽)。

watersheds_threshold(Image:Basins:Threshold)

功能:阈值化提取分水岭盆地区域。

Image:需要分割的图像(图像类型只能是 byte、uint2、real)。

Basins:分割后得到的盆地区域。

Threshold:分割时的阈值。

此算子的应用分为以下两步。第一步计算分水岭,不使用阈值,如同算子 watersheds。第二步使用阈值,此阈值在合并相邻两个盆地区域时使用;如果两个盆地区域的最小灰度值与分水岭上最小灰度值的差的最大值都小于此阈值(Threshold),那么这两个盆地区域就会被合并。假设 B_1、B_2 分别代表相邻盆地区域的最小灰度值,W 代表此两盆地的分水岭最小灰度值,满足式(6-59)的分水岭操作将会被取消。

$$Max(W-B_1, W-B_2) < Threshold \qquad (6-59)$$

【例 6-14】 分水岭算法分割实例。

具体的 HALCON 程序如下:

```
*读取图像
read_image (Meningg5, 'meningg5')
*用高斯派生对一个图像进行卷积运算,此时图像类型为 real
derivate_gauss (Meningg5, Smoothed, 2, 'none')
*转换图像类型,将 real 类型转换为 byte 类型
convert_image_type (Smoothed, SmoothedByte, 'byte')
*提取图像的盆地区域和分水岭区域
watersheds (SmoothedByte, Basins, Watersheds)
dev_set_draw ('margin')
dev_set_colored (6)
*显示最终的分水岭区域
dev_display (Watersheds)
```

分水岭算法图像分割结果如图 6-29 所示。

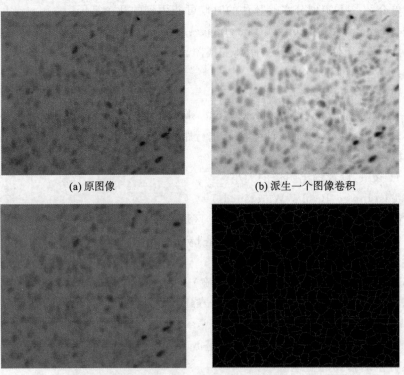

(a) 原图像　　　　　　　　　(b) 派生一个图像卷积

(c) 图像类型转换　　　　　　(d) 分水岭边缘提取

图 6-29　分水岭算法图像分割结果

本 章 小 结

　　图像分割问题是一个十分复杂的问题。例如,物体及其组成部件的二维表现形式受到光照条件、透视畸变、观察点变化等因素的影响,有时图像前景和背景无法在视觉上进行简单的区分。因此,人们需要不断地学习,不断地探索使用新方法对图像进行处理,以得到预期的效果。

　　本章主要介绍了一些图像分割的基本概念、公式推导过程、适用情况及使用注意事项。具体介绍了阈值分割、边缘提取、区域分割、霍夫变换、近邻法分割、动态聚类分割、分水岭算法等图像分割算法。对于选择何种图像分割方法进行图像处理,还要考虑实际问题的特殊性。本章讨论的方法都是实际应用中普遍使用的具有代表性的方法。

习　　题

　　6.1　请简述图像分割的定义,并举出三种图像分割的算法。

　　6.2　请简述利用图像灰度直方图确定图像阈值的图像分割方法。

　　6.3　请列举三种边缘检测算法,并列举其优缺点。

　　6.4　请简述哪些场合适合用霍夫变换算法及用哪种形式的变换法则。

　　6.5　请简述利用区域生长法进行图像分割的过程。

第7章 图像匹配

在数字图像处理领域,常常需要把不同的传感器或同一传感器在不同时间、不同成像条件下对同一景物获取的两幅或多幅图像进行比较,找到该组图像中的共有景物,或是根据已知模式在另一幅图像中寻找相应的模式,此过程称为图像匹配。简单地说,就是找出从一幅图像到另一幅图像中对应点的最佳变换。

图像匹配方法主要有:①基于灰度值的模板匹配方法;②基于形状特征的模板匹配方法;③基于点的模板匹配方法;④基于描述符的模板匹配方法;⑤基于相关性的模板匹配方法;⑥基于组件的模板匹配方法;⑦局部可变性的模板匹配方法;⑧可变性的模板匹配方法。实际应用中,前两种方法应用较为广泛。

基于灰度值的模板匹配方法直接对原图像和模板图像进行操作,通过区域(矩形、圆形或其他变形模板)属性(灰度信息或频域分析等)的比较来确定它们之间的相似性。

基于形状特征的模板匹配方法是对模板图像和待匹配图像的特征层次进行操作,特征提取方法一般涉及大量的几何与图像形态学计算,计算量大,一般没有模型可遵循,需要针对不同应用场合选择各自适合的特征。

7.1 基于灰度值的匹配

图像匹配就是找出从一幅图像到另一幅图像中对应点的最佳变换。匹配算法的基本思想是:在一幅大图中查找是否存在已知的模板图像,通过相关搜索策略在大图中找到与模板图像相似的子图像,并确定其位置。如图 7-1 所示,图 7-1(a)为被搜索图像,图 7-1(b)为模板图像,模板匹配就是通过搜索算法在被搜索图像中寻找是否有三角形特征的图像。

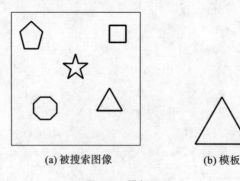

(a) 被搜索图像   (b) 模板

图 7-1 模板匹配

模板匹配过程如下。

(1)图像的取样与量化:通过采样通信设备获取图像,由图像处理装置将计算机中的图像数据以数组的方式存储。

(2)图像分割:按照颜色、亮度或纹理来进行图像分割。

(3)图像分析:分析被分割的图像,确定是否可修改或合并。

（4）形状描述：提取图像的特征。

（5）图像匹配：计算模板图像与被搜索图像区域的相似度。

模板匹配流程如图 7-2 所示。

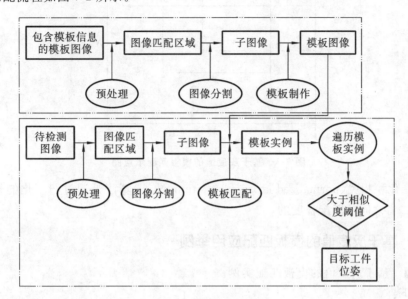

图 7-2　模板匹配流程

7.1.1　基于灰度值的模板匹配

图像的灰度值信息包含了图像记录的所有信息。基于图像像素灰度值的匹配方法（简称为基于灰度值的匹配方法）是最基本的匹配方法。通常直接利用整幅图像的灰度信息建立两幅图像之间的相似性度量，然后采用某种搜索方法寻找使相似性度量值最大或最小的变换模型的参数值。在基于灰度值的图像匹配中，待检测图像与模板图像的坐标系分别用 $O\text{-}xy$ 与 $o\text{-}jk$ 表示，如图 7-3 所示。

假设待测图像 $f(x,y)$ 和模板图像 $t(j,k)$ 的原点都在左上角，任意一个点发生变化时，其在原图像区域中移动得出归一化互相关的索引值，即图上所示的坐标值，得出匹配的最佳位置，从该位置开始在原图像中取出与模板大小相同的区域，便可得到匹配图像，即找出 $t(j,k)$ 与 $f(x+j,y+k)$ 的误差平方和测度。

基于灰度值的模板匹配方法是基于模板与图像中最原始的灰度值来进行匹配的，是模板匹配中最基本的匹配思想。常用的相似性度量算法有：平均绝对差（MAD）算法、绝对误差和（SAD）算法、误差平方和（SSD）算法、平均误差平方和（MSD）算法、归一化积相关（NCC）算法、序贯相似性算法（SSDA）。

（1）平均绝对差（mean absolute differences，MAD）算法是 Leese 在 1971 年提出的一种匹配算法，是模式识别中常用的方法。该算法的思想简单，具有较高的匹配精度，广泛用于图像匹配。

（2）绝对误差和（sum of absolute differences，SAD）算法的思想实际上与 MAD 算法的思想几乎完全一致，只是相似度测量公式有所不同。

（3）误差平方和（sum of squared differences，SSD）算法也称为差方和算法，与 SAD 算法如出一辙，只是相似度测量公式有一点改动。

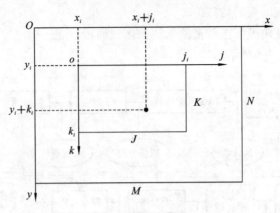

图 7-3　基于灰度值的模板匹配示意图

（4）归一化积相关（normalized cross correlation，NCC）算法是通过归一化的相关性度量公式来计算二者之间的匹配程度的。

7.1.2　基于灰度值的模板匹配应用举例

【例 7-1】　基于灰度值的模板匹配实例。

程序如下：

```
read_image(Image, 'bicycle/bicycle_01')
get_image_size(Image,Width,Height)
dev_close_window()
dev_open_window(0, 0, Width, Height, 'black', WindowHandle)
dev_update_window('off')
*获得圆形区域
gen_circle(Circle,246,436,100)
*得到区域面积和中心坐标
area_center(Circle,Area,RowRef,ColumnRef)
*缩小图像的域
reduce_domain(Image,Circle,ImageReduced)
*创建 NCC 模板
create_ncc_model(ImageReduced,'auto',0,0,'auto','use_polarity',
ModelID)
*设置区域填充模式为边缘
dev_set_draw('margin')
dev_display(Image)
dev_display(Circle)
dev_set_color('white')
stop()
Rows:=[]
Cols:=[]
```

```
*建立 for 循环,并循环读取图像
for J:=1 to 8 by 1
read_image(Image,'bicycle/bicycle_'+J$ '02')
*在目标图像中寻找模板,并求取匹配到的中心与模板中心的映射关系
find_ncc_model(Image,ModelID,0,0,0.5,1,0.5,'true',0,Row,Column,Angle,
Score)
vector_angle_to_rigid(RowRef,ColumnRef,0,Row,Column,0,HomMat2D)
*根据映射关系求出模板对应的图像范围
affine_trans_region(Circle,RegionAffineTrans,HomMat2D,'nearest_
neighbor')
Rows:=[Rows,Row]
Cols:=[Cols,Column]
dev_display(Image)
dev_display(RegionAffineTrans)
stop()
endfor
StdDevRows:=deviation(Rows)
StdDevCols:=deviation(Cols)
*清除模板内容
clear_ncc_model(ModelID)
```

运行程序,部分结果如图 7-4 所示。

运行例 7-1 的 HALCON 程序,可以获取图像的匹配结果,如图 7-4(e)(g)所示。上述案例涉及的主要算子说明如下:

create_ncc_model(Template::NumLevels,AngleStart,AngleExtent,AngleStep,Metric,ModelID)

功能:使用图像创建 NCC 匹配模板。

Template:模板图像。

NumLevels:最高金字塔层数。

AngleStart:开始角度。

AngleExtent:角度范围。

AngleStep:旋转角度步长。

Metric:物体极性选择。

ModelID:生成模板 ID。

find_ncc_model(Image::ModelID,AngleStart,AngleExtent,MinScore,NumMatches,MaxOverlap,SubPixel,NumLevels:Row,Column,Angle,Score)

功能:搜索 NCC 最佳匹配。

Image:要搜索的图像。

ModelID:模板 ID。

AngleStart:开始角度,与创建模板时的相同或相近。

AngleExtent:角度范围,与创建模板时的相同或相近。

(a) 原图像

(b) 圆形区域

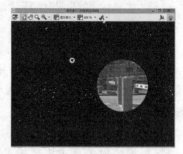
(c) 模板

(d) 目标图像1

(e) 目标图像1匹配结果

(f) 目标图像2

(g) 目标图像2匹配结果

图 7-4　基于灰度值的模板匹配实例

MinScore：最小分值。

NumMatches：匹配目标个数。

MaxOverlap：最大重叠比值。

SubPixel：是否是亚像素级别。

NumLevels：金字塔层数。

Row、Column、Angle：匹配得到的坐标角度。

Score：匹配得到的分值,分数越高匹配程度越高。

7.1.3　基于灰度值的亚像素精度匹配

面阵摄像机的成像面以像素为最小单位,例如某 CMOS 芯片,其两个像素之间有 5.2 μm 的距离,在宏观上可以看作连在一起的。但是在微观上,它们之间还存在无限的更小的东西,这个更小的东西就被称为"亚像素"。"亚像素"的提出,是为了最大限度地利用图像信息以提高分辨率。而亚像素精度是指相邻两像素之间的细分情况,输入值通常为二分之一、三分之一或四分之一,这意味着每个像素将被分为更小的单元从而可对这些更小的单元实施插值算法。

例如,如果选择四分之一,就相当于每个像素在横向和纵向上都被当作四个像素来计算。

对大倾斜度平面、圆球面、曲面进行处理,将立体图相对的匹配精度从像素提升到亚像素,使得目标表面上的视差呈现自然的平滑过渡效果,此时采用基于灰度值的亚像素精度匹配,根据处理方式的角度不同,可将图像亚像素精度算法分为如下四类。

(1) 基于相邻像素上视差的高阶插值实现:将已经计算出的整像素精度视差和相应的匹配代价作为补充信息,采用数学的方法更加精确地判断物体的边缘信息。

(2) 基于相关性实现:将空间物体在二维与三维信息变换过程中不变的量用相互关系来表示,再依据这种对应之间存在的关联来度量相似性。

(3) 基于曲线拟合或者曲面拟合方法实现:通过匹配点落在某点的邻域内,对其相似性测度作二次曲面拟合,求最大值的坐标就可在亚像素精度上获得近似匹配点,优点是在有噪声的情况下具有较小的偏差。

(4) 基于分层与表面模型描述实现:将图像分割成若干个区域,这些区域并不像由其他分割方法得到的区域一样完全没有交集,而是允许存在一定的重叠区域。

7.1.4 基于灰度值的亚像素精度匹配应用举例

【例 7-2】 基于灰度值的亚像素精度匹配实例。

程序如下:

```
read_image (Image, 'double_circle')
dev_close_window ()
get_image_size (Image, Width, Height)
dev_open_window (0, 0, Width, Height, 'black', WindowHandle)
*亚像素阈值分割
threshold_sub_pix (Image, Edges, 128)
*轮廓分割
segment_contours_xld (Edges, ContoursSplit, 'lines_circles', 5, 4, 3)
count_obj (ContoursSplit, Number)
dev_display (Image)
dev_set_draw ('margin')
dev_set_color ('white')
dev_update_window ('off')
for i :=1 to Number by 1
select_obj (ContoursSplit, ObjectSelected, i)
*返回 XLD 轮廓的全局属性值
get_contour_global_attrib_xld (ObjectSelected, 'cont_approx', Attrib)
if (Attrib>0)
*用圆拟合 XLD 轮廓
fit_circle_contour_xld (ObjectSelected, 'ahuber', -1, 2, 0, 3, 2, Row,
Column, Radius, StartPhi, EndPhi, PointOrder)
*根据相应的椭圆弧创建一个 XLD 轮廓 (contour)
```

```
gen_ellipse_contour_xld (ContEllipse, Row, Column, 0, Radius, Radius, 0,
4 * acos(0), 'positive', 1.0)
dev_display (ContEllipse)
endif
endfor
```

运行程序,部分结果如图 7-5 所示。

(a) 目标图像　　　　　　　　(b) 目标图像匹配结果

图 7-5　基于像素灰度值的模板匹配

运行例 7-2 的 HALCON 程序,可以获取图像的匹配结果,如图 7-5(b)所示。上述案例中涉及的主要算子说明如下:

threshold_sub_pix(Image:Border:Threshold:)

功能:提取亚像素精度轮廓,亚像素精度阈值分割。

Image:输入图像。

Border:边界。

Threshold:阈值。

segment_contours_xld(Contours:ContoursSplit:Mode,SmoothCont,MaxLineDist1,MaxLineDist2:)

功能:轮廓分割。

Contours:需要进行分割的轮廓。

ContoursSplit:分割后的轮廓 Tuple。

Mode:分割轮廓的方式。

SmoothCont:轮廓平滑的参数。

MaxLineDist1:第一次用 Ramer 算法(即用直线段递进逼近轮廓)时的 MaxLineDist。

MaxLineDist2:第二次逼近轮廓时的 MaxLineDist。

fit_circle_contour_xld(Contours::Algorithm,MaxNumPoints,MaxClosureDist,ClippingEndPoints,Iterations,ClippingFactor:Row,Column,Radius,StartPhi,EndPhi,PointOrder)

功能:圆拟合 XLD 轮廓。

Contours:输入轮廓。

Algorithm:拟合圆的算法。

MaxNumPoints:用于计算的最大轮廓点个数。

MaxClosureDist:闭合轮廓的端点之间的最大距离。

ClippingEndPoints：在逼近过程中被忽略的开始及末尾点个数。

Iterations：迭代的最大次数，用于鲁棒加权拟合。

ClippingFactor：消除异常值的裁剪因子。

Row：圆心行坐标。

Column：圆心列坐标。

Radius：圆半径。

StartPhi：开始点的角度（rad）。

EndPhi：末尾点的角度（rad）。

PointOrder：边界点的顺序。

7.2　基于图像特征的匹配

基于灰度值的匹配方法的主要缺陷是计算量过大，对图像的灰度变化和对目标的旋转、图像形变以及遮挡都比较敏感，若光照变化是非线性的，则算法的性能会大大降低。为了克服这些缺点，可采用基于图像特征的匹配方法。

特征匹配是指建立两幅图像中特征点之间的对应关系。图像特征匹配流程如图 7-6 所示。

7.2.1　特征的提取与选择

在图像识别中，对获得的图像直接进行分类是不现实的。首先，图像数据占用很大的存储空间，直接识别费时费力，其计算量让人无法接受；其次，图像中含有许多与识别无关的信息，如图像的背景等，因此必须进行特征的提取和选择，进而进行特征匹配，即图像分割，这样就能进行图像识别，且需要对被识别的图像数据进行压缩，以有利于图像识别。提取特征和选择特征很关键，特征若提取得不恰当，分割就不能很精确，甚至无法分割。

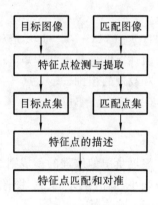

图 7-6　图像特征匹配流程示意图

要想高质量地对图像进行识别与理解，我们需要了解图像特征。良好的图像特征应具有如下 4 个特点。

（1）可区别性：对于属于不同类别的图像，它们的特征值应具有明显的差异。

（2）可靠性：对于同类的图像，它们的特征值应比较相近。

（3）独立性：所使用的各特征之间应彼此不相关。

（4）数量少。

特征提取和选择是模式识别中的一个关键问题，图像特征提取的优劣直接决定着图像识别的效果。图像特征提取与选择结构示意图如图 7-7 所示。

特征提取和选择的总原则是：应尽可能减少整个识别系统的处理时间和错误识别概率。下面给出两个特征提取的原理。

1. 基于灰度共生矩阵的纹理特征构建

灰度共生矩阵是像素距离和角度的矩阵函数，是一个联合概率矩阵，它描述了图像中两点灰度出现的概率。它通过图像中一定距离和一定方向的两点灰度之间的相关性来反映图像在

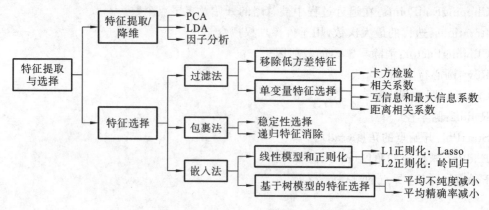

图 7-7　特征提取与选择结构示意图

方向、间隔、变化幅度和快慢上的综合信息。

基于灰度共生矩阵的纹理特征：灰度共生矩阵反映图像灰度关于方向、相邻间隔、变化幅度等的综合信息，这些信息是图像纹理分析的特征量。可通过灰度共生矩阵计算图像的二阶统计特征参数，根据参数计算得到纹理特征统计量。最常用的统计量如下：

（1）反差（主对角线的惯性矩）：

$$f_1 = -\sum_{i=0}^{L-1}\sum_{j=0}^{L-1} |i-j|^2 P_{ij} \tag{7-1}$$

式中：$i,j=0,1,\cdots,L-1$，L 是灰度级；P_{ij} 是像素点灰度值为 (i,j) 的概率。

惯性矩度量灰度共生矩阵的值是如何分布的和图像局部变化的大小，它反映了图像的清晰度和纹理的粗细。

（2）熵：

$$f_2 = -\sum_{i=0}^{L-1}\sum_{j=0}^{L-1} P_{ij}\,\log_2 P_{ij} \tag{7-2}$$

熵度量图像纹理的不规则性。当图像中像素灰度分布非常杂乱、随机时，灰度矩阵中的像素值很小，熵值很大；反之，图像中像素分布井然有序时，熵值很小。

（3）逆差矩：

$$f_3 = -\sum_{i=0}^{L-1}\sum_{j=0}^{L-1} \frac{P_{ij}}{1+|i-j|^k},\, k>1 \tag{7-3}$$

逆差矩度量图像纹理局部变化的大小。当图像纹理的不同区域间变化很小时，其局部灰度非常均匀，图像像素对的灰度差值较小，其逆差矩较大。

（4）灰度相关：

$$f_4 = \frac{1}{\sigma_x \sigma_y}\sum_{i=0}^{L-1}\sum_{j=0}^{L-1} (i-\mu_x)(j-\mu_y)P_{ij} \tag{7-4}$$

灰度相关用于描述矩阵中行或列元素之间的灰度的相似性。相关性大，表明矩阵中元素均匀相等；反之，相关性小，表明矩阵中元素的值相差很大。当图像中相似的纹理区域有某种方向性时，相关性较大。

（5）能量（角二阶距）：

$$f_5 = \sum_{i=0}^{L-1}\sum_{j=0}^{L-1} P_{ij}^2 \tag{7-5}$$

能量反映图像灰度分布的均匀性和纹理粗细度。能量值大,则表明图像灰度分布较均匀,图像纹理较规则。

2. 基于灰度-梯度共生矩阵的纹理特征构建

灰度-梯度共生矩阵纹理特征分析是用灰度和梯度的综合信息提取纹理特征,即将图像的梯度信息加入灰度共生矩阵中,使共生矩阵更能包含图像的纹理基元及其排列信息。

灰度-梯度共生矩阵模型集中反映了图像中两种最基本的要素,即像素点的灰度和梯度(或边缘)的相互关系。各像素点的灰度是构成一幅图像的基础,而梯度是构成图像边缘轮廓的要素,图像的主要信息是由图像的边缘轮廓提供的。

灰度-梯度空间很清晰地描绘了图像内各个像素点灰度与梯度的分布规律,同时也给出了各像素点与其邻域像素点的空间关系,能很好地描绘图像的纹理,具有方向性的纹理可从梯度方向上反映出来。部分统计量(纹理特征)的计算公式及含义如下所述。

(1) 能量:

$$t_5 = \sum_{i=1}^{N_g} \sum_{j=1}^{N_s} \widehat{\boldsymbol{H}}_{ij}^2 \tag{7-6}$$

式中:$i = 1, 2, \cdots, N_g$;$j = 1, 2, \cdots, N_s$;N_g 和 N_s 数值可设置,表示第 N_g 行、第 N_s 列;$\widehat{\boldsymbol{H}}_{ij}$ 表示第 i 行、第 j 列的灰度-梯度共生矩阵。

能量可以用来描述图像中灰度分布的均匀程度和纹理的粗细程度。如果说灰度矩阵中各个元素的值波动不大,那么这个指标的值就会比较小;反之,则会比较大。如果这个值较大,则纹理比较粗,否则比较细。

(2) 灰度平均:

$$t_6 = \sum_{i=1}^{N_g} i \Big[\sum_{j=1}^{N_s} \widehat{\boldsymbol{H}}_{ij} \Big] \tag{7-7}$$

灰度平均是图像灰度值分布的平均水平。

(3) 梯度平均:

$$t_7 = \sum_{j=1}^{N_s} j \Big[\sum_{i=1}^{LN_g} \widehat{\boldsymbol{H}}_{ij} \Big] \tag{7-8}$$

梯度平均是图像清晰度的评价指标。

(4) 相关:

$$t_{10} = \sum_{i=1}^{N_g} \sum_{j=1}^{N_s} (i - t_6)(j - t_7) \widehat{\boldsymbol{H}}_{ij} \tag{7-9}$$

该指标可以用于描述矩阵元素在行或者列方向上的相关性。如果图像具有某个方向上的纹理,则该方向上矩阵的该指标的值会比较大。

(5) 熵:

$$t_{11} = - \sum_{i=1}^{N_g} \Big[\sum_{j=1}^{N_s} \widehat{\boldsymbol{H}}_{ij} \Big] \log_2 \Big[\sum_{j=1}^{N_s} \widehat{\boldsymbol{H}}_{ij} \Big] \tag{7-10}$$

该值大,说明矩阵中元素值较为分散。如果图像中没有任何纹理,则该值较小。如果图像中的纹理复杂,则该值较大。

(6) 逆差矩:

$$t_{15} = \sum_{i=1}^{N_g} \sum_{j=1}^{N_s} \frac{1}{1 + (i-j)^2} \widehat{\boldsymbol{H}}_{ij} \tag{7-11}$$

该指标反映图像纹理的同质性,度量图像纹理局部变化的大小。

7.2.2　基于形状特征的匹配

前面所介绍的基于灰度值的匹配一般称为模板匹配,而基于形状特征的匹配一般称为图像配准。基于形状特征的匹配就是提取特征点,用算法迭代求出相互匹配的特征,求出这些匹配特征点之间的变换关系。图 7-8 所示是特征匹配系统结构,也是特征匹配的过程。

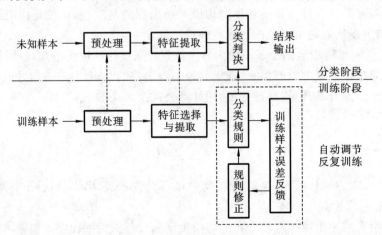

图 7-8　特征匹配系统结构

7.2.3　基于形状特征的模板匹配应用举例

【**例 7-3**】　基于形状特征的模板匹配实例。

程序如下:

```
dev_update_off()
dev_close_window()
read_image(Image,'wafer/wafer_mirror_dies_01')
dev_open_window(0, 0, -1, -1, 'black', WindowHandle)
set_display_font(WindowHandle,16,'mono','true','false')
*设置线的宽度
dev_set_line_width(3)
dev_display(Image)
*在窗口显示 Determine the position of mirror dies on the water
disp_message(WindowHandle,'Determine the position of mirror dies on the
water','window',12,12,'black','true')
disp_continue_message(WindowHandle,'black','true')
stop()
*获得一个矩形区域
gen_rectangle1(Rectangle,362,212,414,262)
*缩小图像的域
reduce_domain(Image,Rectangle,ImageReduced)
```

```
*创建形状模板
create_shape_model(ImageReduced,'auto',rad(0),rad(1),'auto','auto',
'use_polarity','auto','auto',ModelID)
*得到形状模板的轮廓
get_shape_model_contours(ModelContours,ModelID,1)
*获取图像并处理
*建立 for 循环
for Index:=1 to 4 by 1
*循环读取图像
read_image(Image,'wafer/wafer_mirror_dies_'+Index$ '02')
*确定"the mirror dies"图像位置
count_seconds(S1)
*在目标图像中寻找模板
find_shape_model(Image,ModelID,rad(0),rad(1),0.5,0,0.0,'least_squares',
2,0.5,Row,Column,Angle,Score)
count_seconds(S2)
*计算运行时间
Runtime:=(S2-S1)*1000
*结果显示
*对得到的结果进行十字标记
gen_cross_contour_xld(Cross,Row,Column,6,rad(45))
dev_display(Image)
*显示形状匹配的结果
dev_display_shape_matching_results(ModelID,'lime green',Row,Column,
Angle,1,1,0)
*设置颜色
dev_set_color('orange')
*显示十字标记
dev_display(Cross)
*显示运行时间
disp_message(WindowHandle,|Score|+'mirrordieslocatedin'+Runtime$ '.1f'+'ms',
'window',12,12,'black','true')
if(Index! =4)
disp_continue_message(WindowHandle,'black','true')
stop()
endif
endfor
*清除模板内容
clear_shape_model(ModelID)
```

运行程序,部分结果如图 7-9 所示。

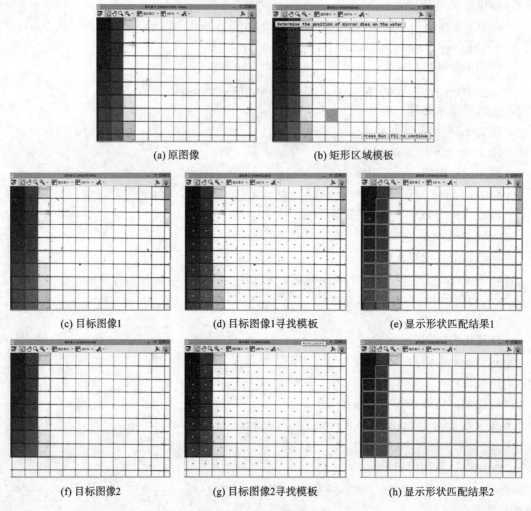

(a) 原图像　　　　　　　　　　　　(b) 矩形区域模板

(c) 目标图像1　　　　(d) 目标图像1寻找模板　　　　(e) 显示形状匹配结果1

(f) 目标图像2　　　　(g) 目标图像2寻找模板　　　　(h) 显示形状匹配结果2

图 7-9　基于形状特征的模板匹配

　　运行例 7-3 的 HALCON 程序,获取图像的匹配结果,如图 7-9(e)(h)所示。上述案例涉及的主要算子说明如下:

create _ shape _ model (Template:: NumLevels,AngleStart,AngleExtent,AngleStep,Optimization,Metric,Contrast,MinContrast:ModelID)

　　功能:使用图像创建形状匹配模型。

　　Template:模板图像。

　　NumLevels:最高金字塔层数。

　　AngleStart:开始角度。

　　AngleExtent:角度范围。

　　AngleStep:旋转角度步长。

　　Optimization:优化选项,是否减少模板点数。

　　Metric:匹配度量极性选择。

　　Contrast:阈值或滞后阈值,表示对比度。

　　MinContrast:最小对比度。

ModelID：生成模板 ID。

get_shape_model_contours（：ModelContours：ModelID，Level：）

功能：获取形状模板的轮廓。

ModelContours：得到的轮廓 XLD。

ModelID：输入模板 ID。

Level：对应金字塔层数。

find_shape_model(Image：：ModelID,AngleStart,AngleExtent,MinScore,NumMatches,MaxOverlap,SubPixel,NumLevels,Greediness,Row,Column,Angle,Score)

功能：寻找单个形状模板最佳匹配。

Image：要搜索的图像。

ModelID：模板 ID。

AngleStart：开始角度。

AngleExtent：角度范围。

MinScore：最低分值（模板匹配出来的部分，可以理解成百分比）。

NumMatches：匹配实例个数。

MaxOverlap：最大重叠度。

SubPixel：是否是亚像素精度（不同模式）。

NumLevels：金字塔层数。

Greediness：搜索贪婪度，当其值为 0 时，安全但速度慢；当其值为 1 时，速度快但是不稳定，有可能搜索不到，默认值为 0.9。

Row、Column、Angle：获得的行坐标、列坐标、角度。

Score：获得模板匹配分值。

7.3 基于相关性的匹配

7.3.1 相关性模板匹配原理

相关性模板匹配用于归一化待匹配目标之间的相关程度，这里比较的是原始像素。通过在待匹配像素位置 $p(p_x,p_y)$ 构建 3×3 邻域匹配窗口，与在目标像素位置同样构建邻域匹配窗口的方式建立目标函数来对匹配窗口进行相关性度量，它属于基于图像灰度信息的匹配方法。其匹配步骤如下：

首先，创建一个模板，把模板里每一个像素都当成一个特征，所有像素按列组成一个行向量 a，即模板的特征向量。

其次，在图像中寻找与模板最匹配的区域 b，通过两个向量之间的夹角来衡量匹配的好坏。

最后，基于互相关的概率计算，即通过公式计算 ROI 区域（模板）与待测图之间的相似度。相似度越接近 1，则两块区域越相似，否则，相似度越低。

相关性模板匹配适用于光照不均匀、明暗变化大且背景不太复杂，搜索对象有轻微的变形、大量的纹理，图像模糊等场合。

7.3.2 基于相关性的模板匹配应用举例

【例 7-4】 基于相关性的模板匹配实例。

程序如下：

```
dev_update_off ()
read_image (Image, 'smd/smd_on_chip_05')
get_image_size (Image, Width, Height)
dev_close_window ()
dev_open_window (0, 0, Width, Height, 'black', WindowHandle)
set_display_font (WindowHandle, 16, 'mono', 'true', 'false')
dev_set_color ('white')
dev_set_draw ('margin')
gen_rectangle1 (Rectangle, 175, 156, 440, 460)
area_center (Rectangle, Area, RowRef, ColumnRef)
reduce_domain (Image, Rectangle, ImageReduced)
*创建相关性模板
create_ncc_model (ImageReduced, 'auto', 0, 0, 'auto', 'use_polarity',
ModelID)
dev_display (Image)
dev_display (Rectangle)
disp_continue_message (WindowHandle, 'black', 'true')
stop ()
for J :=1 to 11 by 1
read_image (Image, 'smd/smd_on_chip_' +J$ '02')
*在目标图像中寻找模板
find_ncc_model (Image, ModelID, 0, 0, 0.5, 1, 0.5, 'true', 0, Row, Column,
Angle, Score)
dev_display (Image)
dev_display_ncc_matching_results (ModelID, 'white', Row, Column, Angle,
0)
if (J <11)
*显示相关性匹配的结果
disp_continue_message (WindowHandle, 'black', 'true')
endif
stop ()
endfor
```

运行程序，部分结果如图 7-10 所示。

运行例 7-4 的 HALCON 程序，可以获取图像的匹配结果，如图 7-10(b)(c)所示。上述案例中涉及的主要算子说明如下：

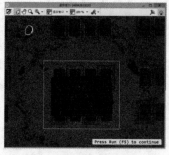

(a) 创建相关性模板

(b) 相关性匹配结果1

(c) 相关性匹配结果2

图 7-10　基于相关性的模板匹配结果

create_ncc_model(Template ∷ NumLevels, AngleStart, AngleExtent, AngleStep, Metric : ModelID)

功能：创建 NCC 模板。

Template：单通道图像，它的区域可被创建为模板。

NumLevels：金字塔的最大层级。

AngleStart：模板的最小旋转角度。

AngleExtent：旋转角度范围。

AngleStep：角度步长。

Metric：匹配标准。

ModelID：模板句柄。

find_ncc_model(Image ∷ ModelID, AngleStart, AngleExtent, MinScore, NumMatches, MaxOverlap, SubPixel, NumLevels : Row, Column, Angle, Score)

功能：NCC 模板匹配。

Image：单通道图像，它的区域可被创建为模板。

ModelID：模板句柄。

AngleStart：模板的最小旋转角度。

AngleExtent：旋转角度范围。

MinScore：被找到的模板最小分数。

NumMatches：被找到的模板个数。

MaxOverlap：被找到的模板实例最大重叠部分。

SubPixel：亚像素级别标志。

NumLevels：金字塔层级。

Row：被找到的模板实例行坐标。

Column：被找到的模板实例列坐标。

Angle：被找到的模板实例的旋转角度。

Score：被找到的模板实例的分数。

7.4　空间金字塔匹配

图像金字塔是一种以多分辨率来解释图像的有效且概念简单的结构，广泛应用于图像分割、机器视觉和图像压缩。我们将一层一层的图像比喻成金字塔,层级越高,则图像越小,分辨率越低。常见的图像金字塔有两种:高斯金字塔和拉普拉斯金字塔。

高斯金字塔(Gaussian pyramid)用来向下采样,是主要的图像金字塔。拉普拉斯金字塔(Laplacian pyramid)用来从金字塔底层图像重建上层未采样图像,可以对图像进行最大程度的还原,配合高斯金字塔一起使用。这里的向下与向上采样,是相对图像的尺寸而言的(和金字塔的方向相反),向上就是图像尺寸加大,向下就是图像尺寸减小。

7.4.1　金字塔表示方法

一幅图像的最终加权金字塔表示方法为

$$f_W^{(N_W)} = ((F_{\omega 1})^T, \cdots, (F_{\omega N_W})^T)^T, f_W^{N_W} \in \mathbf{R}^{N_W d} \tag{7-12}$$

1. 图像尺度空间

空间金字塔方法是传统 BOF(bag of features,特征包)方法的改进。利用传统 BOF 方法提取图像特征时,首先提取每张图像的 SIFT(尺度不变特征变换)特征描述,SIFT 中的图像尺度空间可以理解为用高斯微分函数对图像做了卷积,用周围信号比较弱的点和中间信号比较强的点做平均,搜索图像中的所有位置,然后对关键点进行定位并确定方向,最后对关键点进行描述。

2. 图像金字塔

图像金字塔是以多分辨率来解释图像的一种有效且概念简单的结构。一幅图像的金字塔是一系列以金字塔形状排列的分辨率逐步降低的图像集合。图像金字塔化一般包括两个步骤:①利用低通滤波器平滑图像;②对平滑图像进行抽样,从而得到一系列尺寸缩小的图像。

3. 空间金字塔表示图像

原始方法是首先提取原图像的全局特征,然后在每个金字塔水平上把图像划分为细网格序列,从每个金字塔水平的每个网格中提取出特征,并把它们连接成一个大特征向量。但由于图像中每个局部区域反映的信息不同,这里采用加权空间金字塔方法,即给每层每网格分配一个权重,按权重把每层每网格特征加权串联在一起。

4. 空间金字塔匹配

空间金字塔匹配(spatial pyramid matching,SPM),是一种利用空间金字塔进行图像匹配、识别、分类的算法。它是在不同分辨率上统计图像特征点分布,从而获取图像的局部信息。

7.4.2　金字塔匹配基本原理

在目标检测过程中,常用的方法就是设置一个模板,以滑动窗口的形式遍历整幅源图像(待检测的图像);每次滑动都会产生一个和模板等大小的 ROI 图像,基于某种度量方式,计算模板与当前 ROI 图像的相似性度量值。这样遍历完整幅图像后就会生成一个图像,找出最大值对应的位置(x, y),它就是我们要寻找的目标的位置。

图像金字塔空间匹配是一种缩短匹配搜索时间的有效方法,它采用金字塔式的数据结构,从粗糙图像(即低分辨率图像)开始进行模板匹配,找到粗匹配点,逐步找到原始图像(即最高分辨率图像)的精确匹配点。

7.4.3　金字塔匹配算法实现

金字塔匹配是一种利用空间金字塔进行图像匹配、识别、分类的算法。将每幅图像逐级划

分为 4^i 个单元,金字塔匹配过程如图 7-11 所示,level0 表示第一层级,以此类推,然后在每一个单元上统计直方图特征,最后将所有层级的直方图特征连接起来组成一个向量,作为图形的特征。

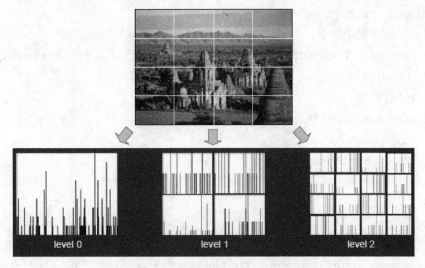

图 7-11　金字塔匹配过程

7.4.4　拉普拉斯金字塔应用举例

利用拉普拉斯金字塔分解图像、放大图像需要通过向上取样操作得到,具体做法如下:

(1) 将图像在每个方向扩大为原来的两倍,新增的行和列以 0 填充;

(2) 将先前拥有的内核(乘以 4)与放大后的图像进行卷积,获得"新增像素"的近似值,得到的图像即为放大后的图像,但是比原来的图像模糊,因为在缩放的过程中已经失去了一些信息,如果想在整个缩小和放大过程中减少信息的丢失,那么就需要用到拉普拉斯金字塔。

【例 7-5】　图像金字塔应用。

程序如下:

```
read_image(ModelImage, 'bead/adhesive_bead_01')
*第一步:选择目标模板
Row1:=263
Column1:=317
Row2:=551
Column2:=1045
*选择矩形区域
gen_rectangle1(ROI,Row1,Column1,Row2,Column2)
dev_display(ROI)
*缩小图像的域
reduce_domain(ModelImage,ROI,ImageROI)
stop()
*第二步:创建模板
*创建图像金字塔,根据金字塔层数和对比度检查要生成的模板是否合适
```

```
inspect_shape_model(ImageROI,ShapeModelImages,ShapeModelRegions,8,30)
dev_clear_window()
dev_set_color('blue')
dev_display(ShapeModelRegions)
*图像金字塔各层面积
area _ center ( ShapeModelRegions, AreaModelRegions, RowModelRegions,
ColumnModelRegions)
*提取金字塔层数
count_obj(ShapeModelRegions,HeightPyramid)
for i:=1 to HeightPyramid by 1
if(AreaModelRegions[i-1]>=15)
NumLevels:=i
endif
endfor
*创建形状模板
create_shape_model(ImageROI,NumLevels,0,rad(360),'auto','none','use_
polarity',30,10,ModelID)
*获得形状模板轮廓
get_shape_model_contours(ShapeModel,ModelID,1)
stop()
*第三步:在其他图像中搜寻该目标
*建立循环读图
for Index:=1 to 7 by 1
*循环读取图像
read_image(SearchImage,'bead/adhesive_bead_'+Index$ '02')
*根据模板进行匹配
find_shape_model (SearchImage,ModelID,0,rad(360),0.7,1,0.5,'least_
squares',0,0.7,RowCheck,ColumnCheck,AngleCheck,Score)
if(|Score|==1)
dev_set_color('yellow')
*求取模板与匹配结果的映射关系
vector_angle_to_rigid(0, 0, 0, RowCheck, ColumnCheck, AngleCheck,
MovementOfObject)
*根据映射关系得到匹配后的轮廓
affine_trans_contour_xld ( ShapeModel, ModelAtNewPosition,
MovementOfObject)
dev_display(SearchImage)
dev_display(ModelAtNewPosition)
endif
```

```
stop()
endfor
*清除模板内容
clear_shape_model(ModelID)
```

运行程序,部分结果如图 7-12 所示。

(a) 原图像

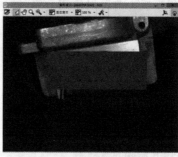
(b) 矩形模板

(c) 创建金字塔图像

(d) 图像金字塔

(e) 目标图像与匹配结果1

(f) 目标图像与匹配结果2

图 7-12　基于拉普拉斯金字塔的图像匹配

运行例 7-5 的 HALCON 程序,可以获取拉普拉斯金字塔的图像匹配结果,如图 7-12(e)(f)所示。上述案例中涉及的主要算子说明如下:

inspect_shape_model(Image:ModelImages,ModelRegions:NumLevels,Contrast)

功能:根据金字塔层数和对比度检查要生成的模板是否合适。

Image：输入的图像。

ModelImages：获得金字塔图像。

ModelRegions：模板区域。

NumlLevels：金字塔层数。

Contrast：对比度。

一般在创建模板之前可以使用此算子，通过不同的金字塔层数和对比度检验要生成的模板是否合适。

create_shape_model（Template：：NumLevels，AngleStart，AngleExtent，AngleStep，Optimization，Metric，Contrast，MinContrast：ModelID）

功能：使用图像创建形状匹配模型。

Template：模板图像。

Numlevels：最高金字塔层数。

AngleStart：开始角度。

AngleExtent：角度范围。

AngleStep：旋转角度步长。

Optimization：优化选项，是否减少模板点数。

Metric：匹配度量极性选择。

Contrast：对比度。

MinContrast：最小对比度。

ModelID：生成模板 ID。

get_shape_model_contours（：ModelContours：ModelID，Level：）

功能：获取形状模板的轮廓。

ModelContours：得到的轮廓 XLD。

ModelID：输入模板 ID。

Level：对应金字塔层数。

7.5 Matching 助手

Matching 助手即匹配助手，就是先定义一个模板，然后在待检测的图像上寻找与模板类似的区域，该匹配助手是不需安装的免费软件，使用方法如下。

运行 HALCON 软件之后，在菜单栏"助手"里点击"打开新的 Matching"，打开后窗口如图 7-13 所示。

在"创建"选项卡里加载想要创建模板的图像，图像加载完之后，如图 7-14 所示，在"模板感兴趣区域"中选择想要创建的区域的形状，选择好形状后，在图像上画出该区域，点击鼠标右键退出，想要创建模板的区域就选择好了。其中，在工具栏中选择想要进行模板匹配的类型，然后再点击"参数"选项卡进行参数设置，如图 7-15 所示。

在参数窗口中设置金字塔级别、起始角度、角度范围、角度步长和度量等参数，其中金字塔级别和角度步长一般设置为自动选择，起始角度、角度范围和度量根据模板进行设置。参数窗口如图 7-16 所示。

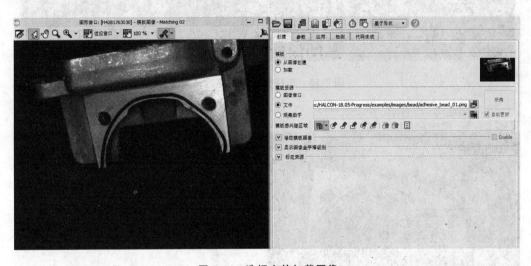

图 7-13 Matching 窗口

图 7-14 选择文件加载图像

在参数设置完成之后,点击"应用"选项卡,并在应用中设置加载图像文件的路径,选择想要进行模板匹配的图像,然后设置匹配参数,如匹配的最小分数、匹配的最大数、最大金字塔级别和是否精确到亚像素精度,参数设置完后加载需要进行模板匹配的图像进行匹配,如图7-17所示。

点击"检测"选项卡,在窗口下方点击"执行"按钮之后模板匹配的结果信息就会显示出来,如图 7-18 所示。

点击"代码生成"选项卡,在"选项"中可以选择插入代码的要求,如图 7-19 所示。

在"基于形状模板匹配变量名"中可以查看插入代码时各个变量的名称,如图 7-20 所示。

图 7-15　选择模板感兴趣区域

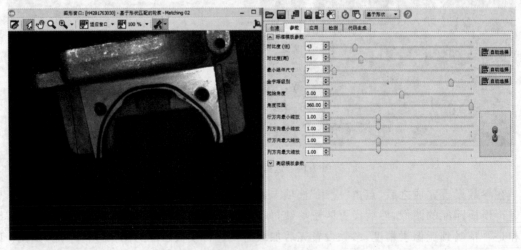

图 7-16　参数窗口

　　HALCON 中可通过 Matching 助手自动生成代码,通过 Matching 助手选择对应的选项、参数信息,系统便能将这些信息转化为代码,即生成一个 main 函数,完成辅助编写代码功能。

　　点击"插入代码"后产生的 main 函数中的代码如下:

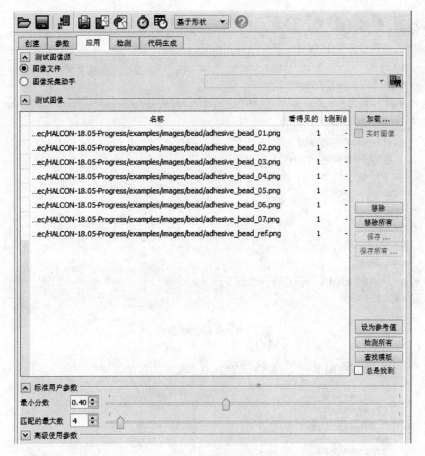

图 7-17　应用窗口

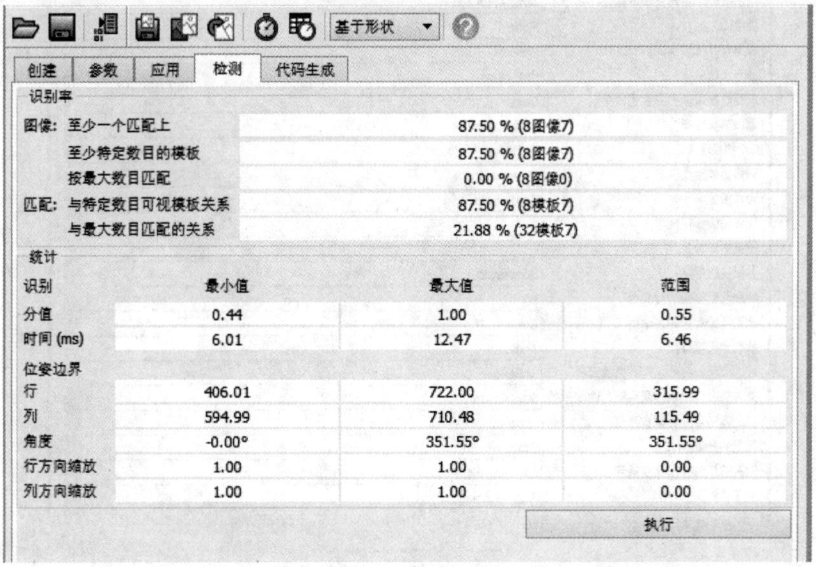

图 7-18　检测窗口

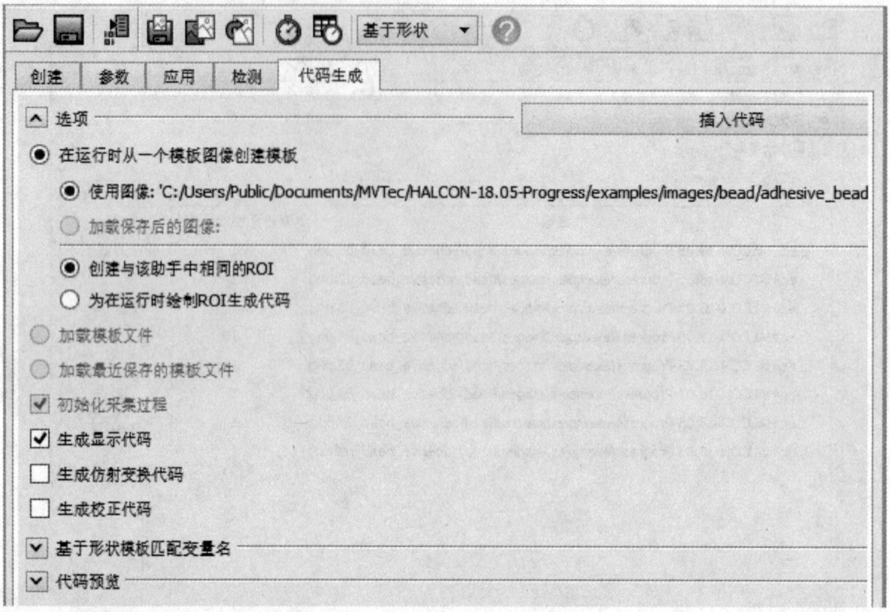

图 7-19 代码生成窗口

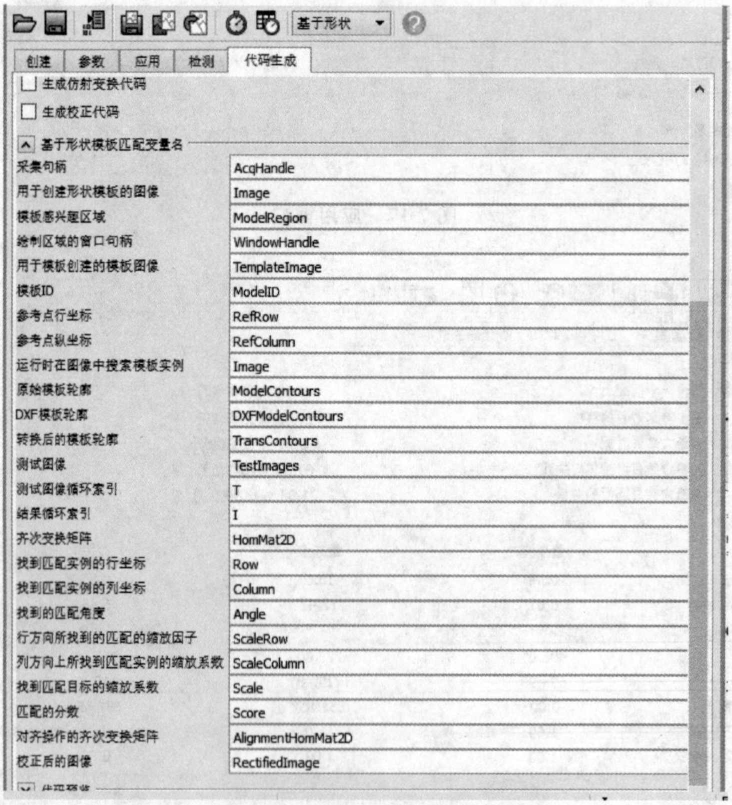

图 7-20 代码中所用的变量

```
*Matching 02: * * * * * * * * * * * * * * * * * * * * * * * * * * * * * * * * * * * * * * * *
*Matching 02: BEGIN of generated code for model initialization
* (开始生成用于模板初始化的代码)
*Matching 02: * * * * * * * * * * * * * * * * * * * * * * * * * * * * * * * * * * * * * * *
set_system ('border_shape_models', 'false')
*Matching 02: Obtain the model image(获取模板图像)
read_image (Image, 'C:/Users/Public/Documents/MVTec/HALCON - 18.05 -
Progress/examples/images/bead/adhesive_bead_01.png')
*Matching 02: Build the ROI from basic regions(基于区域构建模板)
gen_rectangle2 (ModelRegion, 405.9, 670.5, rad(6.97854), 368.732, 195.325)
*Matching 02: Reduce the model template(缩小模板范围)
reduce_domain (Image, ModelRegion, TemplateImage)
*Matching 02: Create the shape model(创建形状模型)
create_shape_model (TemplateImage, 7, rad(0), rad(360), rad(0.2983),
['point_reduction_high','no_pregeneration'], 'use_polarity', [43,54,7], 4,
ModelID)
* Matching 02: Get the model contour for transforming it later into
the image
* (获取模板轮廓以便进行图像匹配)
get_shape_model_contours (ModelContours, ModelID, 1)
*Matching 02: Get the reference position(获取参考位置)
area_center (ModelRegion, ModelRegionArea, RefRow, RefColumn)
vector_angle_to_rigid (0, 0, 0, RefRow, RefColumn, 0, HomMat2D)
affine_trans_contour_xld (ModelContours, TransContours, HomMat2D)
*Matching 02: Display the model contours(显示模板轮廓)
dev_display (Image)
dev_set_color ('green')
dev_set_draw ('margin')
dev_display (ModelRegion)
dev_display (TransContours)
stop ()
*Matching 02: END of generated code for model initialization
* (生成模板初始化代码结束)
*Matching 02: * * * * * * * * * * * * * * * * * * * * * *
*Matching 02: BEGIN of generated code for model application
*Matching 02: Loop over all specified test images(循环遍历所有指定的测试图
像)
TestImages :=['adhesive_bead_01.png','adhesive_bead_02.png','adhesive_
bead_03.png','adhesive_bead_04.png','adhesive_bead_05.png','adhesive_bead_
06.png','adhesive_bead_07.png','adhesive_bead_ref.png']
```

```
for T :=0 to 7 by 1
*Matching 02: Obtain the test image(获取测试图像)
read_image (Image, TestImages[T])
*Matching 02: Find the model(查找模板)
find_shape_model (Image, ModelID, rad(0), rad(360), 0.4, 4, 0.5, 'least_
squares', [7,1], 0.75, Row, Column, Angle, Score)
*Matching 02: Transform the model contours into the detected positions
* (检测模板轮廓的位置)
dev_display (Image)
    for I :=0 to |Score| -1 by 1
        hom_mat2d_identity (HomMat2D)
        hom_mat2d_rotate (HomMat2D, Angle[I], 0, 0, HomMat2D)
        hom_mat2d_translate (HomMat2D, Row[I], Column[I], HomMat2D)
affine_trans_contour_xld (ModelContours, TransContours, HomMat2D)
dev_set_color ('green')
dev_display (TransContours)
        stop ()
endfor
endfor
*Matching 02: ******************************************
*Matching 02: END of generated code for model application
* (生成模板应用程序代码结束)
*Matching 02: ******************************************
```

本 章 小 结

　　本章分为五节,主要讲述了基于灰度值的像素匹配和基于灰度值的亚像素精度匹配,特征的提取与选择,基于形状特征的匹配原理,图像相关性原理,金字塔表示方法、金字塔匹配基本原理、金字塔匹配算法实现;介绍了 HALCON 软件中匹配助手的使用方法。针对不同模板匹配方法给出了应用举例,方便读者学习。

习　　题

　　7.1　图像匹配的种类有哪些?

　　7.2　什么是基于灰度值的匹配? 利用 HALCON 软件举例。

　　7.3　什么是基于形状特征的匹配? 利用 HALCON 软件举例。

第8章 图 像 测 量

图像测量是指对图像中的目标或区域特征进行测量和估计。广义的图像测量是指对图像的灰度特征、纹理特征和几何特征进行测量和描述；狭义的图像测量仅指对图像目标几何特征进行测量，包括对目标或区域几何尺寸的测量和几何形状特征的分析。

图像测量主要测量以下内容。

（1）几何尺寸：包括长度、区域面积、长轴（主轴或直径）、短轴。

（2）形状参数：包括曲线的曲率或曲率半径、长宽比、长轴与短轴的比值、矩形度、面积周长比、圆度、边界平均能量、边界的复杂程度、图像灰度分布的特性、几何重心和质心、圆形性、形状描述等。

（3）距离：欧氏距离、街区距离、棋盘距离等。

（4）空间关系。

8.1 机器视觉与测量

机器视觉在图像测量中的应用非常广泛，按照测量功能划分为定位、缺陷检测、计数和尺寸测量等；按照其安装的载体划分为在线测量系统和离线测量系统；按照测量技术划分为立体视觉测量技术、斑点检测技术、尺寸测量技术、光学字符识别（OCR）技术等。

机器视觉可以检测出瑕疵、碎屑或凹陷等产品缺陷，以确保产品的功能和性能，已经被广泛用于各大行业的产品缺陷检测、尺寸测量。基于机器视觉的测量技术，对控制产品品质、保障产品质量有着非常重要的作用，可以防止不合格产品外流，从而提高企业的核心竞争力。

8.1.1 机器视觉的测量原理

机器视觉的检测过程：对感兴趣的对象或区域进行成像，然后结合其图像信息利用图像处理软件进行处理，根据处理结果自动判断检测对象的位置、尺寸等信息，并依据预先设定的标准进行合格与否的判断，最后输出判断信息给执行机构。机器视觉检测系统采用CCD相机或CMOS相机将被检测的对象信息转换成图像信号，传送给专用的图像处理软件，图像处理软件根据像素分布和亮度、颜色等信息，将图像信号转变成数字信号，并对这些信号进行各种运算来抽取对象的特征（如面积、数量、位置、长度），再根据预设的值和其他条件输出结果，包括尺寸、角度、个数、合格/不合格、有/无等，实现自动检测功能。

8.1.2 机器视觉在测量领域的优势

机器视觉检测系统的优势主要体现在非接触测量上，具体包括以下内容。

（1）非接触测量可以避免在测量过程中损坏被测对象，基于机器视觉技术的测量系统可以同时进行多项测量，以保证测量工作快速完成，适用于在线测量。

（2）对微小尺寸对象的测量也是机器视觉系统的长处，它可以利用高倍镜头放大被测对象，使得测量精度达到微米以上。相比于人工测量，基于机器视觉技术的图像测量不仅能保证测量精度,还能保证测量的重复性和客观性,该系统能够长时间稳定工作,节省大量劳动力资源。

事实表明,基于机器视觉技术的图像测量具有良好的连续性和高精度,大大提高了工业在线测量的实时性和准确性,同时生产效率和产品质量也得到明显提升。

8.2　HALCON 一维测量

8.2.1　一维测量过程

1. 构造测量对象——建立测量区域

首先,创建一个矩形或扇环形的 ROI(测量区域),然后作等距投影线,等距投影线与测量线或测量弧(也称为轮廓线)垂直,长度等于 ROI 的宽度,如图 8-1 和图 8-2 所示。

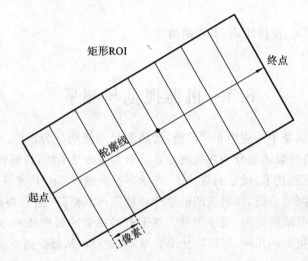

图 8-1　矩形测量区域

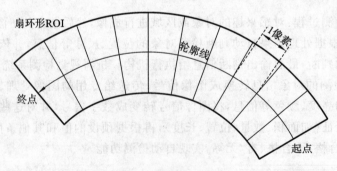

图 8-2　扇环形测量区域

2. 提取边缘(对)

1) 轮廓线计算——求取投影线的平均灰度值

HALCON 一维测量主要是指提取测量对象的边缘,所以必须获得测量区域的灰度变化。计算测量区域内垂直于轮廓线的单位像素间隔的灰度平均值,其实就是计算投影线的平均灰度值,其中投影线的长度是测量区域的宽,计算出各个灰度平均值后即可得到整个轮廓线的灰度值。在求取平均灰度值的过程中,如果测量矩形不是水平或者垂直状态,则必须沿投影线对像素值进行插值,可以选择不同的插值方法,目前 HALCON 支持的有最近邻(nearest_neighbor)法、双线性(bilinear)插值法、双三次(bicubic)插值法等。

　　测量助手中的轮廓线是由各个投影线的平均灰度值组成的。打开菜单栏中的"助手"→"打开新的 Measure"→"边缘"→"显示轮廓线",即可显示轮廓线,如图 8-3 所示。

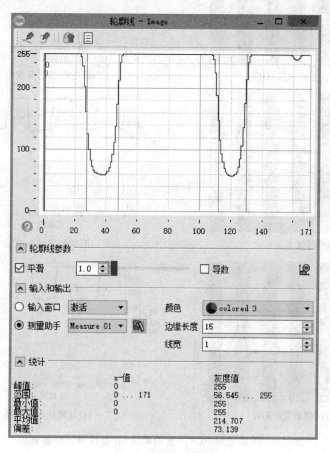

图 8-3　测量助手中的轮廓线

　　2)轮廓线平滑——消除噪声

　　获得轮廓线灰度值后,还需要对其进行平滑处理,以消除噪声干扰,可使用高斯平滑滤波器进行平滑处理。噪声与 ROI 的宽度有关,如果测量的边缘近似垂直于轮廓线,则应尽量增大 ROI 宽度,以减少噪声,如图 8-4 所示。如果测量的边缘与轮廓线不是垂直的关系,则应尽量减小 ROI 宽度,以减少噪声,如图 8-5 所示。

　　3)求轮廓线一阶导数

　　求平滑处理后轮廓线的一阶导数,可以确定轮廓线上所有的极值点,这些极值点就是边缘。由求导得到的局部极值有两种:一种极值大于零,另一种极值小于零。边缘的局部极值大于零表明边缘灰度值由暗到亮变化(正向边缘,positive),边缘的局部极值小于零表明边缘灰度值由亮到暗变化(负向边缘,negative),相邻的两个局部极值(一个大于零,一个小于零)构成边缘对。在测量助手中,只要选中"轮廓线参数"中的"导数"选项即可生成导数图像,如图8-6 所示。

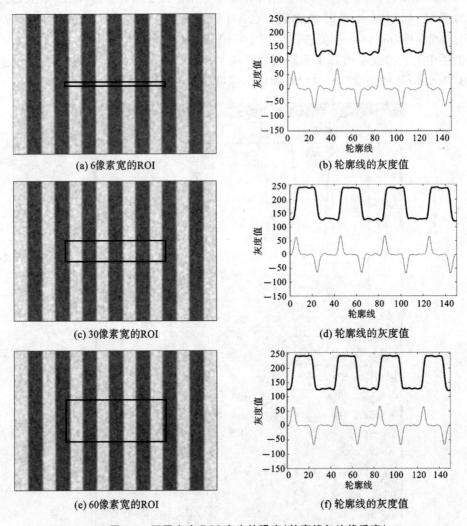

图 8-4　不同宽度 ROI 产生的噪声（轮廓线与边缘垂直）

8.2.2　模糊测量

　　模糊测量是标准测量的一种扩展，并不意味着测量是"模糊"的，而是用模糊隶属度函数来控制边缘的选择。模糊隶属度函数就是将边缘的特征值转化为隶属度值，基于这些隶属度值做出是否选择边缘的决定，即当隶属度值大于设定的模糊阈值（fuzzy thresh）时，边缘就会被选中，反之则不会被选中。例如，在测量开关引脚（见图 8-7）宽度和相邻引脚之间的距离时，金属材质的引脚可能会导致光反射，直接用一维测量会产生错误的结果（见图 8-8），这时可将"引脚的宽度大约为 9 个像素"这个信息转化为模糊隶属度函数。若预期宽度为 9 个像素，则对应的隶属度值为 1；若测量宽度与预期宽度相差 3 个像素以上，则隶属度值为 0；对于中间的宽度则采用线性插值，即宽度为 8 个像素的隶属度值为 0.67。当设置的阈值为 0.5 时，在宽度为 7.5～10.5 个像素之间的边缘对才会被选中。通过这样的模糊测量方法可以正确测量引脚的宽度（见图 8-9）。

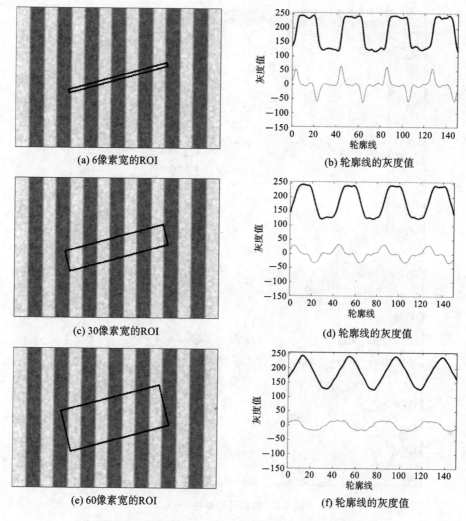

(a) 6像素宽的ROI

(b) 轮廓线的灰度值

(c) 30像素宽的ROI

(d) 轮廓线的灰度值

(e) 60像素宽的ROI

(f) 轮廓线的灰度值

图 8-5　不同宽度 ROI 产生的噪声(轮廓线与边缘不垂直)

　　像上述对特征值进行加权得到的隶属度值的集合,就是模糊集。如果定义了多个模糊集,则需要聚合各个模糊集的隶属度值,即整体的隶属度值等于各个模糊集的隶属度值的几何平均值。例如,可使用"contrast"和"position"两种模糊集来选择轮廓线起点处的显著边缘。假设沿轮廓线 a 处的边缘幅值为 b,则应先确定两个模糊集各自的隶属度值。如果根据 b 算出"contrast"模糊集的隶属度值为 m,根据 a 算出"position"模糊集的隶属度值为 n,则整体的隶属度值 k 可以表示为

$$k = \sqrt{m \cdot n}$$

(8-1)

模糊测量的主要步骤如下。

(1) 使用算子 create_funct_1d_pairs 创建模糊函数。

(2) 使用算子 set_fuzzy_measure 或 set_fuzzy_measure_norm_pair 为模糊集指定模糊隶属度函数。注意:可以重复调用算子定义多个模糊集,但是不能对同一模糊集指定多个模糊隶属度函数,指定第二个模糊隶属度函数意味着放弃第一个已定义的模糊隶属度函数并将其替换为第二个模糊隶属度函数,之前为模糊集指定的模糊隶属度函数可以通过 reset_fuzzy_measure 算子删除。

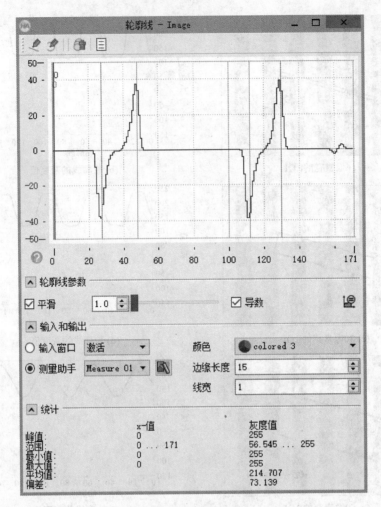

图 8-6　轮廓线导数图

图 8-7　开关引脚

图 8-8 错误的测量结果 　　　　　　　　图 8-9 模糊测量结果

（3）使用算子 fuzzy_measure_pos、fuzzy_measure_pairs 或 fuzzy_measure_pairing 提取模糊测量的边缘或边缘对。

8.2.3 一维测量典型相关算子

gen_measure_rectangle2（∶∶Row，Column，Phi，Length1，Length2，Width，Height，Interpolation∶MeasureHandle）

功能：利用矩形创建一个线性测量对象。

Row、Column：矩形的中心行、列坐标。

Phi：矩形的纵轴与水平轴的夹角（弧度）。

Length1：轮廓线长度的一半。

Length2：投影线长度的一半。

Width、Height：需要处理的图像的宽、高。

Interpolation：插值方法。

MeasureHandle：测量对象的句柄。

gen_measure_arc（∶∶CenterRow，CenterCol，Radius，AngleStart，AngleExtent，AnnulusRadius，Width，Height，Interpolation∶MeasureHandle）

功能：利用圆弧创建一个扇环测量对象。

CenterRow、CenterCol：轮廓线所在圆的圆心行、列坐标。

Radius：轮廓线所在圆的半径。

AngleStart：轮廓线上起始点的角度（弧度值）。

AngleExtent：轮廓线的角度范围。

AnnulusRadius：扇环投影区域宽度的一半。

Width、Height：需要处理的图像的宽、高。

Interpolation：插值方法。

MeasureHandle：测量对象的句柄。

measure_pos（Image∶∶MeasureHandle，Sigma，Threshold，Transition，Select∶RowEdge，ColumnEdge，Amplitude，Distance）

功能：提取测量区域内垂直于矩形或者扇环的边缘。

Image：输入图像。

MeasureHandle：测量对象的句柄。

Sigma：进行高斯平滑的方差值，$0.4 \leqslant Sigma \leqslant 100$。

Threshold：边缘的最小幅值，只有轮廓线一阶导数的绝对值大于它时，边缘才会被选中。

Transition：边缘灰度值过渡类型，将沿主轴方向从暗到亮变化定义为正向边缘（positive），从亮到暗变化为负向边缘（negative）。

Select：选择返回的边缘点。如果 Select 设置为"all"，则返回所有边缘点；如果设置为"first"，则只返回第一个提取的边缘点；若设置为"last"，则只返回最后一个边缘点。

RowEdge、ColumnEdge：边缘中心坐标。

Amplitude：边缘梯度幅值，即相应的一阶导数值（带符号）。

Distance：连续边缘之间的距离。

measure_pairs(Image ：：MeasureHandle，Sigma，Threshold，Transition，Select ：RowEdgeFirst，ColumnEdgeFirst，AmplitudeFirst，RowEdgeSecond，ColumnEdgeSecond，AmplitudeSecond，IntraDistance，InterDistance)

功能：提取测量区域内垂直于矩形或者扇环的边缘对。

Sigma：进行高斯平滑的方差值，$0.4 \leqslant Sigma \leqslant 100$。

Threshold：边缘的最小幅值。

Transition：边缘灰度值过渡类型。

Select：选择返回的边缘对。

RowEdgeFirst、ColumnEdgeFirst：边缘对中第一个边缘的中心行、列坐标。

AmplitudeFirst：边缘对中第一个边缘的过渡幅值，即第一个边缘的一阶导数值。

RowEdgeSecond、ColumnEdgeSecond：边缘对中第二个边缘的中心行、列坐标。

AmplitudeSecond：边缘对中第二个边缘的过渡幅值，即第二个边缘的一阶导数值。

IntraDistance：一组边缘对内两个边缘之间的距离（亚像素）。

InterDistance：连续边缘对之间的距离（亚像素）。

measure_projection(Image ：：MeasureHandle ：GrayValues)

功能：提取垂直于矩形或扇环的灰度值轮廓。

MeasureHandle：测量对象的句柄。

GrayValues：灰度值轮廓线，即原始未平滑的轮廓线，用数组表示。

create_funct_1d_pairs(：：XValues，YValues ：Function)

功能：由至少两对数值组成的分段线性函数，按 x 值升序排序，即可生成模糊隶属度函数。

XValues：函数点的 x 值，指边缘或边缘对的特征。

YValues：函数点的 y 值，指对应特征值的隶属度值，$0.0 < y < 1.0$。

Function：生成的模糊隶属度函数。

smooth_funct_1d_gauss(：：Function，Sigma ：SmoothedFunction)

功能：用高斯函数平滑等距一维函数。

Function：原始未平滑的函数。

Sigma：进行高斯平滑的方差值，$0.1 \leqslant Sigma \leqslant 50.0$。

SmoothedFunction：经高斯平滑后的函数。

set_fuzzy_measure(: : MeasureHandle, SetType, Function :)

功能:指定一个模糊隶属度函数,将标准度量对象转换为模糊度量对象。

MeasureHandle:标准度量对象的句柄。

SetType:选择模糊隶属度函数。主要有 contrast、position、position_pair(只适用于边缘对)、size(只适用于边缘对)和 gary(只适用于边缘对)等五种类型。

Function:模糊隶属度函数所应用的函数的名称。

set_fuzzy_measure_norm_pair(: : MeasureHandle, PairSize, SetType, Function :)

功能:使用归一化模糊隶属度函数创建模糊度量对象。与 set_fuzzy_measure 不同,这些函数的横坐标 x 必须相对于边缘对的预期宽度 s(在参数 PairSize 中传递)来定义。

PairSize:边缘对的预期宽度。

SetType:选择模糊隶属度函数。

fuzzy_measure_pos (Image : : MeasureHandle, Sigma, AmpThresh, FuzzyThresh, Transition : RowEdge, ColumnEdge, Amplitude, FuzzyScore, Distance)

功能:提取垂直于矩形或扇环的边缘,与 measure_pos 算子不同的是,该算子使用模糊函数来判断和选择边缘。

AmpThresh:边缘梯度最小阈值,边缘的一阶导数绝对值大于该值才会被选中。

FuzzyThresh:最小模糊阈值,权重的几何平均值大于该值,边缘才会被选中。

RowEdge、ColumnEdge:边缘点的行、列坐标。

Amplitude:边缘梯度幅值(带符号),即一阶导数值。

FuzzyScore:边缘模糊评估的分数。

fuzzy_measure_pairs(Image : : MeasureHandle, Sigma, AmpThresh, FuzzyThresh, Transition : RowEdgeFirst, ColumnEdgeFirst, AmplitudeFirst, RowEdgeSecond, ColumnEdgeSecond, AmplitudeSecond, RowEdgeCenter, ColumnEdgeCenter, FuzzyScore, IntraDistance, InterDistance)

功能:提取垂直于矩形或扇环的直边缘对。与 measure_pairs 算子不同的是,该算子使用模糊函数来判断和选择边缘对。

RowEdgeCenter、ColumnEdgeCenter:边缘对的中心行、列坐标。

reset_fuzzy_measure(: : MeasureHandle, SetType :)

功能:更改或重置一个模糊隶属度函数。

8.2.4 一维测量实例

【例 8-1】 机器视觉检测精度高,检测速度快,同时可有效避免人工检测带来的主观性和个体差异,在工业检测领域中占有越来越重要的地位。请使用一维测量方法来测量下面零件的弧形边缘的宽度,如图 8-10 所示。

测量思路如下:

(1) 使用 gen_measure_arc 算子创建测量区域;

(2) 使用 measure_pairs 算子提取边缘对;

(3) 显示结果。

程序如下:

图 8-10　测量弧形边缘的宽度

```
*读取图像
read_image (Zeiss1, 'zeiss1')
*获得图像的大小
get_image_size (Zeiss1, Width, Height)
*关闭图形窗口
dev_close_window ()
*打开适合图像大小的窗口
dev_open_window (0, 0, Width , Height, 'black', WindowHandle)
*设置字体
set_display_font (WindowHandle, 14, 'mono', 'true', 'false')
*显示图片
dev_display (Zeiss1)
*显示"Press Run (F5) to continue"
disp_continue_message (WindowHandle, 'black', 'true')
stop ()
*设置弧形中心点的坐标
Row :=275
Column :=335
*设置弧形的半径
Radius :=107
*设置弧形的长度范围
AngleStart :=-rad(55)
AngleExtent :=rad(170)
*设置填充方式、颜色、线宽
```

```
dev_set_draw ('fill')
dev_set_color ('green')
dev_set_line_width (1)
*得到椭圆圆周上的各点
get_points_ellipse (AngleStart + AngleExtent, Row, Column, 0, Radius,
Radius, RowPoint, ColPoint)
*绘制弧形线
disp_arc (WindowHandle, Row, Column, AngleExtent, RowPoint, ColPoint)
dev_set_line_width (3)
*生成扇环测量对象
gen_measure_arc (Row, Column, Radius, AngleStart, AngleExtent, 10, Width,
Height, 'nearest_neighbor', MeasureHandle)
disp_continue_message (WindowHandle, 'black', 'true')
stop ()
*提取垂直于矩形或扇环的直线边缘
n := 10
for i := 1 to n by 1
    measure_pos (Zeiss1, MeasureHandle, 1, 10, 'all', 'all', RowEdge,
ColumnEdge, Amplitude, Distance)
endfor
disp_continue_message (WindowHandle, 'black', 'true')
*计算两点之间的距离
distance_pp (RowEdge[1], ColumnEdge[1], RowEdge[2], ColumnEdge[2],
IntermedDist)
*设置线段颜色
dev_set_color ('red')
*绘制两点之间的直线
disp_line (WindowHandle, RowEdge[1], ColumnEdge[1], RowEdge[2],
ColumnEdge[2])
*设置文本颜色
dev_set_color ('yellow')
*显示测量得到的像素距离
disp_message (WindowHandle, 'Distance: ' + IntermedDist, 'image', 200,
460, 'red', 'false')
*清除图形窗口
dev_clear_window ()
```

运行程序，结果如图 8-11 所示。

 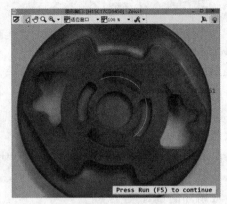

(a) 生成测量区域 　　　　　　　　 (b) 提取边缘对并显示宽度

图 8-11　测量弧形边缘的宽度的结果

8.3　HALCON 二维测量

　　针对各种不同的二维测量任务，HALCON 提供了多种测量方法。二维测量提取的二维特征通常包括面积（表示对象的像素数）、方向、角度、位置、尺寸及对象的数量。

　　二维测量任务从创建提取图像的区域或轮廓开始，提取感兴趣的特征主要有区域处理、轮廓处理和几何运算这三种方法。

8.3.1　区域处理

　　区域处理主要指 BLOB 分析，该方法只能提取像素精度的边缘，主要包括四个步骤，即图像预处理、图像区域的分割、图像区域的处理、图像特征的提取。

1. 图像预处理常用算子

1) 有关图像的算子及算子的功能

mean_image 和 binomial_filter：消除噪声。

median_image：抑制小斑点或细线。

gray_opening_shape 和 gray_closing_shape：灰度值的开运算和闭运算。

smooth_image：图像平滑。

anisotropic_diffusion：保留边缘的图像平滑。

sub_image：图像灰度值相减。

2) 有关区域的算子及算子的功能

fill_up：填充区域中的孔洞。

opening_circle 和 opening_rectangle1：消除小区域（比如圆形/矩形结构元素）和平滑区域的边界。

closing_circle 和 closing_rectangle1：填充尺寸小于圆形/矩形结构元素的孔洞和平滑区域边界。

2. 图像区域分割算子

threshold、binary_threshold、auto_threshold、dyn_threshold、fast_threshold、local_ threshold：根据灰度值的分布来分割感兴趣的区域。

gray_histo、histo_to_thresh 和 intensity：获得图片的灰度值。

connection：将图像中感兴趣的区域分割成几个区域，即每个连接的组件都是单独的区域。

watershed：分水岭算子，基于拓扑结构而不是灰度值的分布来分割图像。

regiongrowing：区域生长算子，按照强度分割图片从而获得具有相同强度的区域。

3. 图像区域处理算子

select_shape 和 select_gray：选择有特定特征的区域。

dilation_rectangle1：扩张有矩形元素的区域。

union1 和 union2：合并多个区域。

intersection：获得两区域的交集。

difference：获得一个区域减去两区域交集的部分。

complement：计算区域的补集。

shape_trans：拟合区域。

skeleton：计算区域的框架。

4. 特征提取算子

area_center：计算任意形状区域的面积和中心坐标。

smallest_circle：计算包围区域的最小外接圆。

smallest_rectangle1：计算平行坐标轴的最小外接矩形参数。

smallest_rectangle2：计算区域任意方向最小外接矩形参数。

inner_rectangle1：计算平行于坐标轴的最大内接矩形。

inner_circle：计算区域的最大内接圆。

diameter_region：计算区域内两个边界点之间的最大距离。

orientation_region：计算区域的方向。

注意：orientation_region 和 smallest_rectangle2 都可以用于确定对象的方向，但方法不同。orientation_region 是基于 elliptic_axis 计算等效椭圆的方向，而 smallest_rectangle2 是计算最小外接矩形的方向。因此，需要根据对象的形状选择最合适的算子。图 8-12(a)(b)分别表示由等效椭圆和最小外接矩形确定字符"L"得到的结果。除了方向不同之外，两算子返回值的范围也不同。orientation_region 的返回值范围为 $-180°\sim180°$，而 smallest_rectangle2 的返回值范围则为 $-90°\sim90°$。

8.3.2 轮廓处理

轮廓处理适用于高精度测量，可提取像素精度和亚像素精度的边缘与线条，其主要包括五个步骤：①创建轮廓；②选择轮廓；③分割轮廓；④利用已知形状拟合轮廓段来提取特征；⑤提取未知轮廓的特征。

1. 创建轮廓

轮廓处理由创建轮廓开始，创建轮廓常用的方法是提取边缘。边缘是一张图片中亮暗区域的过渡位置，可以由图像梯度计算得出。图像梯度也可以表示为边缘幅度和边缘方向。通过选择具有较大边缘幅值的像素点或者有特定边缘方向的像素点，可以提取区域的边缘以创建轮廓。

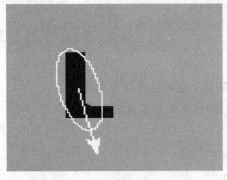

(a) 等效椭圆　　　　　　　　　　　　　　(b) 最小外接矩形

图 8-12　等效椭圆或最小外接矩形确定的方向

1）提取像素精度的边缘和线条

提取像素精度的边缘可以使用边缘滤波器。边缘滤波器通过阈值算子选取具有给定最小边缘幅度的像素来提取边缘区域，再对得到的边缘区域进行细化（如使用算子 skeleton），得到一个像素精度的边缘。常见的像素精度边缘滤波器包括运算速度较快的 Sobel_amp 及速度较慢但已经阈值化和细化的 edges_image。edges_image 的运算结果比 Sobel_amp 更精确，图 8-13 所示为使用 edges_image 获得的像素精度的边缘。edges_image 及其在彩色图像中对应的算子 edges_color 的参数 Filter 可以设置为"Sobel_fast"，该算子的运算速度也很快，但其只适合噪声或纹理小、边缘锐利的图像。

图 8-13　像素精度边缘

除了提取边缘之外，还可以提取具有一定宽度的线条。一般采用滤波算子 bandpass_image，该算子具有阈值化和细化功能。

注意：对边缘滤波器产生的边缘图像进行阈值化和细化之后，可将细化后的边缘区域转化为 XLD 轮廓（如算子 gen_contours_skeleton_xld）。

2）提取亚像素精度的边缘和线条

亚像素精度边缘是比像素精度边缘精度更高的边缘，即 XLD 轮廓。

（1）提取亚像素精度边缘的常用算子如下。

edges_sub_pix：提取一般边缘。

edges_color_sub_pix：提取彩色图像中的边缘。

zero_crossing_sub_pix：以亚像素精度提取图像中的零交叉点。

（2）提取亚像素精度线条（有一定宽度）的常用算子如下。

lines_gauss：提取一般的亚像素精度线条。

lines_facet：使用 facet 模型提取亚像素精度线条。

lines_color：提取彩色图像中的亚像素精度线条。

此外，提取 XLD 轮廓的另一种快速方法是亚像素精度阈值分割，即使用算子 threshold_sub_pix，该算子可以应用于整个图像。

图 8-14 所示为使用 edges_sub_pix 算子获得的亚像素精度边缘。

图 8-14　亚像素精度边缘

2. 选择轮廓

1）根据特征选择轮廓的常用算子

select_shape_xld：选择特定形状特征的 XLD 轮廓或多边形。

select_contures_xld：选择多种特征要求的 XLD 轮廓（如长度、开闭、方向等特征）。

select_xld_point：与鼠标结合使用，以交互方式选择轮廓。

2）通过轮廓合并将接近的轮廓段合并成一个 XLD 轮廓的常用算子

union_collinear_contours_xld：合并在同一直线上的 XLD 轮廓。

union_cocircular_contours_xld：合并在同一个圆上的 XLD 轮廓。

union_adjacent_contours_xld：合并相邻的 XLD 轮廓。

union_cotangential_contours_xld：合并余切的 XLD 轮廓。

3）集合论中有关轮廓选择的算子

intersection_closed_contours_xld、intersection_closed_polygons_xld：计算由闭合轮廓（多边形）包围的区域之间的交集。

difference_closed_contours_xld、difference_closed_polygons_xld：计算由闭合轮廓（多边形）包围的区域之间的差异。

symm_difference_closed_contours_xld、symm_difference_closed_polygons_xld：计算由闭

合轮廓(多边形)包围的区域之间的对称差。

union2_closed_contours_xld、union2_closed_polygons_xld：计算由闭合轮廓(多边形)包围的区域之间的并集。

4) 简化轮廓的算子

shape_trans_xld：将轮廓转换为最小的封闭圆、具有相同参数(长短轴之比和面积)的椭圆、凸区域或最小的封闭矩形(平行于坐标轴或具有任意方向)。

图 8-15 所示为将轮廓转化为最小的封闭圆、具有相同参数的椭圆和任意方向的最小封闭矩形。

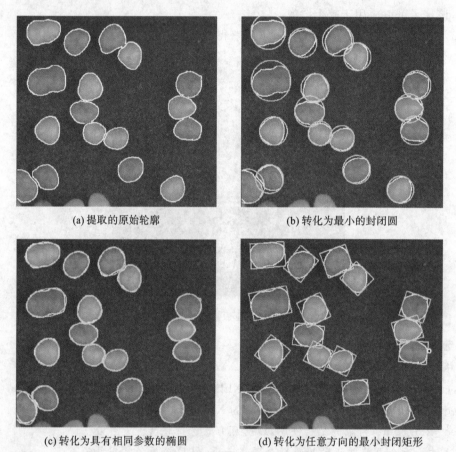

(a) 提取的原始轮廓　　　　　　　　　　　(b) 转化为最小的封闭圆

(c) 转化为具有相同参数的椭圆　　　　　(d) 转化为任意方向的最小封闭矩形

图 8-15　将轮廓转化为近似形状

3. 分割轮廓

选择的轮廓通常由或多或少的复杂形状组成。将轮廓分割成相对简单的轮廓段(如直线、圆等)可以使轮廓分析更容易,因为组成轮廓的部分都可以单独测量。测量时,将直线或圆等形状基元拟合到轮廓上,即可得到其参数,如圆的直径和直线的长度。用于形状拟合的基元包括线、圆弧、椭圆弧和矩形。

使用 segment_contours_xld 算子分割轮廓。根据选择的参数,可将轮廓分割成直线段(见图 8-16),每个单独轮廓段的形状信息存储在属性 cont_approx 中。如果只需要直线段,则可以使用 gen_polygons_xld 算子。若要获取多边形的各个边,则可使用 split_contours_xld 算子。

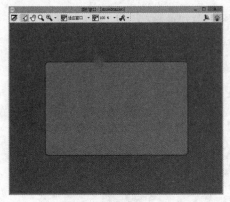
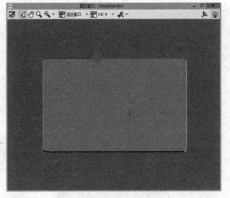

(a) 原始图像　　　　　　　　　　　　　　　　(b) 分割成直线段的结果

图 8-16　分割轮廓

4. 利用已知形状拟合轮廓来提取特征

在选择轮廓和分割轮廓之后,将形状基元拟合到轮廓或轮廓段以获得它们特定的形状参数。可以选择的形状基元包括线段、圆弧、椭圆弧和矩形,特定的形状参数包括线段的端点、圆的半径和中心等。各个单独的轮廓段可以使用算子 get_contour_global_attrib_xld 来查询属性 cont_approx 的值。cont_approx=-1,对应的轮廓最适合被拟合为直线段;cont_approx=0,对应的轮廓最适合被拟合为椭圆弧;cont_approx=1,对应的轮廓最适合被拟合为圆弧。

主要的拟合算子如下。

fit_line_contour_xld:拟合线段。

fit_circle_contour_xld:拟合圆。

fit_ellipse_contour_xld:拟合椭圆。

fit_rectangle2_contour_xld:拟合矩形。

利用拟合得到的参数可以生成相应的轮廓,从而进行可视化或进一步处理。生成轮廓的算子如下。

gen_contour_polygon_xld:生成线段。

gen_circle_contour_xld:生成圆。

gen_ellipse_contour_xld:生成椭圆。

gen_rectangle2_contour_xld:生成矩形。

图 8-17 所示为将圆弧拟合到各个圆弧轮廓段中,并显示半径。

5. 提取未知轮廓的特征

对于不能用已知的形状基元来描述的轮廓,HALCON 提供了以下算子来计算轮廓的一般特征。

area_center_xld:求 XLD 包围的区域面积、重心以及边界点的排列顺序。

diameter_xld:计算 XLD 上距离最远的两个点的坐标及距离。

elliptic_axis_xld:获得 XLD 的等效椭圆参数。

length_xld:获得 XLD 的长度。

orientation_xld:获得 XLD 的方向。

smallest_circle_xld:获得 XLD 的最小外接圆的圆心和半径。

smallest_rectangle1_xld:获得 XLD 的最小外接矩形(与坐标轴平行)的左上角与右下角

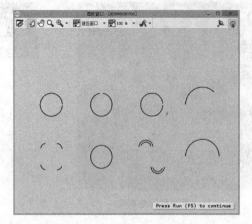

(a) 提取得到的轮廓段

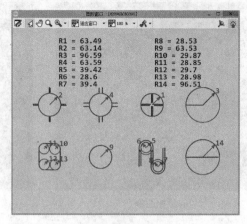

(b) 拟合圆的结果

图 8-17 拟合圆

的坐标。

smallest_rectangle2_xld:获得 XLD 的最小外接矩形(任意方向)的参数。

注意:在使用 area_center_xld 算子计算 XLD 面积时,得到的是轮廓围成的整个区域的面积。当 XLD 包围的区域内存在孔洞时,必须提取孔洞的轮廓以得到其面积,并从外部轮廓包围的面积中减去孔洞的面积。可以使用算子 area_holes 计算区域中孔洞的面积。

有些算子只作用于没有自相交的轮廓。由于自相交可能是由于算子的内部计算而产生的,因此可以应用算子 test_self_intersection_xld 来检查轮廓是否自相交。也可以使用相应的点云算子解决由于自相交而导致的问题。可用的算子包括 area_center_points_xld、moments_points_xld、orientation_points_xld、elliptic_axis_points_xld、eccentricity_points_xld、moments_any_points_xld。

8.3.3 几何运算

HALCON 为几何运算提供了一系列算子,用于计算点、线、线段、轮廓或区域等元素之间的关系。表 8-1 所示为计算元素间距离的算子。

表 8-1 计算距离的算子

元 素	算 子				
	点	线	线段	轮廓	区域
点	distance_pp	distance_pl	distance_ps	distance_pc	distance_pr
线	distance_pl	—	distance_sl	distance_lc	distance_lr
线段	distance_ps	distance_sl	distance_ss	distance_sc	distance_sr
轮廓	distance_pc	distance_lc	distance_sc	distance_cc distance_cc_min	—
区域	distance_pr	distance_lr	distance_sr	—	distance_rr_min distance_rr_min_dil

此外,HALCON 还提供了进一步进行几何运算的算子,主要如下。

angle_ll：获得两条直线之间的夹角。

angle_lx：获得直线与垂直轴的夹角。

get_points_ellipse：获得椭圆上对应特定角度的点。

intersection_lines：获得两条直线的交点。

projection_pl：获得点在直线上的投影。

8.3.4 二维测量例程

【例 8-2】 从一个金属部件（见图 8-18）中提取其特征，并计算各圆的圆心的距离。

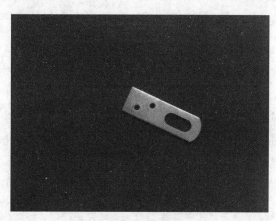

图 8-18 待测的金属部件

程序如下：

```
*读取图片
read_image (Image, '待测的金属部件.png')
get_image_size (Image, Width, Height)
dev_close_window ()
dev_open_window (0, 0, Width, Height, 'light gray', WindowID)
dev_set_part (0, 0, Height -1, Width -1)
dev_set_line_width (3)
dev_set_color ('white')
dev_set_draw ('margin')
dev_display (Image)
set_display_font (WindowID, 16, 'mono', 'true', 'false')
stop ()
*设置区域填充形式：全部区域
dev_set_draw ('fill')
*二值化
threshold (Image, Region, 100, 255)
*得到区域的面积、中心坐标和区域的方向
area_center (Region, AreaRegion, RowCenterRegion, ColumnCenterRegion)
```

```
    orientation_region (Region, OrientationRegion)
    *显示区域和区域中心的行坐标
    dev_display (Region)
    disp_message (WindowID, 'Center Row: ' +RowCenterRegion$ '.5', 'window',
20, 10, 'white', 'false')
    *显示区域面积、区域中心的列坐标、区域的方向
    disp_message (WindowID, 'Area: ' +AreaRegion +' pixel', 'window', 20, 300,
'white', 'false')
    disp_message (WindowID, 'Center Column:  ' +ColumnCenterRegion$ '.5',
'window', 60, 10, 'white', 'false')
    disp_message (WindowID, 'Orientation: ' +OrientationRegion$ '.3' +' rad',
'window', 60, 300,'white', 'false')
    dev_set_color ('gray')
    *在窗口指定位置显示交叉点
    disp_cross (WindowID, RowCenterRegion, ColumnCenterRegion, 15, 0)
    *在窗口指定位置显示箭头
    disp _ arrow ( WindowID, RowCenterRegion, ColumnCenterRegion,
RowCenterRegion - 60 * sin (OrientationRegion), ColumnCenterRegion + 60
* cos(OrientationRegion), 2)
    stop ()
    *提取亚像素精度轮廓
    edges_sub_pix (Image, Edges, 'canny', 0.6, 30, 70)
    *分割轮廓
    segment_contours_xld (Edges, ContoursSplit, 'lines_circles', 6, 4, 4)
    *清除窗口
    dev_clear_window ()
    *设置多种输出颜色
    dev_set_colored (12)
    *显示分割后的 XLD
    dev_display (ContoursSplit)
    stop ()
    *打开新的图形窗口
    dev_open_window (0, round(Width / 2), (535 - 225) * 2, (395 - 115) * 2, 'black',
WindowHandleZoom)
    *设置显示的区域
    dev_set_part (round(115), round(225), round(395), round(535))
    *设置字体
    set_display_font (WindowHandleZoom, 18, 'mono', 'true', 'false')
    *计算连通域的个数
```

```
count_obj (ContoursSplit, NumSegments)
dev_display (Image)
NumCircles :=0
RowsCenterCircle :=[]
ColumnsCenterCircle :=[]
disp_message (WindowHandleZoom, 'Circle radii: ', 'window', 120, 230,
'white', 'false')
*拟合测量
for i :=1 to NumSegments by 1
    select_obj (ContoursSplit, SingleSegment, i)
    *得到轮廓的'cont_approx'属性，其值为-1表示直线，值为 1 表示圆
    get_contour_global_attrib_xld (SingleSegment, 'cont_approx', Attrib)
    *提取圆形轮廓段的半径
    if (Attrib ==1)
        NumCircles :=NumCircles +1
            fit_circle_contour_xld (SingleSegment, 'atukey', -1, 2, 0, 5,
                            2, Row, Column, Radius, StartPhi,
                            EndPhi, PointOrder)
            gen_circle_contour_xld (ContCircle, Row, Column, Radius, 0,
rad(360), 'positive', 1)
        RowsCenterCircle :=[RowsCenterCircle,Row]
        ColumnsCenterCircle :=[ColumnsCenterCircle,Column]
        dev_display (ContCircle)
        disp_message (WindowHandleZoom, 'C' +NumCircles, 'window', Row -
                    Radius -10, Column, 'white', 'false')
        disp_message (WindowHandleZoom, 'C' +NumCircles +': Radius =' +
                    Radius$ '.4', 'window', 275 +NumCircles * 15, 230,
                    'white', 'false')
    endif
endfor
*计算圆 C2、C3 圆心的距离，显示圆心的连线，显示圆心的距离
distance_pp (RowsCenterCircle [1], ColumnsCenterCircle [1],
RowsCenterCircle[2],ColumnsCenterCircle[2], Distance_2_3)
disp_line (WindowHandleZoom, RowsCenterCircle[1], ColumnsCenterCircle
[1], RowsCenterCircle[2], ColumnsCenterCircle[2])
disp_message (WindowHandleZoom, 'Distance C2-C3 =' +Distance_2_3$ '.4',
'window', 275 +(NumCircles +3) *15, 230, 'magenta', 'false')
*计算圆 C1、C3 圆心的距离，显示圆心的连线，显示圆心的距离
distance_pp (RowsCenterCircle [0], ColumnsCenterCircle [0],
RowsCenterCircle[2], ColumnsCenterCircle[2], Distance_1_3)
```

```
    disp_line (WindowHandleZoom, RowsCenterCircle[0], ColumnsCenterCircle
[0],RowsCenterCircle[2], ColumnsCenterCircle[2])
    disp_message (WindowHandleZoom, 'Distance C1-C3 = ' +Distance_1_3$ '.4',
'window', 275 + (NumCircles +2) *15, 230, 'yellow', 'false')
```
*计算圆 C4、C5 圆心的距离，显示圆心的连线，显示圆心的距离
```
    distance _ pp ( RowsCenterCircle [ 3 ], ColumnsCenterCircle [ 3 ],
RowsCenterCircle[4],ColumnsCenterCircle[4], Distance_4_5)
    disp_line (WindowHandleZoom, RowsCenterCircle[3], ColumnsCenterCircle
[3], RowsCenterCircle[4], ColumnsCenterCircle[4])
    disp_message (WindowHandleZoom, 'Distance C4-C5 = ' +Distance_4_5$ '.4',
'window', 275 + (NumCircles +4) *15, 230, 'cyan', 'false')
    stop ()
```
*激活图形窗口
```
dev_set_window (WindowHandleZoom)
dev_close_window ()
dev_set_part (0, 0, Height -1, Width -1)
dev_update_window ('on')
```
运行程序,结果如图 8-19 所示。

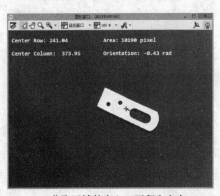

(a) 获取区域的中心、面积和方向

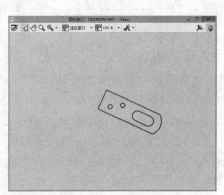

(b) 提取亚像素精度的XLD

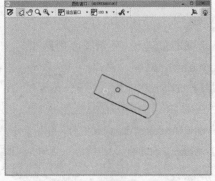

(c) 分割轮廓

图 8-19　从金属部件中提取特征并进行测量

(d) 拟合轮廓段   (e) 计算圆心距离

续图 8-19

8.4 HALCON 三维测量

三维物体有多种测量方法。如果能够在一个指定的平面上测量,则可结合相机标定和二维测量;如果需要三维对象的表面测量或无法将测量缩减到单个指定平面,则可以将三维重建与测量结合起来。也就是说,可以使用三维重建为三维对象返回点、曲面或深度信息,再对该信息进行测量。

要重建三维对象的表面,可以使用以下方法:

(1) HALCON 的立体视觉功能允许基于两个(双目立体)或多个(多目立体)图像确定物体表面上任何点的三维坐标,这些图像从不同相机的视角获取。

(2) 通过激光三角测量获得物体的深度信息。需注意的是,除了相机外,还需要使用额外的硬件,如激光线投影仪及相对于相机和激光器移动物体的装置。

8.4.1 双目立体视觉测量

双目立体视觉是机器视觉的一种重要形式,它是基于视差原理并由多幅图像获取物体三维几何信息的方法。双目立体视觉系统一般由双相机从不同角度同时获得被测物体的两幅数字图像,或由单相机在不同时刻获得被测物体的两幅数字图像,并基于视差原理恢复出物体的三维几何信息,重建物体三维轮廓及位置。

1. 双目立体视觉测量的原理

假设两个具有相同内参数的相机平行放置,如图 8-20 所示,且连接两台相机光学中心的直线与第一台相机的 x 轴重合。将点 $P(x^c, z^c)$ 投影到两台相机的成像平面中,得到点 P 在两个图像平面中的坐标为

$$u_1 = f \cdot \frac{x^c}{z^c} \tag{8-2}$$

$$u_2 = f \cdot \frac{x^c - b}{z^c} \tag{8-3}$$

式中:f 为焦距;b 为基线距。由点 P 投影到两个成像平面中得到的一对图像点通常称为共轭

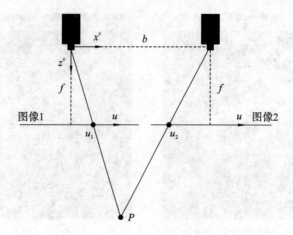

图 8-20　双目立体视觉成像原理

点或同源点。共轭点在这两个成像平面内的位置差称为视差 d，可表示为

$$d = (u_2 - u_1) = -\frac{f \cdot b}{z^c} \tag{8-4}$$

给定相机参数和两个共轭点的图像坐标，可得点 P 的纵坐标 z^c：

$$z^c = -\frac{f \cdot b}{d} \tag{8-5}$$

要确定点 P 与立体相机系统的距离，则需要确定两个相机的参数以及第二个相机相对于第一个相机的相对位姿。

因此，双目立体视觉系统所要解决的问题是确定相机的参数和共轭点。两个相机的参数可通过标定立体相机系统来完成。标定方法与单相机标定方法十分相似，算子也相同。共轭点的确定只需在 HALCON 中调用 binocular_disparity 算子来完成。

2. 双目立体视觉系统结构和精度分析

由双目立体视觉的基本原理可知，若要获得三维空间某点的三维坐标，则两个成像平面上都需存在相应点。双目立体视觉的一般结构为交叉摆放的两个相机，它们从不同角度观测同一物体，图 8-21 和 8-22 所示分别为实物图和原理图。事实上，也可以由一台相机获取两幅图像，例如，一个相机按照给定方式运动，在不同位置观测同一个静止的物体，或者通过光学成像的方式将两幅图像投影到一个相机上。

各种结构的双目立体视觉系统都有各自的优缺点，适用于不同的应用场合。对于测量范围大和测量精度要求较高的场合，可采用基于双相机的双目立体视觉系统；对于测量范围比较小且对视觉系统体积和质量要求严格，需要高速实时测量的场合，可选择基于光学成像的单相机视觉系统。

基于双相机的双目立体视觉系统必须安装在一个稳定的平台上，在进行双目立体视觉系统标定及应用该系统进行测量时，应确保相机的内参数（如焦距）和两个相机的相对位姿关系不变，如果任何一项发生变化，则需要重新对双目立体视觉系统进行标定。

双目立体视觉系统的安装方法会影响测量结果的精度。测量的精度可表示为

$$\Delta z = \frac{z^2}{f \cdot b} \Delta d \tag{8-6}$$

式中：Δz 表示测量得出的被测点与双目立体视觉系统之间距离的精度；z 为被测点与双目立

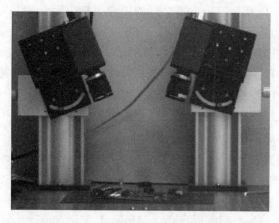

图 8-21　一般双目立体视觉系统实物

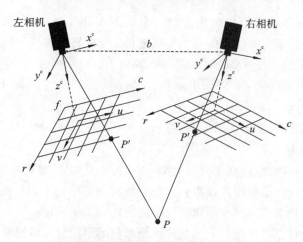

图 8-22　一般双目立体视觉系统原理

体视觉系统的绝对距离;f 为相机的焦距;b 为双目立体视觉系统的基线距;Δd 为被测点视差精度。

为了提高精度,应增大相机的焦距以及基线距,同时应该使被测物体尽可能地靠近立体视觉系统。另外,测量精度与视差精度有直接的关系。一般情况下,HALCON 中视差结果可以精确到 $1/10 \sim 1/5$ 个像素,如果一个像素代表 $7.4\ \mu m$,那么视差的精度可以达到 $1\ \mu m$。如果 b 和 z 之间的比值过大,则立体图像对之间的交叠区域非常小,这样就不能得到足够的物体表面信息。b/z 可以取的最大值取决于物体的表面特征。一般情况下,如果物体高度变化不明显,则 b/z 值可以取得大一些;如果物体表面高度变化明显,则 b/z 的值要小一些。无论在何种情况下,都要确保立体图像对之间的交叠区域足够大,并且两个相机应该大约对齐,即每个相机绕光轴旋转的角度不能过大。

3. 双目立体视觉系统的标定

为了进行双目立体视觉系统的标定,需要得到空间点的三维坐标以及该点在两幅图像中的对应关系,另外还需要给定两个相机的初始参数。拍摄标定板图像时,要保证标定板在两个相机中都能完整成像。

如果使用 HALCON 标准标定板,则首先可以通过算子 find_caltab 在标定板图像中分离出标定板区域,然后利用算子 find_marks_and_pose 通过亚像素阈值分割、亚像素边缘提取、圆心确定等一系列操作,计算标定板上每个点的图像坐标以及标定板与相机之间的大概位姿关系,即相机的外参数初始值。

如果使用自定义的标定板,则可以使用 HALCON 中的图像滤波、亚像素边缘及线提取、亚像素轮廓处理等基本算子,求取标定点的坐标并估算相机的外参数初始值。

获得标定点的坐标以及相机的初始参数后,可通过调用算子 binocular_calibration 来确定两个相机的内、外参数以及两个相机的相对位姿关系。

双目立体视觉的标定使用的算子如下:

find_caltab(Image : CalPlate : CalPlateDescr, SizeGauss, MarkThresh, MinDiamMarks :)

功能:分割图像中的标准标定板区域。

find_marks_and_pose(Image, CalPlateRegion : : CalPlateDescr, StartCamParam, StartThresh, DeltaThresh, MinThresh, Alpha, MinContLength, MaxDiamMarks : RCoord, CCoord, StartPose)

功能:抽取标定点并计算相机的内参数。输出 MARKS 坐标数组以及估算的相机外参数。标定板在相机坐标系中的位姿由三个平移量和三个旋转量构成。

binocular_calibration(: : NX, NY, NZ, NRow1, NCol1, NRow2, NCol2, StartCamParam1, StartCamParam2, NStartPose1, NStartPose2, EstimateParams : CamParam1, CamParam2, NFinalPose1, NFinalPose2, RelPose, Errors)

功能:计算双目立体视觉系统的所有参数。

4. 校正立体图像对

为了更精确地进行匹配,提高运算的效率,在获得相机的内、外参数后,应首先对立体图像对进行校正。校正的过程是将图像投影到一个公共的图像平面上,这个公共图像平面的方向由双目立体视觉系统的基线与两个原始图像平面交线的叉集确定。

校正后的图像对可以看作虚拟立体视觉系统采集的图像对。该视觉系统中相机的光心与实际相机的一致,只是通过相机绕光心的旋转使光轴平行,并且视觉系统中两个相机的焦距相同。这个虚拟立体视觉系统就是双目立体视觉原理中提到的最简单的平视双目视觉模型。

HALCON 将标定过程中获得的相机内参数以及两个相机的相对位姿关系作为参数传递给算子 gen_binocular_rectification_map,再将获得的两个图像的映射图传递给算子 map_image,由此可得到校正后的两幅图像,并可获得校正后虚拟立体视觉系统中两个相机的内、外参数。

图 8-23 所示为原始的立体图像对,其中两个相机相对旋转角度很大。相应的校正图像对如图 8-24 所示。

校正立体图像对使用的算子如下:

gen_binocular_rectification_map(: Map1, Map2 : CamParam1, CamParam2, RelPose, SubSampling, Method, MapType : CamParamRect1, CamParamRect2, CamPoseRect1, CamPoseRect2, RelPoseRect)

功能:产生变换映射。该算子描述的是两相机的图像到图像校正后的基平面的映射。

Map1、Map2:包含两相机映射数据的映射图。

CamParam1、CamParam2:两相机的原始参数。

RelPose:相机 2 对相机 1 的位姿。

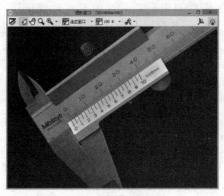 

(a) 相机1采集　　　　　　　　　　　　　　(b) 相机2采集

图 8-23　原始立体图像对

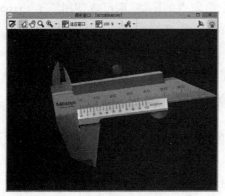 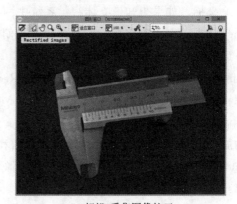

(a) 相机1采集图像校正　　　　　　　　　(b) 相机2采集图像校正

图 8-24　校正的立体图像对

SubSampling：相机的二次采样因素，可用于更改相对于原始图像的校正图像的大小和分辨率。

Method：图像校正方法。校正过程将原始图像投影到普通的校正图像平面上。可以通过参数 Method 选择定义此平面的方法，包括 geometric 和 viewing_direction 两种。

MapType：映射的插值方式。利用双线性插值法可产生更平滑的图像，而最近邻插值法的速度更快。

CamParamRect1、CamParamRect2：相机经图像校正后的内、外参数。

CamPoseRect1、CamPoseRect2：校正前的相机在校正后相机平面的位姿。

RelPoseRect：校正后相机 2 相对于相机 1 的位姿。

map_image(Image，Map：ImageMapped：：)

功能：校正图像。

Image：要校正的图像。

Map：包含校正数据的图像。

ImageMapped：校正结果图。

5. 获得图像中三维信息

为了得到图像中某点的三维信息，需要在另一幅图像中找到该点的对应点坐标。因此，要想获得物体的深度信息,首先需要对校正后的立体图像对进行匹配。由于经过校正后,两幅图像中的对应点在图像的同一行中,因此在匹配时只需要在相应的行中寻找匹配点。为了得到更佳的匹配结果,如果被测物体表面没有明显的特征信息,则测量时需要在物体表面增加特征点。另外,应避免被测物体同一行中有重复图案。

将校正后的图像以及虚拟立体视觉系统中的相机内、外参数传递给 binocular_disparity 算子,这时可以设置匹配窗口大小、相似度计算方式等参数,在匹配中使用图像金字塔可提高匹配速度,并且可以自我检测匹配结果的正确性。binocular_disparity 算子返回一个视差图(表示物体表面三维信息)和一个匹配分值图(表示匹配结果的准确程度)。

算子 binocular_distance 与 binocular_disparity 类似,只是返回一个深度图(物体表面在第一个相机坐标系中的深度信息)和一个匹配分值图。

得到视差图之后,可以使用算子 disparity_to_point_3d 和 disparity_image_to_xyz 得到点的 x、y、z 坐标。如果想知道立体视觉系统中两个给定点的距离,则可以使用算子 disparity_to_distance 从视差图中确定相应的视差并将它们转换为距离。

各算子的说明如下:

binocular_disparity(ImageRect1, ImageRect2 : Disparity, Score : Method, MaskWidth, MaskHeight, TextureThresh, MinDisparity, MaxDisparity, NumLevels, ScoreThresh, Filter, SubDisparity :)

功能:基于相关性的方法计算得到视差图和匹配分值图。

ImageRect1、ImageRect2:经过校正的图像。

Disparity:视差图。

Score:匹配分值图。

Method:选择匹配函数。

MaskWidth、MaskHeight:设置匹配窗口的宽度、高度。

TextureThresh:定义匹配窗口中允许的最小方差。

MinDisparity、MaxDisparity:定义最小和最大视差值。

NumLevels:图像金字塔层数。

ScoreThresh:相关函数的阈值,用于指定匹配分值的范围。

Filter:激活下游滤波器。可以选择方法 left_right_check,该方法基于反向的二次匹配结果来验证匹配结果。只有当两个匹配结果对应时,才接收得到的共轭点。

SubDisparity:视差的亚像素插值。参数 SubDisparity 设置为"interpolation"表示开启视差的亚像素精度,设置为"none"表示关闭。

binocular_distance(ImageRect1, ImageRect2 : Distance, Score : CamParamRect1, CamParamRect2, RelPoseRect, Method, MaskWidth, MaskHeight, TextureThresh, MinDisparity, MaxDisparity, NumLevels, ScoreThresh, Filter, SubDistance :)

功能:确定深度图和匹配分值图。

CamParamRect1、CamParamRect2:两台相机(已标定)的内参数。

RelPoseRect:相机 2 相对于相机 1 的位姿。

SubDistance:深度的亚像素插值。

disparity_to_point_3d (: : CamParamRect1，CamParamRect2，RelPoseRect，Row1，Col1，Disparity : X，Y，Z)

功能:在经过校正的立体系统中,将图像点及其视差转换为 3D 点。

Row1、Col1:相机 1 中点的行、列坐标。

X、Y、Z:点的三维坐标。

6. 双目立体视觉技术实例

【例 8-3】　利用双目立体视觉技术获取图 8-25(a)(b)所示电路板的深度信息,并对不同深度进行阈值分割。(注:由于程序太长,省略了一些简单的代码,若需要整个实例的代码,请参照 HALCON 实例 height_above_reference_plane_from_stereo. hdev。)

程序代码如下:

```
dev_update_off ()
dev_close_window ()
ImageFiles :=['board_aligned_l','board_aligned_r','board_rotated_l',
'board_rotated_r']
  *设置标定相机模型,采用 division 畸变模型并设置相机模型初始参数
gen_cam_par_area_scan_division (0.0131207, -622.291, 7.40051e-006, 7.4e-006,
313.212,257.118, 640, 480, CamParamL)
gen_cam_par_area_scan_division (0.0131949, -622.579, 7.41561e-006, 7.4e-006,
319.161,229.867, 640, 480, CamParamR)
  *创建 3D 位姿,即右相机相对于左相机的位姿
create_pose (0.153128, -0.00389049, 0.0453321, 0.640628, 319.764, 0.141582,
'Rp+T', 'gba','point', RelPose)
  *生成校正立体图像对所需的映射图
gen_binocular_rectification_map (MapL, MapR, CamParamL, CamParamR,
RelPose, 1, 'viewing_direction', 'bilinear', RectCamParL, RectCamParR,
CamPoseRectL, CamPoseRectR, RectLPosRectR)
  *返回左、右相机的映射图的尺寸
get_image_size (MapL, WidthL, HeightL)
get_image_size (MapR, WidthR, HeightR)
```

(省略了打开两个图像窗口及设置字体、显示信息的代码)

```
  *循环两幅图像
for I :=0 to 2 by 2
    *激活图形窗口 1
    dev_set_window (WindowHandle1)
    *清除图形窗口 1
    dev_clear_window ()
    *设置显示区域
    dev_set_part (0, 0, HeightL -1, WidthL -1)
    *读取左相机图像
```

```
read_image (ImageL, ImageFiles[I])
```
*增强图像对比度
```
emphasize (ImageL, ImageL, 7, 7, 1)
```
*校正左相机图像
```
map_image (ImageL, MapL, ImageRectifiedL)
```

（省略右相机图像的显示和校正代码，过程与左相机的相同）

*激活图形窗口 1
```
dev_set_window (WindowHandle1)
```
*显示左相机图像
```
dev_display (ImageL)
```
*在图形窗口 1 中显示‘Left image’
```
disp_message (WindowHandle1, 'Left image', 'window', 12, 12, 'black',
'true')
```

（省略图形窗口 2 右相机图像的显示代码，与图形窗口 1 过程相同）

```
stop ()
```
*激活图形窗口 1
```
dev_set_window (WindowHandle1)
```
*显示校正的左相机图像
```
dev_display (ImageRectifiedL)
```
*在图形窗口 1 中显示‘Left image:rectified’
```
disp_message (WindowHandle1, 'Left image: rectified', 'window', 12,
12, 'black', 'true')
```

（省略了校正的右相机图像的显示代码，与校正的左相机图像的显示过程相同）

```
stop ()
```

（省略了 binocular_difference 和 binocular_distance 参数值的定义代码）

*确定深度图和匹配分值图
```
binocular_distance (ImageRectifiedL, ImageRectifiedR, DistanceImage,
ScoreImageDistance, RectCamParL, RectCamParR, RectPosRectR, 'ncc', MaskWidth,
MaskHeight, TextureThresh, MinDisparity, MaxDisparity, NumLevels, ScoreThresh,
'left_right_check', 'interpolation')
```
*确定视差图和匹配分值图
```
binocular_disparity (ImageRectifiedL, ImageRectifiedR, DisparityImage,
ScoreImageDisparity, 'ncc', MaskWidth, MaskHeight, TextureThresh, MinDisparity,
MaxDisparity, NumLevels, ScoreThresh, 'left_right_check', 'interpolation')
```

（省略深度图和匹配分值图在两个窗口的显示代码）

```
stop ()
```
*定义一个区域
```
if (I ==0)
        dev_set_color ('green')
        gen_circle (Circle, [65,145,455], [50,590,210], [15,15,15])
```

```
            union1 (Circle, RegionDefiningReferencePlane)
            dev_set_color ('red')
        else
            dev_set_color ('green')
            gen_circle (Circle, [60,260,420], [40,590,90], [15,15,15])
            union1 (Circle, RegionDefiningReferencePlane)
            dev_set_color ('red')
        endif
        *激活图形窗口1
        dev_set_window (WindowHandle1)
        *消除相机坐标系相对于物体表面倾斜的影响
         tilt _ correction (DistanceImage, RegionDefiningReferencePlane,
DistanceImageCorrected)
        MinHeight :=-0.0005
        MaxHeight :=0.05
        *将深度图转换为参考平面以上的高度
         height _ range _ above _ reference _ plane (DistanceImageCorrected,
HeightAboveReferencePlanReduced, MinHeight, MaxHeight)
        *显示参考平面以上的高度
        dev_display (HeightAboveReferencePlaneReduced)
        *可视化不同的高度
                    visualize _ height _ ranges ( ImageRectifiedL,
HeightAboveReferencePlaneReduced, WindowHandle2, 0. 0004, 0. 0015, 0. 0015,
0.0025, 0.0025, 0.004)
```
（省略两个图形窗口字符信息的显示代码）
```
        stop ()
        if (I ==0)
                *激活图形窗口1
                dev_set_window (WindowHandle1)
                dev_set_color ('red')
                *设置显示区域
                dev_set_part (0, 0, HeightR -1, WidthR -1)
                *显示右相机的校正图像
                dev_display (ImageRectifiedR)
```
（省略图形窗口字符信息的显示代码）
```
            disp_message (WindowHandle1, Message, 'window', 5, 5, 'black',
'true')
            *设置区域填充模式:边框
            dev_set_draw ('margin')
            *为重复图案生成矩形区域
```

```
            gen_rectangle1 (AreaOfRepetitivePatterns, [142,375,172,405],
[115,115,460,460], [172,405,202,435], [330,330,680,680])
        *显示重复图案
        dev_display (AreaOfRepetitivePatterns)
        *设置区域填充模式:全部填充
        dev_set_draw ('fill')
        stop ()
    endif
endfor
```

运行程序,结果如图 8-25 所示。

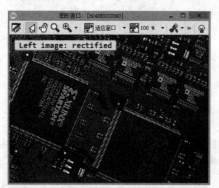

(a) 校正的左相机图像

(b) 校正的右相机图像

(c) 深度图

(d) 匹配分值图

(e) 高于参考平面的高度

(f) 不同高度的阈值分割结果

图 8-25　利用双目立体视觉系统获得深度信息

8.4.2 激光三角测量

1. 激光三角测量的原理

使用 sheet-of-light(片光)技术进行激光三角测量的基本原理是将激光投影仪(激光器)产生的细长发光直线,投射到待重建的物体的表面,然后用相机对投射的直线进行成像。激光线的投影构成了一个光平面。相机的光轴与光平面形成的角度 α 称为三角测量角。激光线和相机视野之间的交叉点取决于物体的高度。如果物体的高度有变化,那么激光线和相机视野的交叉点会移动,相机拍摄到的物体表面激光线的成像就不是直线,而是物体表面的轮廓。利用该轮廓可以得到物体的高度差。为了重建物体的整个表面,即获得一组物体的高度轮廓,物体必须相对于由激光投影仪和相机组成的系统移动,使得整个物体表面都被扫描,从而完成整个物体表面的重建,如图 8-26 所示。

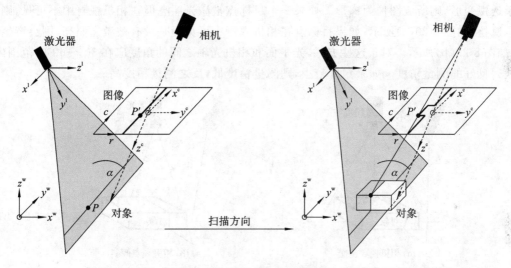

图 8-26 激光三角测量的原理

由于物体相对于激光投影仪和相机移动,因此相机每一次拍摄都可以获得一张物体表面某一水平线上的轮廓图。依次将相机获取的激光线图像(即轮廓图)储存为图像中的一行,即可得到视差图。如果测量系统是经过标定的,那么视差图中每个点的坐标及其灰度值代表着对应的物体表面上的点在世界坐标系中的 x、y、z 坐标。根据各个点的 x、y、z 坐标,将点绘制在三维坐标系中,就可以得到物体的三维模型,并可将其可视化。三维模型包含有关三维坐标和相应的二维映射信息。如果系统没有经过标定,则激光三角测量只返回视差图和测量结果可靠性的分值。激光三角测量返回的视差图和双目立体视觉返回的视差图并不完全相同。对于双目立体视觉,视差图反映立体图像对的行坐标之间的差异;对于激光三角测量,视差图反映所拍轮廓线的亚像素行坐标值。

2. 硬件系统及精度分析

激光三角测量所需的硬件包括可以投射细长光线的激光投影仪、相机、移动平台(一般是传送带)和被测对象。激光投影仪、相机和移动平台的位置关系是不变的,而物体的位置随着移动平台的移动而相对于激光投影仪和相机移动。激光投射到物体上形成的激光线轮廓应大致与相机所采集图像的行平行。

激光投影仪、相机与要测量的物体之间的位置关系有三种,如图 8-27 所示。

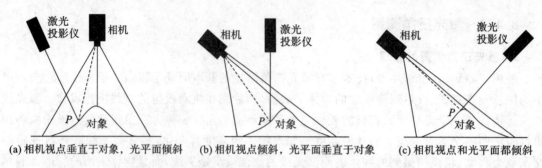

(a) 相机视点垂直于对象, 光平面倾斜　　(b) 相机视点倾斜, 光平面垂直于对象　　(c) 相机视点和光平面都倾斜

图 8-27　激光投影仪、相机和物体之间的位置关系

三种方式的成像效果不同, 成像效果取决于待测量对象的几何特性, 如图 8-28 所示。如果被测量的对象是长方体, 当相机视点垂直于对象时, 则所成图像为矩形；当相机视点倾斜时, 由于透视变形, 则所成图像为梯形。如果一个目标点被激光照亮但在相机视野中不可见, 则会产生遮挡, 如图 8-29(a)所示；如果目标点在相机视野中可见但是没有被激光照亮, 则会产生阴影, 如图 8-29(b)所示。对于这些方式, 光平面和相机光轴之间的角度应在 $30° \sim 60°$ 的范围内, 以获得良好的测量精度。如果角度较小, 则测量精度低, 反之测量精度高。

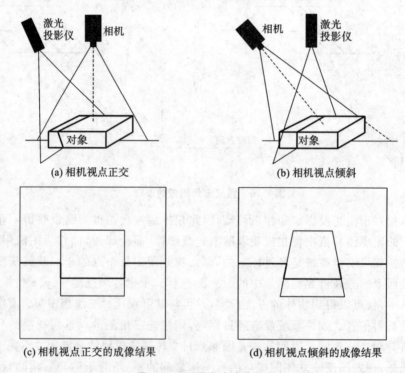

(a) 相机视点正交　　　　　　　　　　(b) 相机视点倾斜

(c) 相机视点正交的成像结果　　　　　(d) 相机视点倾斜的成像结果

图 8-28　不同方式成像结果

3. 标定

使用 sheet-of-light 技术进行激光三角测量的装置有两种标定方式, 即使用 HALCON 标准标定板和使用特定的 3D 标定对象。

1) 使用 HALCON 标准标定板

首先, 对相机按照常规方法进行标定, 即确定相机的内、外参数；然后, 根据标定板的附加图像来标定光平面和物体相对于测量装置的移动位姿。

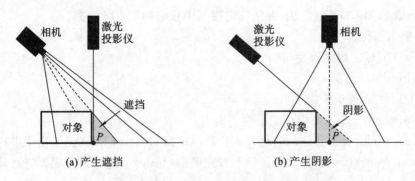

图 8-29 方式不当导致的后果

光平面标定的具体步骤如下：

（1）获取光平面相对于世界坐标系（world coordinate system，WCS）的方向，需要两个标定板图像的位姿。一幅图像的位姿用于定义世界坐标系；另一幅图像的位姿用于定义临时坐标系（temporary coordinate system，TCS）。这两幅图像均使用 set_origin_pose 来移动位姿的原点，以适合标定板的厚度。

（2）分别获取两个标定板图像的激光线图像，使用 compute_3d_coordinates_of_light_line 算子计算激光线上点的三维坐标，获得的点云包括世界坐标系和临时坐标系中的光平面点。

（3）使用 fit_3d_plane_xyz 将光平面拟合到点云中，再通过 get_light_plane_pose 得到其位姿。

移动位姿的标定，即物体在连续两次测量之间的相对位姿变换，需要使用不同运动状态的两个图像。为了提高准确性，一般不使用两个连续移动步骤的图像，而是使用已知移动步数的两幅图像（同一个标定板），标定的大致步骤如下。

（1）首先使用 find_calib_object 和 get_calib_data_observ_points 分别从两幅图像中推导出标定板的位姿。

（2）计算两幅图像中标定板的位姿之间的差异。

（3）计算单个移动步骤的位姿。

使用 HALCON 标准标定板进行激光三角测量的主要算子如下：

get_calib_data(: : CalibDataID, ItemType, ItemIdx, DataName : DataValue)

功能：获得存储在标定模型中的数据。

CalibDataID：标定数据模型句柄。

ItemType：校准数据项的类型，默认为“camera”。

ItemIdx：受影响项目的索引（取决于所选的“ItemType”）。

DataName：数据的名称。

set_origin_pose(: : PoseIn, DX, DY, DZ : PoseNewOrigin)

功能：设置 3D 坐标原点。

PoseIn：原始 3D 姿势。

DX、DY、DZ：在 X、Y、Z 方向的平移量。

PoseNewOrigin：平移后新的 3D 姿势。

find_calib_object(Image : : CalibDataID, CameraIdx, CalibObjIdx, CalibObjPoseIdx, GenParamName, GenParamValue :)

功能：寻找 HALCON 标定板，并从标定模型中获取标定点的数据。

Image：输入图像。

CalibDataID：标定数据模型句柄。

CameraIdx：相机索引。

CalibObjIdx：标定板索引。

CalibObjPoseIdx：不同图像标定板位置索引。

GenParamName：模型参数的名称。该参数应根据 sheet-of-light 测量模型进行调整。

GenParamValue：模型参数的值。该参数应根据 sheet-of-light 测量模型进行调整。

get _ calib _ data _ observ _ points（ : : CalibDataID, CameraIdx, CalibObjIdx, CalibObjPoseIdx : Row, Column, Index, Pose）

功能：从标定数据模型中获取标定信息。

Row、Column：标定板上标定点的圆心行、列坐标。

Index：标定点的索引。

Pose：预估的相机外参数。

pose_to_hom_mat3d（ : : Pose : HomMat3D）

功能：将三维位姿转换为齐次变换矩阵。

Pose：3D 位姿。

HomMat3D：齐次变换矩阵。

hom_mat3d_invert（ : : HomMat3D : HomMat3DInvert）

功能：求 3D 齐次变换矩阵的逆矩阵。

HomMat3DInvert：3D 齐次变换矩阵的逆矩阵。

hom_mat3d_compose（ : : HomMat3DLeft, HomMat3DRight : HomMat3DCompose）

功能：将两个 3D 齐次变换矩阵相乘。

HomMat3DLeft：左输入变换矩阵。

HomMat3DRight：右输入变换矩阵。

HomMat3DCompose：输出变换矩阵。

affine_trans_point_3d（ : : HomMat3D, Px, Py, Pz : Qx, Qy, Qz）

功能：进行两个坐标系之间的 3D 坐标的仿射变换。

Px、Py、Pz：输入点的坐标。

Qx、Qy、Qz：输出点的坐标。

2）使用特定的 3D 标定对象

使用特定的 3D 标定对象的方法比使用 HALCON 标准标定板的方法简单，但是精度略低。该方法的标定对象必须与 create_sheet_of_light_calib_object 算子创建的 CAD 模型相对应，并且其大小必须能完全覆盖被测对象。图 8-30 所示为一个 3D 标定对象。为了标定带有特定 3D 标定对象的激光三角测量系统，需要先用此系统获得 3D 标定对象的视差图（见图 8-31），然后利用视差图和算子 calibrate_sheet_of_light 进行标定。

使用特定的 3D 标定对象进行激光三角测量的主要算子如下：

create _ sheet _ of _ light _ calib _ object（ : : Width, Length, HeightMin, HeightMax, FileName : ）

功能：创建一个标定对象。

图 8-30 3D 标定对象

图 8-31 3D 标定对象的视差图

Width、Length：标定对象的宽度、长度。

HeightMin、HeightMax：标定对象斜平面的最小高度和最大高度。

FileName：存储标定对象模型的文件名。

create_sheet_of_light_model（ProfileRegion ∶ ∶ GenParamName，GenParamValue ∶ SheetOfLightModelID）

功能：创建模型来执行激光三角测量。

ProfileRegion：图像中包含待处理轮廓线的区域。如果提供的区域不是矩形的，则使用其最小的包围矩形。

SheetOfLightModelID：激光三角测量模型的句柄。

set_sheet_of_light_param（ ∶ ∶ SheetOfLightModelID，GenParamName，GenParamValue ∶ ）

功能：设置相机初始参数（只支持除法模型的针孔相机）。

calibrate_sheet_of_light（ ∶ ∶ SheetOfLightModelID ∶ Error）

功能：用特定的 3D 对象进行激光三角测量装置的标定。

4. 执行测量

激光三角测量被用于获取被测对象的深度信息。此深度信息由视差图呈现，其中每一行包含被测对象的一个测量轮廓的视差，将测量轮廓的 x、y、z 坐标表示为图像 X、Y、Z 坐标中的像素，或包含测量对象 3D 点坐标和相应 2D 映射的 3D 对象模型。图像中的 X、Y、Z 坐标及 3D 对象模型只能针对已校准的测量装置，而视差图像也可以针对未校准的情况。执行测量的主要步骤如下：

（1）使用 grab_image_async 算子获取待测量的轮廓图。

（2）使用 measure_profile_sheet_of_light 测量每个图像的轮廓。

（3）连续调用 get_sheet_of_light_result 获取测量结果，如果需要 3D 对象模型，则只需调用一次 get_sheet_of_light_result_object_model_3d。

（4）如果在未标定的情况下获得了视差图，但仍需要 X、Y、Z 坐标图像或 3D 对象模型，则可以随后标定，并使用 set_sheet_of_light_param 将标定获得的相机参数添加到模型中；然后调用算子 apply_sheet_of_light_calibration 校正视差图；最后使用 get_sheet_of_light_result 或 get_sheet_of_light_result_object_model_3d 分别从模型中查询包含 X、Y、Z 坐标图像或 3D 对象模型的结果图。

可以使用 get_sheet_of_light_param 查询已为特定模型设置的所有参数或默认设置的参数;若要查询 sheet-of-light 模型的所有设置参数,则可调用 query_sheet_of_light_params。

执行测量使用的主要算子如下:

grab_image_async(:Image :AcqHandle,MaxDelay :)

功能:异步抓取图像。

measure_profile_sheet_of_light(ProfileImage : :SheetOfLightModelID,MovementPose :)

功能:测量各个轮廓。

ProfileImage:输入图像。

MovementPose:先前处理的轮廓图像和当前轮廓图像相比移动的位姿。

get_sheet_of_light_result(:ResultValue :SheetOfLightModelID,ResultName :)

功能:查询测量结果。

ResultValue:测量结果。

ResultName:指定想要的测量结果,即 disparity(视差图)、score(分值)及 X、Y、Z 坐标图像。

get_sheet_of_light_result_object_model_3d(: :SheetOfLightModelID :ObjectModel3D)

功能:从 3D 对象模型中获得测量结果。

ObjectModel3D:生成的 3D 对象模型句柄。

apply_sheet_of_light_calibration(Disparity : :SheetOfLightModelID :)

功能:对输入的视差图进行校正。

get_sheet_of_light_param(: :SheetOfLightModelID,GenParamName :GenParamValue)

功能:获取 sheet-of-light 测量模型设置的参数值。

query_sheet_of_light_params(: :SheetOfLightModelID,QueryName :GenParamName)

功能:返回一个列表,包含为 sheet-of-light 模型设置的所有参数的名称。

5. 激光三角测量例程

【例 8-4】 用已标定的激光三角测量系统对金属扳手进行三维重建,获得其深度信息,即视差图、3D 对象模型,以及 X、Y、Z 坐标图像。

程序如下:

```
dev_update_off ()
read_image (ProfileImage, '初始轮廓线图像.png')
dev_close_window ()
dev_open_window_fit_image (ProfileImage, 0, 0, 1024, 768, WindowHandle1)
dev_set_draw ('margin')
dev_set_line_width (3)
dev_set_color ('green')
*设置活动图形窗口的查询表
```

```
    dev_set_lut ('default')
    *采用 polynomial 畸变模型并设置相机模型初始参数
    gen_cam_par_area_scan_polynomial (0.0126514, 640.275, -2.07143e+007,
3.18867e+011,-0.0895689, 0.0231197, 6.00051e-006, 6e-006, 387.036, 120.112,
752, 240, CamParam)
    *创建 3D 位姿
    create_pose (-0.00164029, 1.91372e-006, 0.300135, 0.575347, 0.587877,
180.026, 'Rp+T', 'gba', 'point', CamPose)
    create_pose (0.00270989, -0.00548841, 0.00843714, 66.9928, 359.72,
0.659384, 'Rp+T', 'gba', 'point', LightplanePose)
    create_pose (7.86235e-008, 0.000120112, 1.9745e-006, 0, 0, 0, 'Rp+T', 'gba',
'point', MovementPose)
    *生成平行于坐标轴的矩形 ROI
    gen_rectangle1 (ProfileRegion, 120, 75, 195, 710)
    *创建测量模型
    create_sheet_of_light_model (ProfileRegion, ['min_gray','num_profiles',
'ambiguity_solving'],[70,290,'first'], SheetOfLightModelID)
    *设置模型参数
    set_sheet_of_light_param (SheetOfLightModelID, 'calibration', 'xyz')
    set_sheet_of_light_param (SheetOfLightModelID, 'scale', 'mm')
    set_sheet_of_light_param (SheetOfLightModelID, 'camera_parameter',
CamParam)
    set_sheet_of_light_param (SheetOfLightModelID, 'camera_pose', CamPose)
    set_sheet_of_light_param (SheetOfLightModelID, 'lightplane_pose',
LightplanePose)
    set_sheet_of_light_param (SheetOfLightModelID, 'movement_pose',
MovementPose)
    *获取轮廓图像并测量
    for Index :=1 to 290 by 1
        *读取每个移动步骤的图像
        read_image (ProfileImage, 'sheet_of_light/connection_rod_' +Index$ '.3')
        dev_display (ProfileImage)
        dev_display (ProfileRegion)
        *测量每个图像矩形 ROI 的轮廓线
        measure_profile_sheet_of_light (ProfileImage, SheetOfLightModelID,
[])
    endfor
    *获取测量结果
    get_sheet_of_light_result (Disparity, SheetOfLightModelID, 'disparity')
```

```
    get_sheet_of_light_result (X, SheetOfLightModelID, 'x')
    get_sheet_of_light_result (Y, SheetOfLightModelID, 'y')
    get_sheet_of_light_result (Z, SheetOfLightModelID, 'z')
    get_sheet_of_light_result_object_model_3d (SheetOfLightModelID,
ObjectModel3DID)
    get_image_size (Disparity, Width, Height)
    dev_set_window_extents (0, 0, Width, Height)
    *设置查询表
    dev_set_lut ('temperature')
    set_display_font (WindowHandle1, 14, 'mono', 'true', 'false')
    dev_clear_window ()
    dev_display (Disparity)
    disp_message (WindowHandle1, 'Disparity', 'window', 12, 12, 'black', 'true')
    disp_continue_message (WindowHandle1, 'black', 'true')
    stop ()
    dev_close_window ()
    dev_open_window (Height + 10, 0, Width * .5, Height * .5, 'black',
WindowHandle3)
    set_display_font (WindowHandle3, 14, 'mono', 'true', 'false')
    *显示 Z 图像
    dev_display (Z)
    disp_message (WindowHandle3, 'Calibrated Z- coordinates', 'window', 12,
12, 'black', 'true')
    dev_open_window ((Height + 10) * .5, 0, Width * .5, Height * .5, 'black',
WindowHandle2)
    set_display_font (WindowHandle2, 14, 'mono', 'true', 'false')
    *显示 Y 图像
    dev_display (Y)
    disp_message (WindowHandle2, 'Calibrated Y- coordinates', 'window', 12,
12, 'black', 'true')
    dev_open_window (0, 0, Width * .5, Height * .5, 'black', WindowHandle1)
    *显示 X 图像
    dev_display (X)
    dev_set_lut ('default')
    set_display_font (WindowHandle1, 14, 'mono', 'true', 'false')
    disp_message (WindowHandle1, 'Calibrated X- coordinates', 'window', 12,
12, 'black', 'true')
    disp_continue_message (WindowHandle3, 'black', 'true')
    stop ()
    *采用 division 畸变模型并设置相机模型初始参数
```

```
gen_cam_par_area_scan_division (0.012, 0, 6e-006, 6e-006, 376, 240, 752,
480, CameraParam1)
*初始可视化 3D 位姿中的操作指导信息
Instructions[0] := 'Rotate: Left button'
Instructions[1] := 'Zoom: Shift +left button'
Instructions[2] := 'Move: Ctrl +left button'
*创建 3D 位姿
create_pose (0, -10, 300, -30, 0, -30, 'Rp+T', 'gba', 'point', PoseIn)
*关闭窗口
dev_close_window ()
dev_close_window ()
dev_close_window ()
*获得相机参数
get_cam_par_data (CameraParam1, 'image_width', Width)
get_cam_par_data (CameraParam1, 'image_height', Height)
dev_open_window (0, 0, Width, Height, 'black', WindowHandle)
set_display_font (WindowHandle, 14, 'mono', 'true', 'false')
*显示 3D 对象模型
visualize_object_model_3d (WindowHandle, ObjectModel3DID, CameraParam1,
PoseIn, 'color', 'blue', 'Reconstructed Connection Rod', '', Instructions,
PoseOut)
```

执行程序,结果如图 8-32 所示。

(a) 初始轮廓线图像

(b) 生成矩形ROI

图 8-32 通过激光三角测量获得视差图、3D 对象模型,以及 X、Y、Z 坐标图像

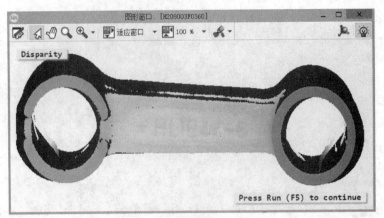

(c) 视差图

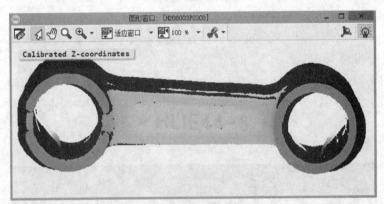

(d) Z坐标图像

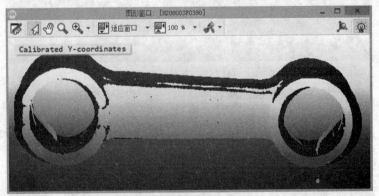

(e) Y坐标图像

续图 8-32

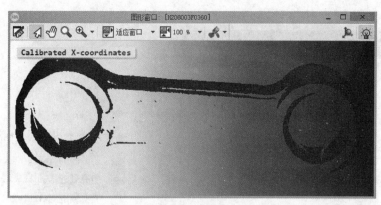

(f) X坐标图像

(g) 3D对象模型

续图 8-32

8.5 HALCON 测量助手

使用 HALCON 测量助手可以快速获得测量结果，并生成相关代码。下面以测量保险丝（见图 8-33）宽度为例，说明测量助手的使用方法。

利用测量助手测量保险丝的宽度，步骤如下：

（1）打开测量助手。点击菜单栏中的"助手"，然后选择"打开新的 Measure"，如图 8-34 所示。

（2）读取图像。可以在打开图像之后再打开测量助手，也可以直接通过测量助手读取图像，单张图像可以通过选中"图像窗口"，利用"Ctrl＋R"打开，也可以通过选中"图像文件"，打开文件路径进行选择，实时图像则可以使用"图像采集助手"进行实时采集，如图 8-35 所示。

如果读取的文件没有标定，则可以单击"标定助手"直接进入标定界面，也可以直接读取标定文件，如图 8-36 所示。

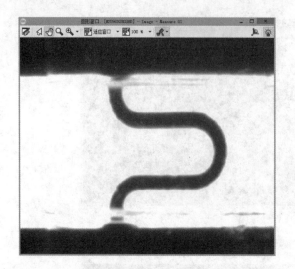

图 8-33　测量的保险丝

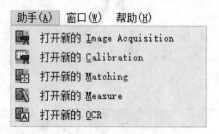

图 8-34　打开测量助手

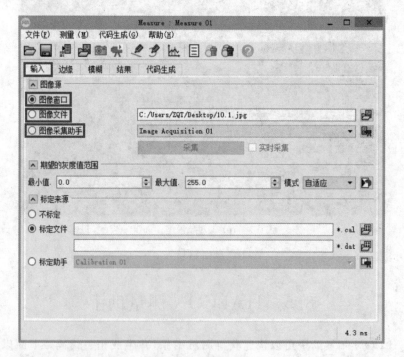

图 8-35　读取图像

（3）选择"边缘"选项卡，然后选择 ✐ 图标按钮，按住鼠标左键不放，在图像的测量处画线段，松开左键，点击右键生成线段和边缘，如图 8-37 所示。左键单击线段的两端可以改变线段的长度和方向，左键单击线段的中间部分可以自由移动线段的位置。

（4）使用测量助手设置"边缘"选项卡，如图 8-38 所示。

具体参数如下：

①边缘提取。

最小边缘幅度：决定边缘强度的阈值。从轮廓线上提取出来的边缘点阈值必须大于该值，并且应尽量提高此值以排除干扰，如果最小边缘幅度设置得过小，则可能会导致提取出多组

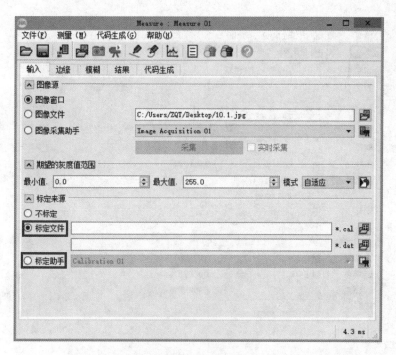

图 8-36　图像标定

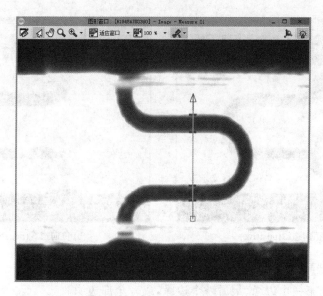

图 8-37　生成的线段和边缘

边缘。

平滑（Sigma）：高斯平滑系数，值越大平滑效果越好。

ROI 宽：决定用于灰度值插值的区域宽度。该参数会影响轮廓线的投影点数。

插值方法：包括最近邻插值法和双线性插值法等。

②边缘选择。

如果选中"将边缘组成边缘对"，则提取出来的边缘是成对的。

变换：可以选择正向边缘（positive）、负向边缘（negative），或者全选，如图 8-39 所示。

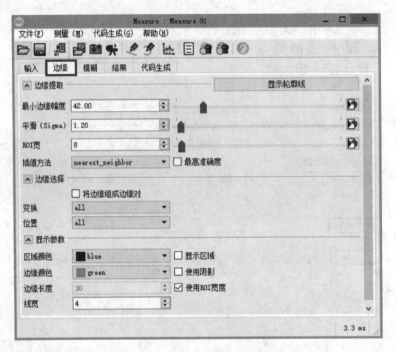

图 8-38 "边缘"选项卡的设置

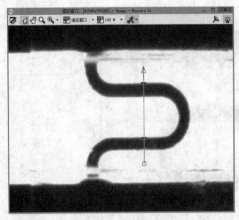

(a) 正向边缘(positive)

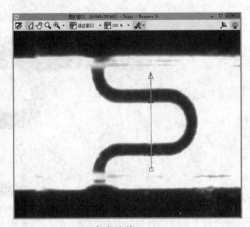

(b) 负向边缘(negative)

图 8-39 "边缘选择"中的"变换"

位置:可以选择第一个边缘、最后一个边缘,或者全部边缘。

③显示参数。

区域颜色:设置测量区域的颜色,点击下拉按钮选择颜色,若选中后面的"显示区域",则在图形窗口中出现测量区域(ROI)。

边缘颜色:设置所提取边缘的颜色,点击下拉按钮选择颜色,在图形窗口中显示边缘的颜色,如图 8-40 所示。

边缘长度:提取到的边缘在图形窗口中显示的长度,若选中"使用 ROI 宽度",则边缘的长度会匹配 ROI 的宽度。

线宽:设置 ROI 和所提取到的边缘的显示线宽。

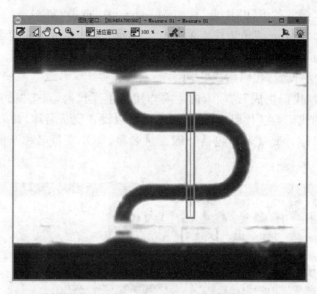

图 8-40 显示 ROI 和边缘的颜色

在"边缘"窗口中,最重要的参数是"最小边缘幅度"和"平滑(Sigma)",使用时应根据图像边缘情况,结合参数意义,选择合适的参数。

(5)使用测量助手设置"结果"选项卡,如图 8-41 所示。

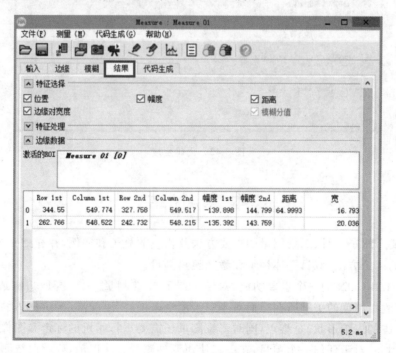

图 8-41 测量结果

具体参数说明如下:

①特征选择:如果选中"位置""幅度""距离""边缘对宽度",则最下面边缘数据中会显示这些特征。

②特征处理:使用标定后变换到世界坐标系。

③边缘数据：在"激活的 ROI"中显示，如 Measure 01，点击"Measure 01"后可显示获得的边缘数据。"Row"和"Column"是边缘点的坐标，"幅度"为负表示负向边缘，"幅度"为正表示正向边缘，"距离"表示连续边缘对的间距，"宽"是边缘对内两边缘的间距。

（6）使用测量助手设置"代码生成"选项卡。

如图 8-42 所示，"代码生成"选项卡的主要作用是生成代码，点击"插入代码"按钮程序编辑框内会生成相应的代码，在"代码生成"选项卡内可以设置变量名称，如果不设置变量名称则会使用默认的变量名称。变量名称包括一般变量名称、ROI 变量名称及测量结果变量名称。点击"代码预览"可预览代码。

图 8-42　代码生成

本 章 小 结

本章主要介绍了一维、二维测量的主要方法及相应的算子和实例，并详细介绍了三维测量中三维重建的两个方法：双目立体视觉和激光三角测量。

测量是 HALCON 的一个重要功能，对于一维和二维测量来说，提取边缘或边缘对是难点，也是提高测量精度的关键所在。而对于三维测量来说，三维配准（确定物体的位姿）和三维重建（确定物体的三维形状）是难点，同时三维测量还需要进行相机的标定和图像的校正，过程比较复杂。因此，对于任何一个项目，在决定使用哪种测量方法以前，要明白待测量物体、测量要求的精度以及目标物体的特征，这个非常重要。

习　　题

8.1　如图 8-43 所示，用两种方法求出图中金属部件的两个角的角度。

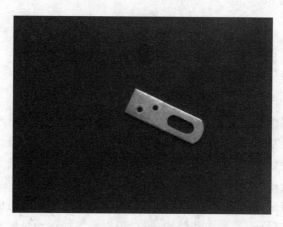

图 8-43 待处理图片

  8.2 在双目立体视觉的三维重建过程中,为什么立体图像对中纹理不足的区域或者具有重复图案的区域会干扰匹配过程?

  8.3 在基于 sheet-of-light 技术的激光三角测量过程中,物体表面的曲率会对测量的精度产生影响吗? 为什么? 物体表面很粗糙,会对测量的精度产生影响吗? 为什么?

第9章 运动图像分析

前面章节介绍的图像处理分析相关技术,主要是针对单幅静态图像(单色或者彩色)的,现实中我们所感知的场景是三维的,而且是随着时间变化的,即动态场景。将之前的分析技术用于动态场景的运动特性估计、目标识别、跟踪监测等是无法满足要求的。

常常将时间间隔较短的图像序列称作运动图像,运动图像是时序上的一个图像序列,即一个传感器或者传感器组采集的一组随时间变化的图像。运动图像分析的目的是从图像序列中检测出运动信息,估计三维运动参数和结构参数,识别和跟踪运动目标等。根据采集图像传感器数目的多少,图像序列分析可分为单目、双目和多目图像序列分析;根据摄像机和场景运动情况可分为三种模式:摄像机静止-物体运动、摄像机运动-物体静止、摄像机运动-物体运动,对应的应用场景如表 9-1 所示。本章主要针对常见的运动目标检测问题,根据背景复杂程度、摄像机运动情况等环境的不同,介绍帧间差分法、背景差分法和光流法三种常见的运动图像分析方法。

表 9-1 图像序列分析常见动态场景模式及应用场景

模　　式	摄像机静止-物体运动	摄像机运动-物体静止	摄像机运动-物体运动
应用场景	运动目标检测、目标运动特性估计等,主要针对预警、监视、目标跟踪场合	基于运动的场景分析和理解、三维运动分析等,主要针对机器人视觉导航、目标自动锁定识别、三维场景分析等	运动目标追踪、三维场景构建等,是最为一般的模式

9.1 帧间差分法

摄像机采集的视频序列具有连续性的特点,如果场景内没有运动目标,则连续帧的变化很微弱,如果存在运动目标,则连续的帧和帧之间会有明显的变化。对于许多应用来说,检测图像序列中相邻帧间图像的差异是非常重要的步骤。

9.1.1 帧间差分法基本概念

帧间差分法(temporal difference)借鉴了上述思想。由于场景中的目标在运动,因此目标的影像在不同图像帧中的位置不同。运用该类算法时,对时间上连续的两帧或三帧图像进行差分运算,不同帧对应的像素点相减,判断灰度差的绝对值,当绝对值超过一定阈值时,即可判断该像素点对应的是运动目标,从而实现目标的检测功能。

对图像序列中的相邻帧进行差分运算,利用阈值将得到的像素差值分为前景和背景,差值大于阈值的区域为前景(1),差值小于阈值的区域为背景(0),最终得到运动目标的轮廓。

9.1.2 两帧差分法

两帧差分法算法简单描述如下:记图像序列中第 n 帧图像和第 $n-1$ 帧图像灰度值分别为

$f_n(x, y)$ 和 $f_{n-1}(x, y)$,按照式(9-1)将两帧图像对应像素点的灰度值进行相减,并取其绝对值,得到差分图像,记作 D_n。

$$D_n = |f_n(x, y) - f_{n-1}(x, y)|$$ (9-1)

式中:(x, y) 表示离散图像像素坐标。根据选取的阈值 T,对差分运算后的图像进行二值化处理,判断图像中各个像素点是前景像素点还是背景像素点。当差分图像中某一像素值大于给定的阈值时,认为该像素是前景像素,反之则认为是背景像素,从而提取运动区域的图像 $R_n(x, y)$:

$$R_n(x, y) = \begin{cases} 1 & D_n(x, y) \geqslant T \\ 0 & D_n(x, y) < T \end{cases}$$ (9-2)

对上述获得的图像 $R_n(x, y)$ 进行连通性分析,最终可得到含有完整运动目标的图像 R_n,两帧差分法目标检测原理示意图如图 9-1 所示。图像 f_n 与 f_{n-1} 的差分图像 D_n 中某个像素 (i, j) 的像素值为 1,可能的原因如下:

(1) $f_n(i, j)$ 是移动物体上的某个像素,$f_{n-1}(i, j)$ 是静止背景上的某个像素(反之亦然);

(2) $f_n(i, j)$ 是移动物体上的某个像素,$f_{n-1}(i, j)$ 是另外一个移动物体上的某个像素;

(3) $f_n(i, j)$ 是移动物体上的某个像素,$f_{n-1}(i, j)$ 是相同移动物体上不同部分的某个像素;

(4) 噪声、静止摄像机的错误定位。

其中(4)引起的像素标记为 1 是不希望得到的,需要抑制,最简单的处理方式就是不考虑差分图像中像素小于阈值的区域,尽管这可能不利于缓慢运动和微小运动物体的检测。另外,利用此方法检测出的物体目标,可能显示不出运动方向信息。如果需要方向信息,则需要构造累积差分图像。

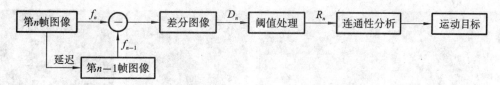

图 9-1 两帧差分法目标检测原理示意图

【例 9-1】 HALCON 中利用两帧差分法对目标进行检测应用案例。

```
*读入静态背景/初始化图像序列
read_image (Image, 'sample1.jpg')
get_image_size (Image, Width, Height)
dev_open_window (0, 0, Width, Height, 'black', WindowID)
set_display_font (WindowID, 14, 'mono', 'true', 'false')
*边缘填充、设置区域显示的颜色数目
dev_set_draw ('margin')
dev_set_colored (12)
dev_set_line_width (3)
dev_display (Image)
*采用两帧差分法检测运动目标
```

```
NumImage:=2
for I:=1 to NumImage-1 by 1
    read_image (Image0, 'sample'+I$ 'd')
    read_image (Image1, 'sample'+(I+1)$ 'd')
    rgb1_to_gray (Image0, GrayImage0)
    rgb1_to_gray (Image1, GrayImage1)
    mean_image (GrayImage0, ImageMean0, 3,3)
    mean_image (GrayImage1, ImageMean1, 3,3)
    sub_image ( ImageMean1, ImageMean0, ImageSub, 1, 0)
    * 利用最大类间方差法找到合适阈值
     binary_threshold (ImageSub, Region, 'max_separability', 'light',
UsedThreshold)
    * 利用形态学方法进行二值图像处理
    closing_circle (Region, RegionClosing, 1)
    shape_trans (RegionClosing, RegionTrans, 'rectangle1')
    dev_display (Image0)
    dev_display (RegionTrans)
endfor
dev_set_draw ('fill')
dev_update_on ()
```

利用两帧差分法进行运动目标检测的结果如图 9-2 所示。

(a) 第 $n-1$ 帧图像　　　　(b) 第 n 帧图像　　　　(c) 运动目标检测　　　　(d) 两帧差分图像

图 9-2　两帧差分法运动目标检测

图 9-2(a)(b)分别展示了两帧图像,通过两帧差分运算得到的最终运动目标如图 9-2(c)所示。上述案例涉及的主要算子说明如下:

sub_image(ImageMinuend,ImageSubtrahend:ImageSub:Mult,Add:)

功能:两幅图像灰度值相减。

ImageMinuend:输入被减图像灰度。

ImageSubtrahend:输入减数图像灰度。

ImageSub:输出结果图像灰度。

Mult:乘数因子。

Add：灰度补充值。

其计算过程为 ImageSub ＝（ ImageMinuend － ImageSubtrahend ）×Mult ＋ Add。

binary_threshold(Image：Region：Method，LightDark：UsedThreshold)

功能：用二进制阈值来分割图像。

Image：输入图像。

Region：输出分割区域。

Method：分割方法（'max_separability'：最大限度的可分性，'smooth_histo'：直方图平滑）。

LightDark：提取黑色部分还是白色部分。

UsedThreshold：使用的阈值。

closing_circle(Region：RegionClosing：Radius ：)

功能：使用圆形结构元素进行区域闭运算，先膨胀后腐蚀。

Region：输入区域。

RegionClosing：输出闭运算结果区域。

Radius：圆形结构元素的半径。

9.1.3　三帧差分法

两帧差分法适用于目标运动较为缓慢的场景，当目标运动较快时，由于目标在相邻帧图像上的位置相差较大，两帧图像相减后并不能得到完整的运动目标，因此，人们在两帧差分法的基础上提出了三帧差分法。

三帧差分法简单描述如下：记图像序列中第 $n+1$ 帧、第 n 帧和第 $n-1$ 帧的图像灰度分别为 $f_{n+1}(x,y)$、$f_n(x,y)$ 和 $f_{n-1}(x,y)$，根据式(9-1)，分别计算得到第 $n+1$ 帧与第 n 帧差分图像 D_{n+1}，第 n 帧和第 $n-1$ 帧的差分图像 D_n，将两幅差分图像 D_{n+1} 与 D_n 进行与操作，得到新的差分图像 D'_n，如式(9-3)所示。

$$\begin{cases} D'_n = D_{n+1} \bigcap D_n \\ D_{n+1} = \left| f_{n+1}(x,y) - f_n(x,y) \right| \\ D_n = \left| f_n(x,y) - f_{n-1}(x,y) \right| \end{cases} \tag{9-3}$$

式中：(x,y) 表示离散图像像素坐标。根据选取的阈值 T，对差分图像 D'_n 进行二值化处理，判断图像中各个像素点是前景像素点还是背景像素点。阈值 T 的选择非常重要。如果选取的阈值太小，则无法抑制差分图像中的噪声；如果选取的阈值太大，则有可能掩盖差分图像中目标的部分信息。三帧差分法目标检测原理示意图如图 9-3 所示。

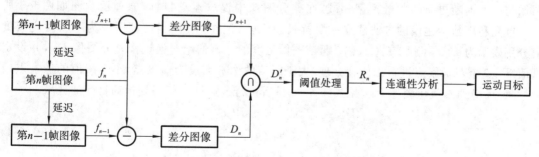

图 9-3　三帧差分法目标检测原理示意图

　　为更直观地比较两种帧间差分法,图 9-4 展示了一组三帧差分法(见图 9-4(b))与两帧差分法(见图 9-4(c))的结果对比。运动目标在不同图像帧内的位置明显不同,采用两帧差分法检测出的目标会出现"重影"的现象,采用三帧差分法,可以检测出较为完整的运动目标。

(a) 第35帧图像　　　　　　　(b) 三帧差分法结果　　　　　　(c) 两帧差分法结果

图 9-4　帧间差分法结果对比

　　综合以上两帧差分法和三帧差分法,可发现帧间差分法的优点:方法简单、运算量小且易于实现;进行运动目标检测时,可以较强地适应动态环境的变化,有效地去除系统误差和噪声的影响,对场景中光照的变化不敏感而且不易受阴影的影响。但缺点也较为明显:不能完全提取所有相关的特征像素点,也不能得到运动目标的完整轮廓,只能得到运动区域的大致轮廓;并且检测到的区域大小受物体的运动速度制约。对于快速运动的物体,需要选择较小的时间间隔,如果选择不合适,则当物体在前后两帧中没有重叠时,会被检测为两个分开的物体;对于慢速运动的物体,应该选择较大的时间间隔,如果选择不恰当,则当物体在前后两帧中几乎完全重叠时,会检测不到物体。另外,还容易在运动实体内部产生孔洞现象。帧间差分法通常不单独用在目标检测中,往往与其他的检测算法结合使用。

9.2　背景差分法

9.2.1　背景差分法基本概念

　　背景差分法,又称背景减法(background subtraction),是目前运动目标检测的主流方法之一。其基本思想是将当前每一帧图像与事先存储或实时获取的背景图像相减,计算出偏离背景超过一定阈值的区域,将其作为运动区域。该算法实现简单,运算结果直接给出目标的位置、大小、形状等信息,能够提供关于运动目标区域的完整描述,特别是对于摄像机静止的情况。背景差分法基本思想和帧间差分法类似,都是利用不同图像的差分运算提取目标区域。不过与帧间差分法不同的是,背景差分法不是将当前帧图像与相邻帧图像相减,而是将当前帧图像与一个不断更新的背景模型相减,在差分图像中提取运动目标,原理示意图如图 9-5 所示。首先利用数学建模的方法建立一幅背景图像帧,记作 B ,记当前帧图像为 f_n ,对应灰度值分别表示为 $B(x,y)$ 和 $f_n(x,y)$,两帧图像灰度值之差的绝对值记作差分图像 D_n ,并设定阈值 T ,逐个对像素点进行二值化处理,大于阈值的像素点设为前景点,小于阈值的像素点设为背景点,得到二值化图像 R_n ,见式(9-4)。最后进行连通性分析得到运动目标的区域。

$$D_n = \left| f_n(x,y) - B(x,y) \right|$$

$$R_n = \begin{cases} 1 & D_n(x,y) \geqslant T \\ 0 & D_n(x,y) < T \end{cases} \tag{9-4}$$

　　由于背景差分法是比较图像序列中的当前帧和背景参考模型来检测运动物体的一种方

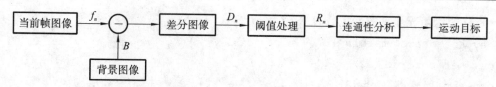

图 9-5 背景差分法原理示意图

法,需要构建一幅背景图像,背景中不含运动目标,并且应该不断更新,适应背景变化。因此该方法性能依赖于所使用的背景建模技术,背景图像的建模准确程度直接影响到检测的效果。常见的背景建模方法有以下几种。

(1) 均值法背景建模:简而言之,均值法背景建模是对一些连续帧取像素平均值。这种算法速度很快,但对环境光照变化和动态背景变化比较敏感。其基本思想是,在视频图像中取连续 N 帧,计算这 N 帧图像像素灰度值的平均值,作为背景图像的像素灰度值。

(2) 中值法背景建模:在一段时间内,取连续 N 帧图像,把这 N 帧图像中对应位置的像素点灰度值从小到大排列,然后取中间值作为背景图像中对应像素点的灰度值。

(3) 卡尔曼滤波器背景建模:该算法把背景认为是一种稳态的系统,把前景图像认为是一种噪声,用基于卡尔曼滤波理论的时域递归低通滤波方法来预测变化缓慢的背景图像。这样既可以不断地用前景图像更新背景,又可以维持背景的稳定性,消除噪声的干扰。

(4) 单个高斯模型背景建模:其基本思想是,将图像中每一个像素点的灰度值看成一个随机过程 X,并假设该点的某一像素灰度值出现的概率服从高斯分布。

(5) 混合高斯模型背景建模:将背景图像中的每一个像素点按多个高斯分布的叠加来建模,每种高斯分布可以表示一种背景场景,多个高斯模型混合使用就可以模拟出复杂场景中的多模态情形。

9.2.2 均值法背景建模

均值法背景建模方法是一种简单、计算速度快但是对环境光照变化和背景的多模态性比较敏感的一种背景建模方法。考虑背景信息是图像的主要部分,不同帧图像均包含图像背景信息,采用加法求平均值,弱化运动目标,突出背景信息,可以连续读入 N 帧图像,然后进行算术平均运算进行背景提取。

均值法背景建模基本思路为:计算图像序列中每个像素点的灰度平均值,将其作为整体的背景模型的灰度值 $B(x,y)$,即

$$B(x,y) = \frac{1}{N}\sum_{i=1}^{N}I(x,y,i) \tag{9-5}$$

在运动目标检测过程中,当前帧图像像素点灰度值 $I(x,y,t)$ 减去背景模型中对应位置的像素点灰度值得到图像差值,结合之前的阈值处理机制,可以区分前景和背景,得到二值化图像。

【例 9-2】 HALCON 中均值法背景建模及运动目标检测。

```
*＊＊＊＊＊＊＊＊＊＊ 按照图像帧大小打开窗口＊＊＊＊＊＊＊＊＊＊＊
dev_close_window ()
read_image (Image0, '1.bmp')
get_image_size (Image0, Width, Height)
dev_open_window (0, 0, Width, Height, 'black', WindowHandle)
set_display_font (WindowHandle, 14, 'mono', 'true', 'false')
```

```
****边缘填充显示的颜色数目*****
dev_set_draw ('margin')
dev_set_colored (12)
dev_set_line_width (3)
********生成像素为 0 的大小一致图像*********
gen_image_const (ImageRS, 'real', 640, 360)
gen_image_const (ImageGS, 'real', 640, 360)
gen_image_const (ImageBS, 'real', 640, 360)
********读取前 20 帧图像并分解三通道求和*********
for Index :=1 to 70 by 1
    read_image (Image, Index+'.bmp')
    dev_display (Image)
    decompose3 (Image, ImageR, ImageG, ImageB)
    convert_image_type (ImageR, ImageConvertedR, 'real')
    convert_image_type (ImageG, ImageConvertedG, 'real')
    convert_image_type (ImageB, ImageConvertedB, 'real')
    add_image (ImageRS, ImageConvertedR, ImageRS, 1, 0)
    add_image (ImageGS, ImageConvertedG, ImageGS, 1, 0)
    add_image (ImageBS, ImageConvertedB, ImageBS, 1, 0)
endfor
********每个通道求平均值*********
scale_image (ImageRS, ImageScaledR, 0.015, 0)
convert_image_type (ImageScaledR, InConvertedR, 'byte')
scale_image (ImageGS, ImageScaledG, 0.015, 0)
convert_image_type (ImageScaledG, InConvertedG, 'byte')
scale_image (ImageBS, ImageScaledB, 0.015, 0)
convert_image_type (ImageScaledB, InConvertedB, 'byte')
********三通道合成彩色图像并显示*********
compose3 (InConvertedR, InConvertedG, InConvertedB, MultiChannelImage)
dev_display (MultiChannelImage)
rgb1_to_gray (MultiChannelImage, GrayImage)
********第 15 帧运动目标检测*********
read_image (Image15, '15.bmp')
rgb1_to_gray (Image15, GrayImage15)
sub_image (GrayImage, GrayImage15, ImageSub, 1, 0)
binary_threshold (ImageSub, Region, 'max_separability', 'light',
UsedThreshold)
******利用形态学方法进行二值图像处理********
closing_circle (Region, RegionClosing, 2)
```

均值法背景建模结果如图 9-6 所示。

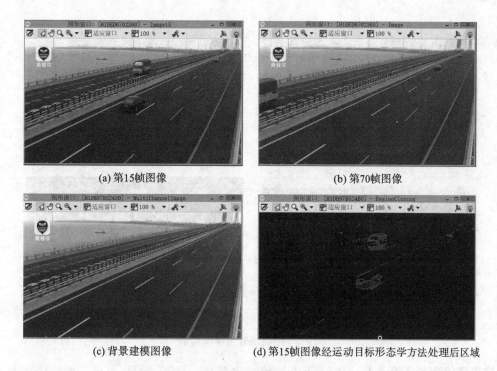

(a) 第15帧图像　　　　　　　　　　　(b) 第70帧图像

(c) 背景建模图像　　　　　(d) 第15帧图像经运动目标形态学方法处理后区域

图 9-6　均值法背景建模实例

例 9-2 中,利用前 70 帧图像进行均值法背景建模,背景模型如图 9-6(c)所示。由于是彩色图像,案例中将图像分成 R、G、B 三个通道,进行单独处理后合成均值彩色图像。由图 9-6(d)可见,由于环境光照变化,运动目标存在一些孔洞。

9.2.3　中值法背景建模

中值法背景建模方法是一种基于排序理论的建模方法。对于图像序列中任意一个像素点,在外部光照等条件无明显变化的情况下,只有在前景运动目标通过某点时,其灰度值才会明显变化,否则该像素点的灰度值基本保持不变,或在一个小范围的区域内波动,因此可以将该区域的中值作为该点的背景值,这就是中值法背景建模的基本思路。

在一段时间内,连续取 N 帧图像序列,将以 (x,y) 像素点为中心的小窗口内所有像素的灰度值按照从大到小的顺序排列,若窗口中像素个数为奇数,则将中间值作为 (x,y) 像素点的灰度值,若窗口中像素个数为偶数,则取两个中间值的平均值为 (x,y) 像素点的灰度值,背景模型表达式为

$$B(x,y) = \text{Median}(\text{image}) \tag{9-6}$$

式中:Median()为取中值运算。只有在 N 帧图像序列内的像素点有一半以上是背景点,目标灰度和噪声很少的情况下,中值法背景建模的效果才较好。如果 N 取值过大,则算法运算时占据资源较多,反之检测缓慢运动目标时会产生漏检或者孔洞现象。图 9-7 是一组借助前 19 帧图像完成中值法背景建模的效果图。

9.2.4　卡尔曼滤波器背景建模

卡尔曼滤波是一种广泛应用于高斯噪声下跟踪线性动态系统的递推技术。不同的背景建模本质上都可以转化成状态空间表达,最简单的状态变量就是像素的灰度值,而卡尔曼滤波器

(a) 第5帧图像　　　　　　　　　　　　　　(b) 第15帧图像

(c) 背景建模图像　　　　　　(d) 第5帧图像运动目标检测二值化结果

图 9-7　中值法背景建模实例

背景建模将像素灰度值及其导数(像素灰度值变化率)作为状态变量,可更好地估计背景随时间序列的变换情况,适合动态背景估计。

系统状态空间描述的背景图像记作 B_t,其导数记作 B'_t,卡尔曼滤波器状态变量递推公式为

$$\begin{bmatrix} B_t \\ B'_t \end{bmatrix} = \boldsymbol{A} \cdot \begin{bmatrix} B_{t-1} \\ B'_{t-1} \end{bmatrix} + \boldsymbol{K}_t (I_t - \boldsymbol{H} \cdot \boldsymbol{A} \cdot \begin{bmatrix} B_{t-1} \\ B'_{t-1} \end{bmatrix}) \tag{9-7}$$

式中:$\boldsymbol{A}$ 为状态转移矩阵(或者预测矩阵),用于描述背景图像及其导数之间的变化关系(即背景的动态);$\boldsymbol{H}$ 为测量矩阵;I_t 为当前帧像素。

$$\boldsymbol{A} = \begin{bmatrix} 1 & k_1 \\ 0 & k_2 \end{bmatrix}; \quad \boldsymbol{H} = \begin{bmatrix} 1 & 0 \end{bmatrix} \tag{9-8}$$

其中,k_1、k_2 为常值系数,一般取值范围为 $[0.65, 0.75]$。

式(9-7)中卡尔曼增益矩阵 $\boldsymbol{K}_t$ 根据上一帧像素 I_{t-1} 是否为前景像素而在一个慢适应速度和快适应速度间切换,切换规则为

$$\boldsymbol{K}_t = \begin{cases} [\alpha_1 \quad \alpha_1]^{\mathrm{T}}, \text{前景} \\ [\alpha_2 \quad \alpha_2]^{\mathrm{T}}, \text{背景} \end{cases} \tag{9-9}$$

式中:α_1、α_2 为权值系数。

在运动目标检测过程中,根据当前帧图像像素点灰度值 I_t 与该像素点背景估计值 B_t 的偏差,结合设定的阈值 T,即可确定该帧此像素点是前景目标还是背景图像。

【例 9-3】　HALCON 中卡尔曼滤波器背景建模实例。

```
*打开窗口,设置显示
dev_update_off ()
dev_close_window ()
```

```
read_image (Image, 'xing/init')
get_image_size (Image, Width, Height)
dev_open_window (0, 0, Width, Height, 'black', WindowID)
set_display_font (WindowID,14, 'mono', 'true', 'false')
*设定背景范围区域
read_region (XingRegion, 'xing/xing_region')
dev_set_draw ('margin')
dev_set_colored (12)
dev_set_line_width (3)
dev_display (Image)
disp_continue_message (WindowID, 'black', 'true')
stop ()
*卡尔曼滤波器背景建模的初始参数
create_bg_esti (Image, 0.7, 0.7, 'fixed', 0.001, 0.03, 'on', 8.0, 10, 3.25,
15, BgEstiHandle)
*时间序列帧图像背景、前景估计
for I :=0 to 587 by 1
    read_image (ActualImage, 'xing/xing' + (I$ '03'))
    run_bg_esti (ActualImage, ForegroundRegion, BgEstiHandle)
    connection (ForegroundRegion, ConnectedRegions)
    intersection (ConnectedRegions, XingRegion, RegionIntersection)
    select_shape (RegionIntersection, SelectedRegions, 'area', 'and', 20,
99999)
    shape_trans (SelectedRegions, RegionTrans, 'rectangle1')
    dev_display (ActualImage)
    dev_display (RegionTrans)
endfor
*给出卡尔曼滤波器建模的背景图像
give_bg_esti (BackgroundImage, BgEstiHandle)
dev_display (BackgroundImage)
dev_set_draw ('fill')
dev_update_on ()
```

卡尔曼滤波器背景建模实例结果如图 9-8 所示。

图 9-8(a)展示了 507 帧图像经过卡尔曼滤波后的背景建模图像,图 9-8(b)(c)所示是第 507 帧图像中运动目标的检测效果。上述案例涉及的主要算子说明如下:

　create_bg_esti(InitializeImage：：Syspar1，Syspar2，GainMode，Gain1，Gain2，AdaptMode，MinDiff，StatNum，ConfidenceC，TimeC：BgEstiHandle)

功能:为背景建模创建一个新的数据集,并用适当的参数初始化它。

InitializeImage:背景图像的初始化值。

Syspar1、Syspar2:卡尔曼系统矩阵的参数。

(a) 背景建模图像

(b) 第507帧图像

(c) 运动目标检测效果图

图9-8　卡尔曼滤波器背景建模实例结果

GainMode：是否使用固定的卡尔曼增益进行估计，或者增益是否应该根据估计值与实际值之间的差异进行调整。

Gain1、Gain2：如果将GainMode设置为"fixed"，则预测前景像素时使用Gain1作为卡尔曼增益，预测背景像素时使用Gain2作为增益，且Gain1应该小于Gain2，因为前景的适应情况慢于背景的适应情况，Gain1和Gain2都应该小于1.0。

AdaptMode：应用于估计值与实际值之间的灰度差的前景/背景阈值是固定的，还是根据背景像素的灰度值偏差进行自适应调节。

MinDiff：前景/背景阈值。

StatNum：统计数据集个数。

ConfidenceC：信心常数。

TimeC：衰变时间常数。

BgEstiHandle：BgEsti数据集的ID。

其中，如果AdaptMode被设置为'off'，则参数MinDiff表示一个固定的阈值。在这种情况下，参数StatNum、ConfidenceC和TimeC毫无意义。如果AdaptMode被设置为'on'，那么MinDiff将被解释为一个基本阈值。每个像素都会根据像素值随时间的统计结果评估是否向该阈值添加偏移量。StatNum包含用于计算灰度值方差（firfilter）的数据集（过去的帧）的数量。

run_bg_esti(PresentImage ：ForegroundRegion ：BgEstiHandle ：)

功能：对图像中每个像素进行卡尔曼滤波，从而调整BgEsti Handle中的背景数据集以更新背景图像，并返回前景的一个区域（检测到的移动对象）。

PresentImage：当前图像。

ForegroundRegion：输出的被检测的前景区域。

BgEstiHandle：算子create_bg_esti生成的BgEsti数据集的ID。

give_bg_esti(：BackgroundImage ：BgEstiHandle ：)

功能：返回当前BgEstiHandle数据集的估算背景图像。背景图像的类型和大小与在create_bg_esti中传递的初始化图像相同。

BackgroundImage：返回的卡尔曼滤波器建立的背景图像。

BgEstiHandle：算子create_bg_esti生成的BgEsti数据集的ID。

9.2.5 单个高斯模型背景建模

1997 年，Christopher Richard Wren 等提出基于单个高斯模型的背景建模方法，该方法假定连续视频帧中每个像素点都是孤立的，并且其灰度值遵循高斯分布，令 $I(x,y,t)$ 表示像素点 (x,y,t) 在 t 时刻的灰度值，则有如下分布：

$$P(I(x,y,t)) = \eta(X_t, \mu_t, \sigma_t) = \frac{1}{\sigma\sqrt{2\pi}}\exp\left[-\frac{(X-\mu)^2}{2\sigma^2}\right] \tag{9-10}$$

式中：μ_t、σ_t 分别是 t 时刻该像素灰度值高斯分布的期望值和标准差。新的帧图像输入后，更新每个像素点灰度值所遵循的相应的高斯分布中的参数，其中均值和标准差的更新定义为

$$\begin{cases} \mu_t(x,y) = (1-\alpha)\times\mu_{t-1}(x,y)+\alpha\times I(x,y,t) \\ \sigma_t(x,y) = \sqrt{(1-\alpha)\times\sigma_{t-1}^2(x,y)+\alpha\times(I(x,y,t)-\mu_{t-1}(x,y))^2} \end{cases} \tag{9-11}$$

式中：$\mu_{t-1}(x,y)$、$\sigma_{t-1}(x,y)$ 是前序帧图像中该像素灰度值的均值和标准差；α 为学习率因子。当 α 很小时，背景更新较缓慢，可能导致背景模型跟不上场景的变化，从而使得目标检测中出现很多孔洞；反之 α 很大时，又会使得运动慢的前景目标变成背景的一部分。特殊的，$\alpha=1$，单高斯模型退化成帧间差分模型。

选择背景模型的方法为：根据高斯分布特点，当前时刻帧图像中某一像素点是前景像素还是背景像素，可以通过式(9-12)进行判断。

$$\begin{cases} |I(x,y,t)-\mu_{t-1}(x,y)| < \lambda\sigma_{t-1}, \text{背景像素} \\ |I(x,y,t)-\mu_{t-1}(x,y)| \geqslant \lambda\sigma_{t-1}, \text{前景像素} \end{cases} \tag{9-12}$$

式中：λ 为更新因子。由此可见，单个高斯模型建模默认背景出现的次数最多，背景灰度值是服从高斯分布的，偏离了高斯分布曲线的则认为是运动目标。图 9-9 展示了一组通过单个高斯模型进行的背景建模实例结果。

(a) 第30帧图像 (b) 第50帧图像

(c) 背景建模图像 (d) 第30帧图像运动目标检测二值化结果

图 9-9 单个高斯模型背景建模实例结果

9.2.6　混合高斯模型背景建模

背景模型主要有单模态和多模态两种,对于前者,每个背景像素点的颜色分布比较集中,可以用单分布概率模型(见 9.2.5 节)来描述,后者的颜色分布比较分散,需要用多分布概率模型来共同描述。诸多场合如摇摆的树枝、波动的水面等都呈现多模态特性,混合高斯模型背景建模即是常用的多模态背景建模方法。与单个高斯模型一样,在混合高斯模型中,认为像素之间的颜色信息互不相关,对各像素点的处理都是相互独立的。

对于混合高斯模型,图像的每一个像素点按不同权值的多个高斯分布的叠加进行建模,每种高斯分布对应像素点可能呈现的一种颜色状态分布,各个高斯分布的权值和分布参数随时间更新。当处理彩色图像时,假定图像像素点 R、G、B 三色通道相互独立并具有相同的方差。假设随机变量 X 的观测数据集为 $\{x_1,x_2,\cdots,x_N\}$,$x_t = (r_t,g_t,b_t)$ 为 t 时刻像素的样本,则单个采样点 x_t 服从的混合高斯分布概率密度函数为

$$\begin{cases} P(x_t) = \sum_{i=1}^{k} \omega_{i,t} \times \eta(\boldsymbol{x}_t,\boldsymbol{\mu}_{i,t},\boldsymbol{\tau}_{i,t}) \\ \eta(\boldsymbol{x}_t,\boldsymbol{\mu}_{i,t},\boldsymbol{\tau}_{i,t}) = \dfrac{1}{\sqrt{|\boldsymbol{\tau}_{i,t}|}} e^{-\frac{1}{2}(x_t-\mu_{i,t})^T \tau_{i,t}^{-1}(x_t-\mu_{i,t})} \\ \boldsymbol{\tau}_{i,t} = \sigma_{i,t}^2 \boldsymbol{I} \end{cases} \tag{9-13}$$

式中:k 表示模态总个数;$\eta(\boldsymbol{x}_t,\boldsymbol{\mu}_{i,t},\boldsymbol{\tau}_{i,t})$ 表示 t 时刻第 i 个模态的高斯分布,其中 $\boldsymbol{\mu}_{i,t}$ 代表均值,$\boldsymbol{\tau}_{i,t}$ 表示协方差矩阵;$\sigma_{i,t}$ 为方差;$\boldsymbol{I}$ 为单位矩阵;$\omega_{i,t}$ 为此模态高斯分布的权重。混合高斯背景建模过程有如下三个步骤。

(1)k 个高斯分布总是按照优先级 $\rho_{i,t} = \dfrac{\omega_{i,t}}{\sigma_{i,t}}$ 从高到低的次序排序,用当前像素灰度值与 k 个高斯分布进行一一匹配,若当前像素灰度值与某个高斯分布满足式(9-14),则认为该像素值与高斯分布匹配,对匹配成功的高斯分布进行参数更新,其他高斯成分不变。

$$|\boldsymbol{x}_t - \boldsymbol{\mu}_{i,t-1}| \leqslant 2.5\sigma_{i,t-1} \tag{9-14}$$

(2)匹配的高斯分布参数按式(9-15)进行更新。

$$\begin{cases} \omega_{i,t} = (1-\alpha)\omega_{i,t-1} + \alpha \\ \boldsymbol{\mu}_{i,t} = (1-\beta)\boldsymbol{\mu}_{i,t-1} + \beta \boldsymbol{x}_{i,t} \\ \sigma_{i,t}^2 = (1-\beta)\sigma_{i,t-1}^2 + \beta(\boldsymbol{x}_{i,t} - \boldsymbol{\mu}_{i,t})^T(\boldsymbol{x}_{i,t} - \boldsymbol{\mu}_{i,t}) \end{cases} \tag{9-15}$$

式中:$\alpha(0 \leqslant \alpha \leqslant 1)$ 表示学习率因子,其大小决定背景更新速度;$\beta = \alpha/\omega_{i,t}$,表示参数学习率。不匹配的高斯分布保持参数不变,但是权重会衰减,如式(9-16)所示。

$$\omega_{i,t} = (1-\alpha)\omega_{i,t-1} \tag{9-16}$$

(3)生成背景模型。将各高斯分布按照 $\dfrac{\omega_{i,t}}{\sigma_{i,t}}$ 从大到小排序,排序越前,则它是背景分布的可能性越大,若前 b 个分布满足式(9-17),则将前 b 个分布根据权重联合生成背景。

$$B = \underset{b}{\arg\min} \sum_{k=1}^{b} \omega_k \geqslant T \tag{9-17}$$

式中:T 是权值阈值,表示能够描述场景背景的高斯分布权值之和的最小值。

9.3　光　流　法

9.3.1　光流的基本概念

光流的概念是 Gibson 在 1950 年首先提出来的,它是空间运动物体在观测成像平面上的像素运动的瞬时速度。光流法是利用图像序列中像素在时间域上的变化及相邻帧之间的相关性来确定上一帧跟当前帧之间的对应关系,从而计算出相邻帧之间物体的运动信息的一种方法。一般而言,光流是由于场景中前景目标本身的移动、相机的运动,或者两者的共同运动所产生的。

光流表达了图像的变化,由于它包含了目标运动的信息,因此可被观察者用来确定目标的运动情况。图 9-10(a)展示了三维空间内物体的运动在二维成像平面上的投影,是一个描述位置变化的二维矢量,在运动间隔极小的情况下,我们通常将其视为一个描述该点瞬时速度的矢量 $u=(u,v)$,称为光流矢量,表示一个点从第一帧到第二帧的位移,图 9-10(b)展示了一个物体在连续 5 帧图像中的运动,箭头表示其位移矢量。

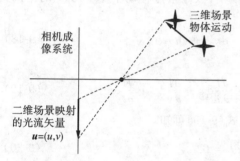
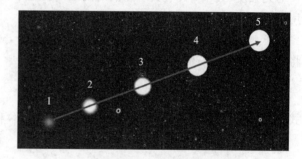

(a) 三维运动在二维成像平面内的投影　　　　　　(b) 二维平面连续帧运动矢量示意图

图 9-10　光流矢量示意图

光流场则是相对于运动场提出的概念。在空间中,运动可以用运动场描述,而在一个图像平面上,物体的运动往往是通过图像序列中图像灰度分布的不同体现的,空间中的运动场转移到图像上就表示为光流场。光流场是一个二维矢量场,它反映了图像上每一点灰度的变化趋势,可看成带有灰度的像素点在图像平面上运动而产生的瞬时速度场。它包含的信息就是各像素点的瞬时运动速度矢量信息。图 9-11(c)展示了两帧图像图 9-11(a)与图 9-11(b)之间形成的可视化光流场。

研究光流场的目的就是从图片序列中近似得到不能直接得到的运动场。

9.3.2　光流法的基本原理

1. 光流法的基本假设条件

光流法的目的是找出图像中每个像素点的速度 $u=(u,v)$。需要注意的是,这里的速度是个矢量,既有大小信息,也有运动方向信息。光流法的三个前提假设条件如下。

(1) 相邻帧图像之间的亮度恒定。即同一目标在不同帧间的运动中,其亮度不会发生改变。这是基本光流法的假设条件(所有光流法变种都必须满足),用于得到光流法基本方程。

(2) 时间连续或运动是“小运动”,即时间的变化不会引起目标位置的剧烈变化,相邻帧之

(a) 第26帧图像　　　　　　　(b) 第27帧图像　　　　　　(c) 两帧图像之间形成的光流场

图 9-11　连续帧之间的可视化光流场

间目标的位移要比较小。这同样也是光流法不可或缺的假设条件。

（3）具有空间一致性，即同一子图像的像素点具有相同的运动。

2. 光流法的约束方程

根据前面提到的光流微小运动和亮度恒定两个假设条件，考虑一个像素 $I(x,y,t)$ 在第一帧的光强度（其中 t 代表其所在的时间维度），在下一帧中，该像素点移动了 $(\mathrm{d}x,\mathrm{d}y)$ 的距离，用时 $\mathrm{d}t$，因为是同一个像素点，即有

$$I(x,y,t) = I(x+\mathrm{d}x,y+\mathrm{d}y,t+\mathrm{d}t) \tag{9-18}$$

将式（9-18）等号右侧用一阶泰勒级数展开，得

$$I(x+\mathrm{d}x,y+\mathrm{d}y,t+\mathrm{d}t) = I(x,y,t) + \frac{\partial I}{\partial x}\mathrm{d}x + \frac{\partial I}{\partial y}\mathrm{d}y + \frac{\partial I}{\partial t}\mathrm{d}t + \varepsilon \tag{9-19}$$

式中：ε 表示二阶无穷小项，可忽略。结合式（9-18）和式（9-19）可知，

$$\frac{\partial I}{\partial x}\mathrm{d}x + \frac{\partial I}{\partial y}\mathrm{d}y + \frac{\partial I}{\partial t}\mathrm{d}t = 0 \tag{9-20}$$

式（9-20）两边同时除以 $\mathrm{d}t$ 得到：

$$\frac{\partial I}{\partial x}\frac{\mathrm{d}x}{\mathrm{d}t} + \frac{\partial I}{\partial y}\frac{\mathrm{d}y}{\mathrm{d}t} + \frac{\partial I}{\partial t}\frac{\mathrm{d}t}{\mathrm{d}t} = 0 \tag{9-21}$$

令

$$u = \frac{\mathrm{d}x}{\mathrm{d}t}, v = \frac{\mathrm{d}y}{\mathrm{d}t}, I_x = \frac{\partial I}{\partial x}, I_y = \frac{\partial I}{\partial y}, I_t = \frac{\partial I}{\partial t}$$

式中：u 和 v 分别代表光流沿 x 轴和 y 轴的速度分量；I_x、I_y 和 I_t 分别表示图像像素点灰度沿着 x 轴、y 轴和 T（时间）轴方向的偏导数。那么式（9-21）便可以改写为

$$I_x u + I_y v + I_t = 0 \tag{9-22}$$

式中：I_x、I_y 和 I_t 可以由图像数据求得；u、v 为所求光流矢量。约束方程只有一个，而方程的未知量却有两个，这种情况下，无法求取 u 和 v 的确切值，需要引入其他的约束条件。从不同的角度引入约束条件，导致光流场计算方法不同。按照理论基础与数学方法的不同把它们分成四种：基于梯度（微分）的方法、基于匹配的方法、基于能量（频率）的方法和基于相位的方法。

1）基于梯度（微分）的方法

基于梯度的方法又称为微分法，它是利用时变图像灰度（或其滤波形式）的时空微分（即时空梯度函数）来计算像素的速度矢量的。由于计算简单且结果较好，该方法得到了广泛应用和研究。典型的代表是 Horn-Schunck(HS) 算法与 Lucas-Kanade(LK) 算法。

2）基于匹配的方法

基于匹配的光流计算方法包括基于特征和区域两种。基于特征的方法不断地对目标主要特征进行定位和跟踪,对目标大的运动和亮度变化具有鲁棒性。存在的问题是光流通常很稀疏,而且特征提取和精确匹配也十分困难。基于区域的方法先对类似的区域进行定位,然后通过相似区域的位移计算光流。这种方法在视频编码中得到了广泛的应用。然而,它计算的光流仍不稠密。另外,利用这两种方法估计亚像素精度的光流也有困难,计算量很大。

3）基于能量（频率）的方法

基于能量的方法又称为基于频率的方法,在使用该类方法的过程中,要获得均匀流场的准确的速度估计,就必须对输入的图像进行时空滤波处理,即对时间和空间进行整合,但是这样会降低光流的时间和空间分辨率。基于频率的方法往往会涉及大量的计算,另外,要进行可靠性评价也比较困难。

4）基于相位的方法

Fleet 和 Jepson 最先提出将相位信息用于光流计算的思想。相比亮度信息,图像的相位信息更加可靠,所以利用相位信息获得的光流场具有更好的鲁棒性。基于相位的光流算法的优点是:对图像序列的适用范围较宽,而且速度估计比较精确。但该方法也存在着时间复杂性较高、对图像序列的时间混叠比较敏感等问题。

下面主要介绍基于梯度的方法中两种经典的光流算法——Horn-Schunck（HS）算法与 Lucas-Kanade（LK）算法。

9.3.3　Horn-Schunck(HS)算法

Horn-Schunck 算法是在强度不变的假设条件下,引入全局光流平滑约束假设。假设在整个图像上的光流的变化是光滑的,即物体运动矢量是平滑的或只是缓慢变化的,其基本思想是:在求解光流时,在给定的领域内 $\nabla^2 u + \nabla^2 v$ 应尽量小,以便转化为求取约束条件的条件极值,即

$$\min(\nabla^2 u + \nabla^2 v) = \min\left\{ \left(\frac{\partial u}{\partial x}\right)^2 + \left(\frac{\partial u}{\partial y}\right)^2 + \left(\frac{\partial v}{\partial x}\right)^2 + \left(\frac{\partial v}{\partial y}\right)^2 \right\} \tag{9-23}$$

式中:$\nabla^2 u = \left(\frac{\partial u}{\partial x}\right)^2 + \left(\frac{\partial u}{\partial y}\right)^2$,是 u 的拉普拉斯算子;$\nabla^2 v = \left(\frac{\partial v}{\partial x}\right)^2 + \left(\frac{\partial v}{\partial y}\right)^2$,是 v 的拉普拉斯算子。结合式（9-22）和式（9-23）,HS 算法将光流 u、v 计算归结为

$$\min\iint\left\{ (I_x u + I_y v + I_t)^2 + \lambda\left[\left(\frac{\partial u}{\partial x}\right)^2 + \left(\frac{\partial u}{\partial y}\right)^2 + \left(\frac{\partial v}{\partial x}\right)^2 + \left(\frac{\partial v}{\partial y}\right)^2\right]^2 \right\} \mathrm{d}x\mathrm{d}y \tag{9-24}$$

得到其相应的欧拉-拉格朗日方程,并利用高斯-赛德尔方法进行求解,得到图像每个像素光流矢量迭代估计:

$$\begin{cases} u^{n+1} = u^n - I_x^2 \dfrac{I_x^2 u^n + I_y^2 v^n + I_t}{\lambda + I_x^2 + I_y^2} \\[3mm] v^{n+1} = v^n - I_y^2 \dfrac{I_x^2 u^n + I_y^2 v^n + I_t}{\lambda + I_x^2 + I_y^2} \end{cases} \tag{9-25}$$

u、v 均值的初始值为 0,根据迭代公式依次迭代,直到满足条件式（9-26）,退出迭代,得到光流矢量。

$$\begin{cases} |\alpha_k - \alpha_{k-1}| < T \\ \alpha = I_x u + I_y v + I_t \end{cases} \tag{9-26}$$

式中：T 为阈值。

9.3.4　Lucas-Kanade(LK)算法

Lucas-Kanade(LK)算法是目前光流计算中最常见、最流行的算法。基于光流法的基本假设，为了求解 u、v 的光流约束方程，LK 算法将原始图像分割成更小的部分块，并且它们在大小为 $m \times m$ 的小窗口内具有空间一致性（像素点具有相同的运动），窗口内所有像素 $1, 2, \cdots,$ $n(n = m^2)$ 都满足式(9-22)，可得到一系列的方程，有

$$\begin{bmatrix} I_{x_1} & I_{y_1} \\ I_{x_2} & I_{y_2} \\ \vdots & \vdots \\ I_{x_n} & I_{y_n} \end{bmatrix} \begin{bmatrix} u \\ v \end{bmatrix} = \begin{bmatrix} -I_{t_1} \\ -I_{t_2} \\ \vdots \\ -I_{t_n} \end{bmatrix} \tag{9-27}$$

式(9-27)可记作 $\boldsymbol{A\vartheta} = \boldsymbol{b}$，其中 $\boldsymbol{A} = \begin{bmatrix} I_{x_1} & I_{y_1} \\ I_{x_2} & I_{y_2} \\ \vdots & \vdots \\ I_{x_n} & I_{y_n} \end{bmatrix}$，$\boldsymbol{\vartheta} = \begin{bmatrix} u \\ v \end{bmatrix}$，$\boldsymbol{b} = \begin{bmatrix} -I_{t_1} \\ -I_{t_2} \\ \vdots \\ -I_{t_n} \end{bmatrix}$。借助最小二乘法可

解决式(9-27)中 $\boldsymbol{\vartheta}$ 变量的求解问题，有

$$\boldsymbol{\vartheta} = (\boldsymbol{A}^T \boldsymbol{A})^{-1} \boldsymbol{A}^T \boldsymbol{b} \tag{9-28}$$

式(9-27)中：光流 $\boldsymbol{\vartheta} = (u, v)^T$ 的求解算法所用的窗口通常选取 3×3 的窗口。

9.3.5　基于光流法的运动目标检测与跟踪

利用光流法进行运动目标检测是基于一个假设：如果图像中没有运动目标，则光流矢量在整个图像区域是连续变化的；当图像中有运动物体时，目标和背景存在着相对运动。运动物体所形成的速度矢量必然和背景的速度矢量有所不同，据此便可以计算出运动物体的位置。

基于光流法的运动目标检测思路如下。

(1) 对摄像机采集到的图像序列进行重采样和去噪预处理后，利用光流法计算出各点的光流值，得出各点的光流场。

(2) 对光流场进行阈值分割，区分出前景与背景，得到运动目标区域。若分割后有一些独立的点或者凹区域，影响运动目标的提取，则可采用形态学滤波中的开、闭运算滤除孤立噪声点。

(3) 经区域连通识别出目标区域并统计其特征信息。

具体流程如图 9-12 所示。

图 9-12　基于光流法的运动目标检测流程

【例 9-4】　HALCON 中运用光流法进行运动目标识别实例。

```
dev_update_off ()
dev_close_window ()
*初始化图像序列
read_image (Image1, 'xing/xing000')
dev_open_window_fit_image (Image1, 0, 0, -1, -1, WindowHandle)
*光流场显示参数设置
dev_set_paint (['vector_field',6,1,2])
dev_set_draw ('margin')
for I :=1 to 587 by 1
    *读取图像序列当前帧图像
    read_image (Image2, 'xing/xing' +I$ '03')
    *计算图像中光流场
    optical_flow_mg (Image1, Image2, VectorField, 'fdrig', 0.8, 1, 8, 5,
'default_parameters', 'accurate')
    *光流场阈值分割
    threshold (VectorField, Region, 1, 10000)
    *显示当前帧图像
    dev_display (Image2)
    *显示光流设置为黄色
    dev_set_color ('yellow')
    dev_set_line_width (1)
    dev_display (VectorField)
    *显示目标区域设置为绿色
    dev_set_color ('green')
    dev_set_line_width (3)
    dev_display (Region)
    *复制当前帧图像覆盖前一帧图像，更新循环
    copy_obj (Image2, Image1, 1, 1)
endfor
```

运用光流法进行运动目标识别实例如图 9-13 所示。

观察图 9-13(c)我们可以看到，运动的物体的光流矢量与背景光流矢量之间存在明显差异。进行阈值分割，将整幅图像的光流矢量分成两个部分，即区分出背景与前景，如 9-13(e)所示。

例 9-4 涉及的主要 HALCON 算子介绍如下：

optical_flow_mg（ImageT1，ImageT2 : VectorField : Algorithm，SmoothingSigma，IntegrationSigma，FlowSmoothness，GradientConstancy，MGParamName，MGParamValue : ）

功能：计算两幅图像的光流场。

ImageT1、ImageT2：输入的两个单色图像序列的连续图像。

VectorField：输出的光流结果。

(a) 第1帧图像　　　　　　　(b) 第2帧图像　　　　　　　(c) 光流场计算结果

(d) 可视化场景光流场　　　(e) 光流场阈值分割区域　　　(f) 可视化场景目标区域

图 9-13　光流法识别运动目标实例

Algorithm：三种计算光流的算法，'fdrig'、'ddraw'和'clg'。

SmoothingSigma：对输入图像进行高斯滤波的滤波器标准差。

IntegrationSigma：对图像进行积分滤波时积分滤波器的标准差。

FlowSmoothness：平滑项在数据项中的权重。

GradientConstancy：梯度恒定性相对于灰度值恒定性的权重。

MGParamName：多栅算法名字。

MGParamValue：多栅算法的变量。

【例 9-5】　HALCON 中借助光流法实现自行车跟踪实例。

```
dev_update_off ()
read_image (Image1, 'bicycle/bicycle_01')
*按照缩放因子对图像进行缩放，以便于图像处理
ZoomFactor :=0.5
zoom_image_factor (Image1, Image1, ZoomFactor, ZoomFactor, 'constant')
dev_close_window ()
dev_open_window_fit_image (Image1, 0, 0, -1, -1, WindowHandle)
dev_set_draw ('margin')
*生成运动目标运动区域
gen_contour_polygon_xld (ROI, [0,0,283,348,479,479] * ZoomFactor, [0,379,
379,434,639,0] * ZoomFactor)
gen_region_contour_xld (ROI, RegionROI, 'filled')
*对图像进行规定区域裁剪
```

```
    reduce_domain (Image1, RegionROI, Image1ROI)
*计算光流场,进行运动目标追踪
for I :=2 to 27 by 1
    read_image (Image2, 'bicycle/bicycle_' +I$ '.2')
    zoom_image_factor (Image2, Image2, ZoomFactor, ZoomFactor, 'constant')
    *对新一帧图像进行运动区域裁剪,简化光流计算
    reduce_domain (Image2, RegionROI, Image2ROI)
    *对裁剪图像进行光流场计算
    optical_flow_mg (Image1ROI, Image2ROI, VectorField, 'fdrig', 0.8, 1,
10, 5, ['default_parameters','warp_zoom_factor'], ['fast',0.8])
    * 计算光流场中光流矢量长度
    vector_field_length (VectorField, LengthImage, 'squared_length')
    * 在裁剪区域 ROI 内进行运动目标分割
    min_max_gray (RegionROI, LengthImage, 0.1, Min, Max, Range)
    dev_display (Image2)
    if (Max > 2)
        threshold (LengthImage, RegionMovement, 2, Max)
        connection (RegionMovement, ConnectedRegions)
        * 选择最大的运动目标区域
        select_shape_std (ConnectedRegions, RegionMovement, 'max_area', 70)
        area_center (RegionMovement, Area, RCenterNew, CCenterNew)
        if (Area >0)
            *运动区域凸包形转换
            shape_trans (RegionMovement, ConvexHullregion, 'convex')
            intersection(RegionROI, ConvexHullregion, RegionMovementInROI)
            reduce_domain (VectorField, ConvexHullregion, VectorReduced)
            vector_field_to_real (VectorReduced, Row, Column)
            *计算运动区域的方向和速度
            intensity (RegionMovementInROI, Row, MeanRow, Deviation)
            intensity (RegionMovementInROI, Column, MeanColumn, Deviation1)
            dev_set_line_width (1)
            dev_set_color ('yellow')
            dev_display (VectorReduced)
            *显示定义的 ROI 区域
            dev_set_line_width (3)
            dev_set_color ('magenta')
            dev_display (RegionROI)
            *在 ROI 区域内显示运动目标
            dev_set_color ('green')
            dev_display (RegionMovementInROI)
```

```
            gen_arrow_contour_xld (Arrow, RCenterNew, CCenterNew, RCenterNew
+MeanRow, CCenterNew +MeanColumn, 10, 10)
            dev_display (Arrow)
        endif
    endif
    copy_obj (Image2ROI, Image1ROI, 1, 1)
endfor
```

借助光流场实现自动车跟踪实例结果如图 9-14 所示。

(a) 第1帧图像

(b) 按照ROI裁剪后图像

(c) 第9帧裁剪后图像

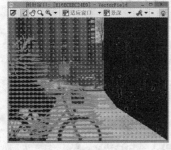
(d) 可视化场景光流场

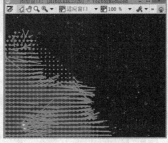
(e) 分割后凸包形转换光流场

(f) 最终箭头显示运动方向

图 9-14　自行车跟踪实例

例 9-5 中先定义了运动目标可能经过的区域,用于裁剪原始图像,这样可以有效减小光流场计算量。结合计算的光流场,如图 9-14(d)所示,进行阈值分割获得运动区域,连通区域后将运动区域转换为凸包形区域,如图 9-14(e)所示,最后标注运动方向箭头,如图 9-14(f)所示。

例 9-5 涉及的主要 HALCON 算子介绍如下:

vector_field_length(VectorField : Length : Mode :)

功能:计算一个矢量场的矢量长度。

VectorField:输入矢量场。

Length:输出矢量场的矢量长度。

Mode:定义矢量场矢量长度的计算方法,'length'或者'squared_length'。

vector_field_to_real(VectorField : Row,Col : :)

功能:把一个矢量域图像转变为两个实数域图像,输出图像分别包含行和列方向的矢量分量。

VectorField:输入矢量场。

Row、Col:输出的行、列方向实数域图像。

本 章 小 结

　　运动图像处理技术可理解为静态图像处理技术的提升，其输入是时序上的图像序列。而解决运动图像分析问题通常需要借助一系列的假设，以降低分析的复杂度。这里提及的假设包括摄像机运动信息和连续图像之间的间隔、光照条件等，特别是对图像序列而言，时间间隔是否足够短很重要。与机器视觉静态图像分析一样，运动图像分析并不存在一种通用的算法，而且本章介绍的算法和技术只在特定场景条件下才有效，实际应用场景中还需要结合现场条件进行方法选择和优化。

　　本章主要针对运动图像目标检测问题介绍了帧间差分法、背景差分法和光流法三种常见技术和部分应用实例。

习　　题

　　9.1　什么是帧间差分法？常见的帧间差分法有哪两种？二者的主要区别是什么？

　　9.2　绘制三帧差分法原理图，简述其原理。

　　9.3　什么是背景差分法？背景差分法中，常见的背景建模方法有哪些？

　　9.4　完善例 9-2 的 HALCON 代码，在均值法背景建模基础上，结合背景差分法，实现运动目标跟踪显示（实时显示每帧图像中的运动车辆区域）。

　　9.5　简述光流法的三个基本假设条件，并绘制利用光流法进行运动目标检测的原理图，简述其检测原理。

　　9.6　调试运行例 9-4 的 HALCON 代码，在进行光流场阈值分割运算后，分别单独加入形态学闭运算 closing_circle、开运算 opening_circle，查看调试结果，分析两种形态学处理结果的不同之处。

第10章　神经网络与深度学习

近些年,在数字经济推动的大背景下,人工智能发展迅速并与多种应用场景深度融合,逐渐成为推动经济创新发展的重要技术。我国也在这个新浪潮下全面实施战略性新兴产业发展规划,加快人工智能等技术的研发和转化,推进国家智能制造示范区、制造业创新中心建设。而作为智能制造产业中的关键部分,机器视觉也随着深度学习技术的成熟开始新的发展。本章首先对人工智能、机器学习及深度学习进行概括介绍,接着对神经网络算法和应用于计算机视觉图像领域中的卷积神经网络算法的基础进行介绍,最后一部分介绍了不同任务下网络模型的训练与评估。

10.1　人工智能、机器学习和深度学习

1956 年,在达特茅斯(Dartmouth)会议上"人工智能"的概念首次提出,这标志着人工智能的诞生。随后,人工智能成为大家一直讨论的话题,并在科研实验室中慢慢孵化。随着科技的发展,人工智能衍生出了机器学习、深度学习等分支,它的应用也越来越广泛,如机器人、语言识别、图像识别、自然语言处理等。人工智能已经成为 21 世纪引领世界未来科技领域发展和生活方式的风向标。

1. 人工智能

人工智能(artificial intelligence,AI),是计算机科学的一部分,它企图了解智能的本质,并生产出一种能以与人类智能相似的方式做出反应的智能机器,是研究和开发用于模拟、延伸和扩展人类智能的理论、方法、技术及应用系统的一门新的技术科学。人工智能可以对人的意识、思维的信息过程进行模拟,它不是人的智能,但能像人那样思考,也可能超过人的智能。人工智能已经逐步成为一个独立的分支,无论在理论和实践上都已自成一个系统。

人工智能的四大技术分支是模式识别、机器学习、数据挖掘和智能算法。

(1)模式识别是指对表征事物的各种信息进行处理分析,以及对事物进行描述分析的过程,例如汽车车牌号的辨识,涉及图像处理分析等技术。

(2)机器学习是使计算机像人类一样学习和行动,并通过观察和真实交互的形式向它们提供数据和信息,从而使它们的学习随着时间的推移以自主方式得到改善。

(3)数据挖掘是通过算法搜索挖掘出有用的信息,应用于市场分析、科学探索、疾病预测等领域。

(4)智能算法是解决某类问题的一些特定模式算法,例如最短路径问题,以及工程预算问题等。

人工智能的三种形态是弱人工智能、强人工智能和超人工智能。

(1)弱人工智能(artificial narrow intelligence)是解决特定的任务问题,以统计数据为主,从中归纳出模型,例如语音识别、图像识别和翻译等。由于弱人工智能只能处理较为单一的问题,且发展程度并没有达到模拟人脑思维的程度,所以弱人工智能仍然属于"工具"的范畴。

(2)强人工智能(artificial general intelligence),属于人类级别的人工智能,在各方面都能

和人类比肩,它能够进行思考、计划、解决问题、理解复杂理念、快速学习和从经验中学习等操作。

（3）超人工智能(artificial super intelligence),在几乎所有领域都远远地超过人类大脑,包括科学创新、通识和社交技能。在超人工智能阶段,人工智能已经跨过"奇点",计算和思维能力已经不是人类可以理解和想象的,它将打破人脑受到的维度限制,基于人工智能将形成一个新的社会。

目前仍然处于弱人工智能阶段。

2. 机器学习

机器学习(machine learning,ML)属于人工智能的一个分支,它的主要任务是研究计算机怎样模拟或实现人类的学习行为,以获取新的知识或技能,重新组织已有的知识结构使计算机不断改善自身的性能,是人工智能技术的核心。

机器学习有三类学习方式:监督学习、非监督学习和强化学习。

（1）监督学习是通过已有的输入数据与输出数据之间的相应关系,生成一个函数,将输入映射到合适的输出。监督学习必须包括输入对象和输出对象。监督学习分为两类:分类和回归。最广泛使用的分类器有人工神经网络、支持向量机、近邻算法、高斯混合模型、朴素贝叶斯方法、决策树和径向基函数分类等。对于回归,经常使用的有线性回归和神经网络。

（2）非监督学习是直接对输入数据进行建模,它本质上是一种统计手段,在原始的数据中发现一些潜在的规律。非监督学习只包括输入对象。

监督学习和非监督学习的区别:监督学习是一种明确的训练方式,知道结果是什么,而非监督学习是没有明确目的的训练方式,不知道结果会是什么;监督学习需要给数据打标签,而非监督学习不需要;由于监督学习有明确的目标,所以结果是可以衡量的,而非监督学习几乎无法对结果进行衡量。

（3）强化学习(reinforcement learning,RL)是机器学习的方法论之一,用于描述和解决智能体在与环境的交互过程中通过学习策略达成回报最大化或实现特定目标的问题。

强化学习是一种非监督学习,主要由智能体和环境组成,两者间通过奖励、状态和动作三个信号进行交互,实现环境到行为的映射学习。具体过程是智能体执行某个动作后,环境会转换到新的状态,针对新的状态,环境会给出奖励信号(正奖励或负奖励),智能体会根据新的状态和环境反馈的奖励,按照一定的策略执行新的动作。与监督学习的区别是:强化学习不需要像监督学习那样依赖标注数据,强化学习会通过自我博弈的方式让系统不断地自主学习,使得系统自我补充更多的信息。总之,强化学习就是智能体在与环境交互的过程中,学会最佳的决策序列。

强化学习与监督学习最大的区别是:对于监督学习,每一个样本都有一个标签,理想的情况下,这个标签就代表正确的结果,而在强化学习的交互问题中并不存在这样一个普适正确的标签,系统只能从自身的经验中学习。强化学习与非监督学习的区别是:强化学习的目标是最大化奖励而非寻找隐藏的数据结构,尽管用非监督学习的方法寻找数据内在结构可以对强化学习任务起到帮助,但并未从根本上解决最大化奖励的问题。

通过以上的比较可知,监督学习、非监督学习和强化学习三者之间的关系如图 10-1 所示。

3. 深度学习

深度学习(deep learning,DL)是机器学习算法研究中一个新的技术,是一种基于对数据进行表征学习的方法,学习样本数据的内在规律和表示层次,其目的在于建立、模拟人脑进行

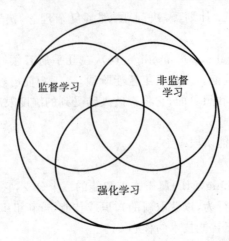

图 10-1　监督学习、非监督学习和强化学习之间的关系

分析学习的神经网络。

深度学习是机器学习的一个分支,是指一类问题以及解决这类问题的方法,从有限样本中通过算法总结出一般性的规律,并可应用到新的未知数据上。深度学习以神经网络为主要模型。神经网络有几种不同的形式,包括递归神经网络、卷积神经网络、人工神经网络和前馈神经网络。它们都以某种相似的方式起作用,通过输入数据并让模型自己确定模型是否对给定的数据元素做出了正确的解释或决策。神经网络和深度学习并不等价,神经网络是深度学习的主要模型,由于神经网络模型可以比较好地解决贡献度分配问题,因此神经网络成为深度学习中主要采用的模型。

三种典型的深度学习算法是卷积神经网络(CNN)、循环神经网络(RNN)、生成对抗网络(GAN)。

卷积神经网络是一类包含卷积计算且具有深度结构的前馈神经网络,是深度学习的代表算法之一。卷积神经网络在图像处理方面十分有优势,目前在图像分类检索、目标定位检测、目标语义分割等领域有着广泛的应用。

循环神经网络是一类以序列数据为输入,在序列的演进方向进行递归且所有节点按链式连接的递归神经网络。在深度学习领域,循环神经网络是一种能有效处理序列数据的算法,在文本生成、语音识别、机器翻译、生成图像描述、视频标记等领域有着广泛的应用。

生成对抗网络也是一种深度学习算法,是一种十分热门的非监督学习算法。利用生成对抗网络可以生成非常逼真的照片、图像甚至视频,在生成图像数据集、生成人脸照片、图像到图像的转换、文字到图像的转换、图片编辑、图片修复等诸多领域有着广泛的应用。

深度学习和传统的浅层学习存在着不同:深度学习一方面强调了模型结构的深度,通常有多层的隐层节点;另一方面明确了特征学习的重要性。也就是说,通过逐层特征变换,将样本在原空间的特征表示变换到一个新特征空间,从而使分类或预测更容易。使用训练成功的网络模型,就可以实现对复杂事务进行处理的自动化要求。深度学习的一般过程如图 10-2所示。

图 10-3 所示是人工智能、机器学习和深度学习三者之间的关系。

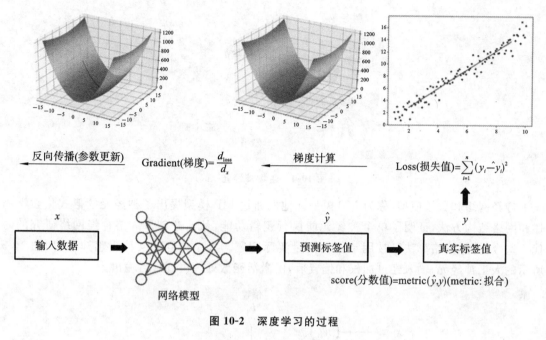

$$Gradient(梯度)=\frac{d_{loss}}{d_x}$$

反向传播(参数更新)　　　　　　　　　　梯度计算　　　　　　Loss(损失值)$=\sum_{i=1}^{n}(y_i-\hat{y_i})^2$

x　　　　　　　　　　　　　　　　　$\hat{y}$　　　　　　　　　y

输入数据　　➡️　　网络模型　　➡️　　预测标签值　　➡️　　真实标签值

score(分数值)=metric($\hat{y},y$)(metric: 拟合)

图 10-2　深度学习的过程

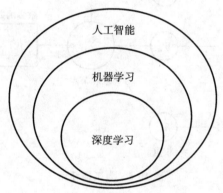

人工智能

机器学习

深度学习

图 10-3　人工智能、机器学习和深度学习之间的关系

10.2　神经网络基础

10.2.1　神经网络基本概念

人工神经网络(artificial neural network,ANN)也称为神经网络或连接模型(connection model),是 20 世纪 80 年代以来人工智能领域兴起的研究热点。它模仿动物神经网络行为特征,并从信息处理角度对人脑神经元网络进行抽象,建立某种分布式并行信息处理的算法数学模型。如图 10-4 所示的生物神经元,其中树突用于接收输入信息,输入信息经过突触处理,当达到一定条件时通过轴突传出,此时神经元处于激活状态,反之若没有达到相应条件,则神经元处于抑制状态。这便是人类思考的过程,对神经元收到的信息进行计算,并向其他神经元传递信息。

受到生物神经元的启发,1943 年心理学家 W. S. McCulloch 和数理逻辑学家 W. Pitts 建

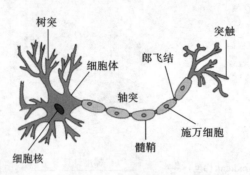

图 10-4　生物神经元

立了神经网络和数学模型,称为 MP 模型。他们通过 MP 模型提出了神经元的形式化数学描述和网络结构方法,证明了单个神经元能执行逻辑功能,从而开创了人工神经网络研究的时代。迄今,神经网络算法已被用于解决大量实际问题。人工神经元又称为感知器,如图 10-5 所示的人工神经元,输入经过加权和偏置后,由激活函数处理得到最后输出。

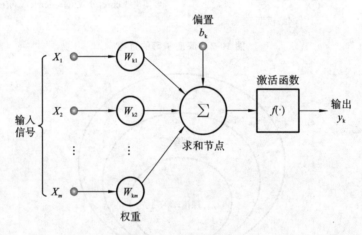

图 10-5　人工神经元

其中,生物神经元和人工神经元对应关系如表 10-1 所示。

表 10-1　生物神经元与人工神经元对应关系

生物神经元	人工神经元
细胞核	神经元
树突	输入
轴突	输出
突触	权重

作为一种运算模型,神经网络由大量的节点(或称神经元)相互连接构成。每个节点代表一种特定的输出函数,称为激励函数(activation function)。每两个节点间的连接代表一个通过该连接信号的加权值,称为权重,这相当于人工神经网络的记忆。输出则按照网络的连接方式、权重和激励函数的不同而改变,所以人工神经网络能在外界信息的基础上改变内部结构,是一种自适应系统,而网络自身通常都是对自然界某种算法或者函数的逼近,也是对一种逻辑策略的表达。

人工神经网络通常是基于数学统计学类型的学习方法的优化,所以人工神经网络也是数学统计学方法的一种实际应用,通过统计学的标准数学方法我们能够得到大量可以用函数来表达的局部结构空间。

最近十多年,人工神经网络的研究工作不断深入,已经取得了很大的进展,其在模式识别、智能机器人、自动控制、预测估计、生物、医学、经济等领域已成功地解决了许多现代计算机难以解决的实际问题,表现出了良好的智能特性。

10.2.2　神经网络基本结构

一个经典的神经网络的结构包含三个层次,第一列是输入层,最后一列是输出层,中间列是隐藏层。如图 10-6 所示,输入层有 3 个输入单元,隐藏层有 4 个单元,输出层有 3 个单元。如果将这种结构类比我们的大脑,就是假设上司要求你去完成一个任务,输入层是你收到命令去做某件事,隐藏层是大脑的思考过程(难度如何,多久能完成,需要怎么做),输出层就是你最后答应了上司去完成这个任务。隐藏层的意义是给出思考过程,而深度学习的隐藏层更多,代表思考得更多。

神经网络模型是以神经元的数学模型为基础来构造的。设计一个神经网络时,输入层与输出层的节点数往往是固定的,中间层则可以自由指定。神经网络结构图中的拓扑与箭头代表着预测过程数据的流向,而且跟训练时的数据流有一定的区别。值得注意的是,结构图里的关键不是圆圈(代表"神经元"),而是连接线(代表"神经元"之间的连接),每个连接线都对应一个不同的权重(其值称为权值),这是需要训练才能得到的。

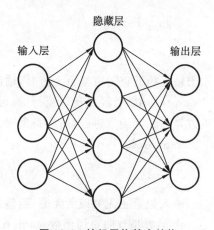

图 10-6　神经网络基本结构

人们在对生物神经系统进行研究,以探讨人工智能的机制时,把神经元数学化,从而产生了神经元数学模型,大量形式相同的神经元连接在一起就组成了神经网络模型结构。神经网络模型是由网络拓扑、节点特点和学习规则来表示的,虽然每个神经元的结构和功能都不复杂,但是神经网络的动态行为则是非常复杂的。因此,用神经网络可以表达实际物理世界的各种现象。

10.2.3　激活函数

所谓激活函数(activation function),就是在人工神经网络的神经元上运行的函数,负责将人工神经元的输入映射到输出端。在人工神经元中,输入的数据通过加权、求和后,还被作用了一个函数,这个函数就是激活函数。

激活函数是神经网络设计的核心单元,对人工神经网络模型学习理解非常复杂的非线性函数具有重要作用。因为线性模型的表达能力不够,激活函数的任务就是将非线性特性引入网络中,使得神经网络可以逼近任意非线性函数,这样神经网络就可以应用到众多的非线性模型中。如果不用激活函数,每一层输出都是上层输入的线性函数,则神经网络的所有输出都是输入的线性组合,这种就是最原始的感知器(perceptron)。

一般来说,激活函数需要满足以下几个条件:

(1) 非线性。如果激活函数是线性的,则不管引入多少隐藏层,效果都和单层感知器一样。

(2) 可微性。训练网络时使用的是基于梯度的优化方法,要求激活函数必须可微分。

(3) 单调性。单调性保证了神经网络模型的简单性。

下面介绍三种常用的激活函数,如图 10-7 所示。

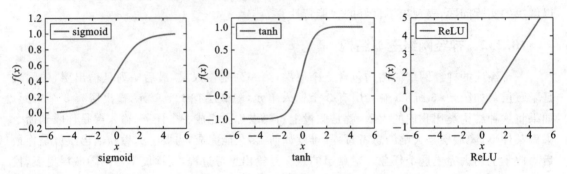

图 10-7　三种常用的激活函数

1) sigmoid 函数

$$f(x) = \frac{1}{1 + e^{-x}} \tag{10-1}$$

当输入趋近正无穷或负无穷时,输出无限接近 1 或 0。

sigmoid 函数曾经是比较流行的,可以把它想象成一个神经元的放电率,中间斜率比较大的地方是神经元的敏感区,两边斜率变化很平缓的地方是神经元的抑制区。

2) tanh 函数

$$f(x) = \frac{e^x - e^{-x}}{e^x + e^{-x}} \tag{10-2}$$

当输入趋近正无穷或负无穷时,输出无限接近 1 或 -1。

tanh 函数是双曲正切函数,tanh 函数和 sigmoid 函数的曲线是比较相近的。相同的是,这两个函数在输入很大或很小的时候,输出都是平滑的,梯度很小,不利于权重更新,不同的是输出区间,tanh 的输出区间在 $(-1, 1)$ 之间,而且整个函数是以 0 为中心的。

一般二分类问题中,隐藏层用 tanh 函数,输出层用 sigmoid 函数。不过具体使用什么激活函数,还是要根据具体的问题来具体分析,依靠调试来确定。

3) ReLU(修正线性单元)函数

$$f(x) = \max(0, x) \tag{10-3}$$

当输入小于 0 时,输出 0;当输入大于 0 时,输出等于输入。

ReLU 函数是常用的一个激活函数,相比于 sigmoid 函数和 tanh 函数,它有以下几个优点:

(1) 在输入为正数的时候,不存在梯度饱和问题。

(2) 计算速度快。ReLU 函数只有线性关系,不管是前向传播还是反向传播,都比 sigmoid 函数和 tanh 函数要快(sigmoid 函数和 tanh 函数要计算指数,计算速度会比较慢)。

10.2.4　权重和偏置

每个人工神经单元都具有输入 x、输出 y 和三个"旋钮":一组权重 w、偏置 b 和激活函数

f。从数据中学习权重和偏置,并根据网络设计者对网络及其目标输出的直觉来手工挑选激活函数。在数学上,可以表达为

$$y = f(xw + b) \tag{10-4}$$

通常情况下,每个人工神经单元都有多个输入,可以用矢量化来表示这种一般情况。以三个输入为例,外部输入 x_1、x_2、x_3 写成矢量(x_1, x_2, x_3),简写为 $\boldsymbol{X}$。输出 y_1、y_2、y_3 用矢量(y_1, y_2, y_3)表示,简写为 $\boldsymbol{Y}$。权重 w_1、w_2、w_3 也写成矢量(w_1, w_2, w_3),简写为 $\boldsymbol{W}$。偏置单元 b_1、b_2、b_3 用矢量(b_1, b_2, b_3)表示,简写为 $\boldsymbol{B}$。定义运算 $\boldsymbol{X} \cdot \boldsymbol{W} + \boldsymbol{B} = (x_1, x_2, x_3)(w_1, w_2, w_3)^{\mathrm{T}} + (b_1, b_2, b_3)^{\mathrm{T}}$,即用矢量运算的形式来表示多输入多输出的情况:

$$\boldsymbol{Y} = f(\boldsymbol{X} \cdot \boldsymbol{W} + \boldsymbol{B}) \tag{10-5}$$

举个简单的例子来说明权重 w 和偏置 b 的具体作用。假设激活函数用的是 sigmoid 函数,sigmoid 函数的作用是将输入映射到$(0,1)$的输出。图 10-8 所示是一个简单的分类任务,需要将五角星和圆形分类,激活函数为 $f(x)$,可以用公式 $f(x_1 w_1 + x_2 w_2 + b)$ 来表示神经元的输出。利用神经元训练可以得到一条直线来分开这些数据点,将 $x_1 w_1 + x_2 w_2 + b$ 作为激活函数 sigmoid 的输入,激活函数将这个输入映射到$(0,1)$的范围内。因此,$f(x) > 0.5$ 就为正类(这里指圆形),$f(x) < 0.5$ 就为负类(这里指五角星)。

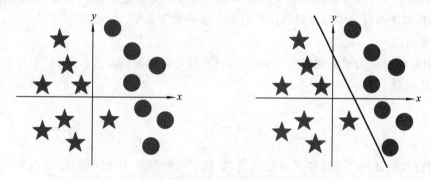

图 10-8　分类任务示意图

其中参数 w 的作用,是决定分割平面的方向。分割平面的投影就是直线 $x_1 w_1 + x_2 w_2 + b = 0$。在两个输入中,可以得到 $\boldsymbol{W} = (w_1, w_2)$,令方程 $x_1 w_1 + x_2 w_2 + b = 0$,那么该直线的斜率就是 $-w_1/w_2$。随着 w_1、w_2 的变动,直线的方向也在改变,那么分割平面的方向也在改变。

其中参数 b 的作用,是决定竖直平面沿着垂直于直线方向移动的距离。当 $b > 0$ 的时候,直线往左边移动,当 $b < 0$ 的时候,直线往右边移动。如果没有偏置的话,所有的分割线都是经过原点的。

所以神经网络中最困难的部分就是确定参数权重 w 和偏置 b。目前为止,这两个值都是主观给出的,但实际应用中很难估计它们的值,所以就需要使用一种试错的方法。其他参数都不变,w(或 b)微小变动,记作 Δw(或 Δb),观察输出的变化。不断重复这个过程,直至得到对应最精确输出的那组 w 和 b,它们就是最后所需要的值,这个过程称为模型的训练。

10.2.5　损失函数

为了确定神经网络的参数,接下来讨论一个学习算法,它能在给定训练集的时候为神经网络拟合参数。下面介绍拟合神经网络参数的损失函数。

损失函数(loss function)或代价函数(cost function)是将随机事件或有关随机变量的取值

映射为非负实数以表示该随机事件的"风险"或"损失"的函数。在应用中,损失函数通常作为学习准则与优化问题相联系,即通过最小化损失函数来求解和评估模型。

1）回归问题

回归问题所对应的损失函数为下面给出的 L_2 损失函数和 L_1 损失函数,二者度量了模型估计值 d 与观测值 θ 之间的差异。

L_2 损失函数:

$$L(y,\hat{y}) = w(\theta)(\hat{y}-y)^2 \tag{10-6}$$

L_1 损失函数:

$$L(y,\hat{y}) = w(\theta)|\hat{y}-y| \tag{10-7}$$

式中: $w(\theta)$ 为真实值的权重; y 为真实值; $\hat{y}$ 为模型的输出。各类回归模型,例如线性回归、广义线性模型和人工神经网络通过最小化 L_2 损失函数或 L_1 损失函数对其参数进行估计。 L_2 损失函数和 L_1 损失函数的不同在于, L_2 损失函数通过平方计算放大了估计值和真实值的距离,因此对偏离真实值的输出给予了很大的惩罚。此外, L_2 损失函数是平滑函数,在求解优化问题时有利于误差梯度的计算。 L_1 损失函数对估计值和真实值之差取绝对值,对偏离真实值的输出不敏感,因此当观测中存在异常值时有利于保持模型稳定。

2）分类问题

分类问题所对应的损失函数为 0-1 损失函数,其是分类准确度的度量,对于分类正确的估计值取 0,反之取 1,即

$$L(\hat{y},y) = \begin{cases} 0, \hat{y}=y \\ 1, \hat{y}\neq y \end{cases} \tag{10-8}$$

0-1 损失函数是一个不连续的分段函数,不利于求解其最小化问题,因此在应用中可构造其代理损失（surrogate loss）。代理损失是与原损失函数具有相合性（consistency）的损失函数,最小化代理损失所得的模型参数也是最小化原损失函数的解。当一个函数是连续凸函数,并在任意取值下是 0-1 损失函数的上界时,该函数可作为 0-1 损失函数的代理损失。

下面给出二元分类（binary classification）中常见的 0-1 损失函数的代理损失,并分别对其进行介绍,如表 10-2 所示。

表 10-2　二元分类中常见的 0-1 损失函数的代理损失

名　称	表　达　式
铰链损失函数（hinge loss function）	$L(\hat{y},y) = \max(0,1-\hat{y}y)$
交叉熵损失函数（cross-entropy loss function）	$L(\hat{y},y) = -y\log_2(\hat{y}) - (1-y)\log_2(1-\hat{y})$
指数损失函数（exponential loss function）	$L(\hat{y},y) = \exp(-\hat{y}y)$

铰链损失函数是一个分段连续函数,其在分类器分类完全正确时取 0。铰链损失对应的分类器是支持向量机（support vector machine, SVM）,铰链损失的性质决定了 SVM 具有稀疏性。

交叉熵损失函数是一个平滑函数,其本质是信息理论（information theory）中的交叉熵

(cross entropy)在分类问题中的应用。交叉熵损失函数也是表 10-2 中使用最广泛的代理损失,对应的分类器包括 logistic 回归、人工神经网络和概率输出的支持向量机。

指数损失函数是表 10-2 中对错误分类施加最大惩罚的代理损失,其优势是误差梯度大,在使用梯度算法时求解速度快。

因此,损失函数也表示了神经网络预测样本值的准确程度,也就是网络的输出值和实际观测值 y 的接近程度,让损失函数最小化的过程就是不断拟合神经网络参数的过程。

10.2.6　反向传播

神经网络中的反向传播算法是使损失函数最小化的一种算法,也是目前用来训练人工神经网络最常用且最有效的算法。下面先从神经网络的正向传播开始介绍。

所谓的正向传播算法就是:将上一层的输出作为下一层的输入,并计算下一层的输出,一直运算到输出层为止。

图 10-9 所示是一个三层人工神经网络,Layer1 至 Layer3 分别是输入层、隐藏层和输出层。先定义一些变量:

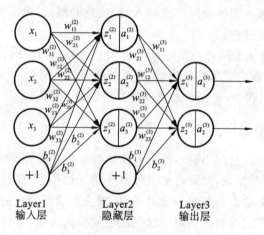

图 10-9　三层人工神经网络

$w_{jk}^{(l)}$ 表示第 $(l-1)$ 层的第 k 个神经元连接到第 l 层的第 j 个神经元的权重,$b_j^{(l)}$ 表示第 l 层的第 j 个神经元的偏置,$z_j^{(l)}$ 表示第 l 层的第 j 个神经元的输入。

$$z_j^{(l)} = \sum_k w_{jk}^{(l)} a_k^{(l-1)} + b_j^{(l)} \tag{10-9}$$

$a_j^{(l)}$ 表示第 l 层的第 j 个神经元的输出,其中 σ 表示激活函数。

$$a_j^{(l)} = \sigma\left(\sum_k w_{jk}^{(l)} a_k^{(l-1)} + b_j^{(l)}\right) \tag{10-10}$$

Layer 2 的输出 $a_1^{(2)}$、$a_2^{(2)}$、$a_3^{(2)}$ 为

$$a_1^{(2)} = \sigma(z_1^{(2)}) = \sigma(w_{11}^{(2)} x_1 + w_{12}^{(2)} x_2 + w_{13}^{(2)} x_3 + b_1^{(2)})$$

$$a_2^{(2)} = \sigma(z_2^{(2)}) = \sigma(w_{21}^{(2)} x_1 + w_{22}^{(2)} x_2 + w_{23}^{(2)} x_3 + b_2^{(2)})$$

$$a_3^{(2)} = \sigma(z_3^{(2)}) = \sigma(w_{31}^{(2)} x_1 + w_{32}^{(2)} x_2 + w_{33}^{(2)} x_3 + b_3^{(2)})$$

其中 σ 为 sigmoid 激活函数。

Layer 3 的输出 $a_1^{(3)}$、$a_2^{(3)}$ 为

$$a_1^{(3)} = \sigma(z_1^{(3)}) = \sigma(w_{11}^{(3)} a_1^{(2)} + w_{12}^{(3)} a_2^{(2)} + w_{13}^{(3)} a_3^{(2)} + b_1^{(3)})$$

$$a_2^{(3)} = \sigma(z_2^{(3)}) = \sigma(w_{21}^{(3)} a_1^{(2)} + w_{22}^{(3)} a_2^{(2)} + w_{23}^{(3)} a_3^{(2)} + b_2^{(3)})$$

从上面可以看出,使用代数法单独表示输出比较复杂,而如果使用矩阵法则比较简洁。将上面的例子一般化,并写成矩阵乘法的形式:

$$z^{(l)} = W^{(l)} a^{(l-1)} + b^{(l)}$$
$$a^{(l)} = \sigma(z^{(l)})$$

反向传播(back propagation,BP)算法是"误差反向传播"的简称,它是一种与最优化方法(如梯度下降法)结合使用的,用来训练人工神经网络的常见算法。该算法对网络中所有权重计算损失函数的梯度,这个梯度会反馈给最优化方法,用来更新权重以最小化损失函数。

前向传播过程中会得到一个被称为预测值的输出值。为了计算误差,将预测值与实际输出值进行比较,利用损失函数来计算误差值,然后计算出神经网络中每一个误差值的导数和每一个权重。反向传播算法使用微分学的链式法则,在链式法则中,我们首先计算对应最后一层权重的误差值的导数,称这些导数为梯度,然后使用这些梯度值来计算倒数第二层的梯度,重复此过程,直到得到神经网络中每个权重的梯度,然后从权重中减去梯度值,以减小误差值,这样,就更接近局部最小值(最小的损失)。

反向传播算法的主要思想是:

(1)将训练集数据输入到神经网络的输入层,经过隐藏层,最后到达输出层并输出结果,这是神经网络的前向传播过程;

(2)由于神经网络的输出结果与实际结果有偏差,因此需计算估计值与实际值之间的误差,并将该误差从输出层向隐藏层反向传播,直至传播到输入层;

(3)在反向传播的过程中,根据误差调整各参数的值,不断迭代上述过程,直至收敛。

10.2.7　神经网络运作流程

人工神经网络整个学习过程由信号的正向传播与误差的反向传播两个过程组成。正向传播时,先对权重进行随机初始化,接着将输入样本从输入层传入,经各隐藏层逐层处理后传向输出层。若输出层的实际输出与期望的输出不符,则进行误差的反向传播阶段。误差反向传播是将输出误差以某种形式通过隐藏层向输入层逐层反向传播,并将误差分摊给各层的所有单元,从而获得各层单元的误差信号,将此误差信号作为修正各单元权重的依据。这种信号正向传播与误差反向传播的各层权重调整过程,是周而复始地进行的,权重不断调整的过程,就是人工神经网络的学习训练过程。此过程一直进行到网络输出的误差减小到可接受的程度,或进行到预先设定的学习次数为止。

10.3　卷积神经网络基础

10.3.1　卷积神经网络基本概念

一般来说,计算机视觉图片的普遍表达方式是 RGB 颜色模型,即红、绿、蓝三原色的色光以不同的比例相加产生多种多样的色光。这样,在 RGB 颜色模型中,基于灰度图像的单个像素矩阵就扩展成了有序排列的三个矩阵,其中,每一个矩阵又叫这个图片的一个通道(channel)。例如我们有一张 JPG 格式的 480×480 大小的彩色图片,那么它对应的数组就有480×480×3 个元素(3 表示 RGB 的三个通道)。所以在计算机中,一张 RGB 图片是数字矩阵所构成的"长方体",如图 10-10 所示,可用宽(width)、高(height)、深(depth)来描述。

在应用计算机视觉时,要考虑的就是该如何处理这些作为输入的"数字长方体",使用传统神经网络处理机器视觉图像的一个主要问题是输入层维度很大。例如一张 $64 \times 64 \times 3$ 的图像,神经网络输入层的维度为 12288。如果图像尺寸较大,例如一张 $1000 \times 1000 \times 3$ 的图像,神经网络输入层的维度将达到 3 百万,这使得网络权重 w 非常庞大。这样会造成两个后果:一是神经网络结构复杂,数据量相对不够,容易出现过拟合;二是所需内存、计算量较大。解决这一问题的方法就是使用卷积神经网络(CNN)。

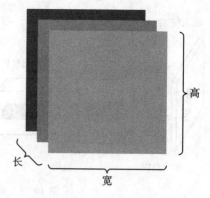

图 10-10　RGB 图像模型示意图

卷积神经网络是在生物学家休博尔和维瑟尔早期关于猫视觉皮层的研究基础上发展而来的。视觉皮层的细胞具有复杂的构造,这些细胞对视觉输入空间的子区域非常敏感,称之为感受野。而卷积神经网络这一表述是由纽约大学的 Yann Lecun 于 1998 年提出来的,其本质是一个多层感知机(MLP)变种,成功的原因在于其采用的是局部连接和权值共享的方式。卷积神经网络是一种带有卷积结构的深度神经网络,卷积结构可以减小深层网络占用的内存量,其三个关键的操作,其一是局部感受野,其二是权值共享,其三是池化层。它们有效地减少了网络的参数个数,缓解了模型的过拟合问题。

10.3.2　卷积神经网络基本结构

卷积神经网络是一种多层的监督学习神经网络,隐藏层的卷积层和池化层是实现卷积神经网络特征提取功能的核心模块。该网络模型通过采用梯度下降法最小化损失函数来逐层反向调节网络中的权重参数,通过频繁的迭代训练提高网络的精度。

卷积神经网络结构包括卷积层、池化层、全连接层。每一层都有多个特征图,每个特征图通过一种卷积滤波器提取输入的一种特征,每个特征图有多个神经元。输入图像和滤波器进行卷积之后,局部特征被提取,该局部特征一旦被提取出来之后,它与其他特征的位置关系也随之确定,每个神经元的输入和前一层的局部感受野相连,每个特征提取层都紧跟一个用来求局部平均值与进行二次提取的计算层,也叫特征映射层,网络的计算层由多个特征映射平面组成,平面上所有的神经元的权重相等。通常将输入层到隐藏层的映射称为特征映射,也就是通过卷积层得到特征提取层,经过池化之后得到特征映射层。

网络的低隐层由卷积层和池化层交替组成,而高层是全连接层,对应传统多层感知器的隐藏层和逻辑回归分类器。第一个全连接层的输入是由卷积层和池化层进行特征提取后得到的特征图像,最后一层输出层是一个分类器,可以采用逻辑回归、Softmax 回归或支持向量机对输入图像进行分类。图 10-11 所示为卷积神经网络基本结构示意图。

在熟悉卷积神经网络的基本构造后,接下来将分别介绍结构中的每个部分,以便读者进一步了解卷积神经网络的原理和每个环节的本质。

10.3.3　卷积运算与边缘检测

卷积神经网络中每层卷积层(convolutional layer)由若干卷积单元组成,每个卷积单元的参数都是通过反向传播算法最优化得到的。卷积运算是指对图像和滤波矩阵做内积(逐个元

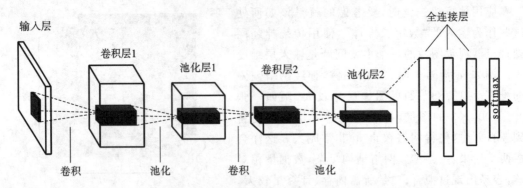

图 10-11　卷积神经网络基本结构示意图

素相乘再求和)的操作。卷积运算的目的是提取输入的不同特征,第一层卷积层可能只能提取一些低级的特征如边缘、线条和角等,更多层的网络能从低级特征中迭代提取更复杂的特征。例如,如图 10-12 所示,由浅层到深层分别可以检测出输入图像的边缘特征、局部特征(例如眼睛、鼻子等)、整体面部轮廓。

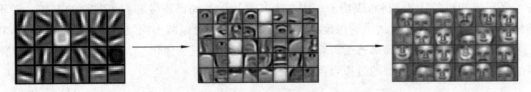

图 10-12　卷积层由浅到深提取特征示意图

　　下面先来介绍如何检测图像的边缘。最常检测的图像边缘有两类:一是垂直边缘(vertical edges),二是水平边缘(horizontal edges),如图 10-13 所示。

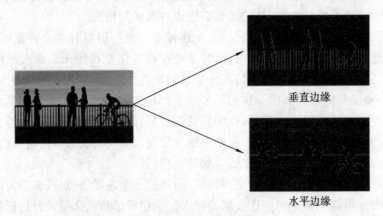

垂直边缘

水平边缘

图 10-13　边缘检测

　　图像的边缘检测可以通过与相应滤波器进行卷积运算来实现。以垂直边缘检测为例,如图 10-14 所示,这是一个 6×6 的灰度图像(6×6×1),为了检测图像中的垂直边缘,构造一个 3×3 的矩阵,对这个 6×6 矩阵进行卷积运算(图 10-14 只显示了卷积后的第一个值和最后一个值)。

　　垂直边缘检测能够检测图像的垂直方向边缘。图 10-15 所示为一个垂直边缘检测的例子。

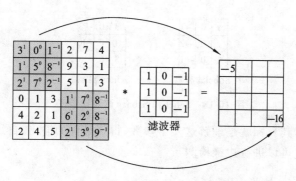

图 10-14　垂直边缘卷积运算示意图

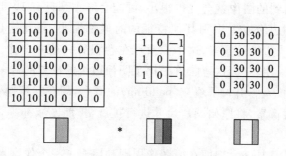

图 10-15　垂直边缘检测例子

垂直边缘检测和水平边缘检测的滤波器如图 10-16 所示。

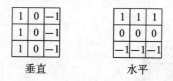

图 10-16　垂直边缘检测和水平边缘检测滤波器

图 10-17 所示是一个水平边缘检测的例子。

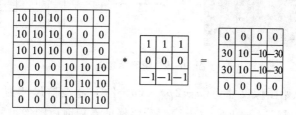

图 10-17　水平边缘检测例子

除了上面提到的简单的垂直边缘检测和水平边缘检测滤波器之外,还有两种常用的滤波器,如图 10-18 所示。

Sobel 滤波器:它的优点在于增大了中间一行元素的权重,也就是处在图像中央的像素点,这使得结果的鲁棒性会更高一点。

Scharr 滤波器:它的特性完全不同,实际上它也是一种垂直边缘检测滤波器,但实现效果更好。

当想检测图像的复杂边缘时,可以把滤波器矩阵中的九个数字当成九个参数,之后使用反

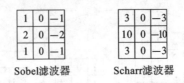

Sobel滤波器　　　　Scharr滤波器

图 10-18　Sobel 和 Scharr 滤波器算子

向传播算法训练学习,其目标就是理解这九个参数,得到最优的输出,再用得到的这个 3×3 滤波器进行卷积,然后就可以进行边缘检测了。

10.3.4　Padding 与卷积步长

一般卷积几次后得到的图像就会变得很小,可能会缩小到只有 1×1 的大小。主观上人们不想让图像在每次识别边缘或者识别其他特征的时候都缩小,因此这是卷积的第一个缺点。另一个缺点,注意角落或边缘的像素,这个像素点在卷积后只被一个输出所使用,它位于这个区域的一角,在输出中采用较少,这意味着丢掉了图像边缘的位置的许多信息。

为了解决这些问题,人们引入了填充(padding)的概念,即在卷积操作之前填充这幅图像,沿着图像边缘填充一层像素,将原始图片尺寸进行扩展,扩展区域补零,用 p 表示每个方向扩展的宽度。

在图 10-19 这个例子中,$p=1$,即在原图像周围都填充了一个像素点,那么 6×6 的原图像就填充成了 8×8 的图像,如果用 3×3 的滤波器对这个 8×8 的图像进行卷积得到的输出图像还是 6×6 的图像。

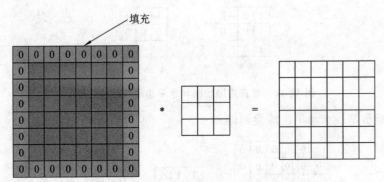

填充

图 10-19　填充示意图

经过填充之后,原始图像尺寸为 $(n+2p)\times(n+2p)$,滤波器尺寸为 $f\times f$,则卷积后的图像尺寸为 $(n+2p-f+1)\times(n+2p-f+1)$。若要保证卷积前后图像尺寸不变,则 p 应满足:

$$p=\frac{f-1}{2}$$

有了填充的概念后,定义两种常用的卷积形式:有效卷积(valid convolutions)和同维卷积(same convolutions)。

有效卷积:意味着不填充"no padding",$p=0$。

同维卷积:意味着填充后,输出图像大小和输入图像大小是一样的,$p=\dfrac{f-1}{2}$。

卷积中的步幅(stride)是另一个重要概念。步幅表示滤波器在原图像中水平方向和垂直方向每次的步进长度。之前我们默认步幅为 1,若步幅为 2,则表示滤波器每次步进长度为 2,

即每隔一点移动一次，如图 10-20 所示。

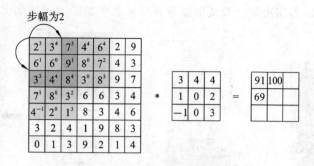

图 10-20　卷积步幅为 2 时卷积示意图

用 s 表示步幅长度，p 表示填充长度，如果原始图像尺寸为 $n \times n$，滤波器尺寸为 $f \times f$，则卷积后的图像尺寸为

$$\left(\frac{n+2p-f}{s}+1\right) \times \left(\frac{n+2p-f}{s}+1\right)$$

这里需要说明一点，在数学教材中定义的卷积需要将过滤器镜像（水平竖直反转），如图 10-21 所示，但在卷积神经网络中定义卷积运算时，跳过了镜像操作，大部分的深度学习文献都遵循这个约定惯例。

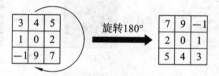

图 10-21　过滤器镜像

10.3.5　卷积层

下面介绍如何构建卷积神经网络的卷积层。

对于三通道的 RGB 图片，其对应的滤波器算子同样也是三通道的。例如一个图片的大小是 $6 \times 6 \times 3$，分别对应图片的高度（height）、宽度（weight）和通道（channel）。三通道图片的卷积运算与单通道图片的卷积运算基本一致，过程是将每个单通道（R、G、B）与对应的滤波器进行卷积运算求和，然后再将三通道的和相加，得到输出图片的像素值，如图 10-22 所示。

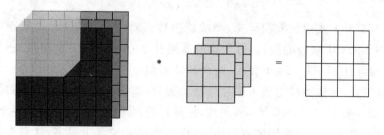

图 10-22　三通道卷积示意图

不同通道的滤波器算子可以不相同。例如 R 通道滤波器实现垂直边缘检测，G 和 B 通道不进行边缘检测，全部置零，也可以将 R、G、B 三通道滤波器全部设置为水平边缘检测。

为了进行多个卷积运算，实现更多的边缘检测，可以增加滤波器组。例如设置第一个滤波器组实现垂直边缘检测,第二个滤波器组实现水平边缘检测。这样,不同滤波器组卷积得到不同的输出,个数由滤波器组决定。双滤波器组卷积示意图如图 10-23 所示。

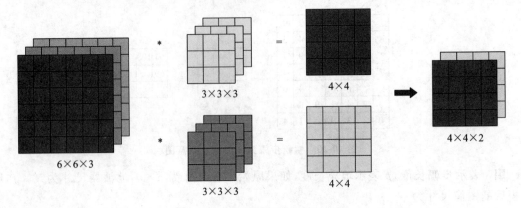

图 10-23　双滤波器组卷积示意图

若输入图片的尺寸为 $n \times n \times n_c$,滤波器尺寸为 $f \times f \times n_c$,则卷积后的图片尺寸为 $(n - f + 1) \times (n - f + 1) \times n'_c$。其中,$n_c$ 为图片通道数目,n'_c 为滤波器组个数。

卷积神经网络单层结构示意图如图 10-24 所示。

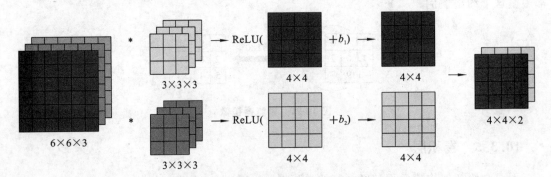

图 10-24　卷积神经网络单层结构示意图

相比之前的卷积过程,卷积神经网络的单层结构多了激活函数 ReLU 和偏移量 b。整个过程与标准的神经网络单层结构非常相似:

$$Z^{[l]} = W^{[l]} A^{[l-1]} + b$$
$$A^{[l]} = g^{[l]} (Z^{[l]})$$

卷积运算对应着上式中的乘积运算,滤波器组数值对应着权重 $W^{[l]}$,所选的激活函数为 ReLU。计算图 10-24 中参数的数目:每个滤波器组有 $3 \times 3 \times 3 = 27$ 个参数,还有 1 个偏移量 b,则每个滤波器组有 $27 + 1 = 28$ 个参数,两个滤波器组总共包含 $28 \times 2 = 56$ 个参数。我们发现,选定滤波器组后,参数数目与输入图片尺寸无关,所以就不存在图片尺寸过大造成参数过多的情况。例如一张 $1000 \times 1000 \times 3$ 的图片,标准神经网络输入层的维度将达到 3 百万,而在卷积神经网络中,参数数目只由滤波器组决定,数目相对来说要少很多,这是卷积神经网络的优势之一。

下面总结一下卷积神经网络单层结构的所有标记符号,设层数为 l,$f^{(l)}$ 为滤波器尺寸,$p^{(l)}$ 为填充尺寸,$s^{(l)}$ 为卷积步幅,$n_c^{(l)}$ 为滤波器组数量,则

输入维度为

$$n_{\mathrm{H}}^{(l-1)} \times n_{\mathrm{W}}^{(l-1)} \times n_{\mathrm{c}}^{(l-1)}$$

每个滤波器组维度为

$$f^{(l)} \times f^{(l)} \times n_{\mathrm{c}}^{(l-1)}$$

权重维度为

$$f^{(l)} \times f^{(l)} \times n_{\mathrm{c}}^{(l-1)} \times n_{\mathrm{c}}^{(l)}$$

偏置维度为

$$1 \times 1 \times 1 \times n_{\mathrm{c}}^{(l)}$$

输出维度为

$$n_{\mathrm{H}}^{(l)} \times n_{\mathrm{W}}^{(l)} \times n_{\mathrm{c}}^{(l)}$$

其中，$n_{\mathrm{H}}^{(l)} = \left(\dfrac{n_{\mathrm{H}}^{(l-1)} + 2p^{(l)} - f^{(l)}}{s^{(l)}} + 1 \right)$，$n_{\mathrm{W}}^{(l)} = \left(\dfrac{n_{\mathrm{W}}^{(l-1)} + 2p^{(l)} - f^{(l)}}{s^{(l)}} + 1 \right)$。

如果有 m 个样本进行向量化运算，则相应的输出维度为 $m \times n_{\mathrm{H}}^{(l)} \times n_{\mathrm{W}}^{(l)} \times n_{\mathrm{c}}^{(l)}$。

10.3.6 池化层

除了卷积层，卷积神经网络也经常利用池化层（pooling layer）来缩减模型的大小，提高计算速度，同时提高所提取特征的鲁棒性。

最大池化：输出的每个元素都是其对应颜色区域中的最大元素值，这就像用了一个 2×2 的滤波器，步幅为 2，所以 $f=2$ ，$s=2$，这就是最大池化的超参数，如图 10-25 所示。

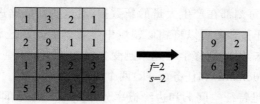

图 10-25 最大池化

除了最大池化之外，还有平均池化（average pooling），就是在滤波器算子滑动区域计算平均值，如图 10-26 所示。

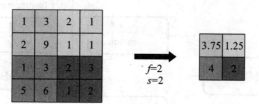

图 10-26 平均池化

实际应用中，最大池化比平均池化更为常用。

池化的超参数包括过滤器尺寸 f 和步幅 s，最大池化时，往往很少用超参数填充，而且池化过程没有需要学习的参数，它只是一个静态属性。

10.3.7 卷积神经网络的优势

相比于标准神经网络，卷积神经网络的优势之一就是参数的数目要少得多。卷积神经网络映射这么少的参数有两个原因。

（1）参数共享：一个特征检测器（例如垂直边缘检测）对图片某块区域有用，同时也可能作用在图片其他区域。

（2）稀疏连接：因为滤波器算子尺寸限制，每一层的每个输出只与输入部分区域有关。

除此之外，由于卷积神经网络参数数目较少，所需的训练样本就相对较少，从而一定程度上不容易发生过拟合现象。而且卷积神经网络比较擅长捕捉区域位置的偏移，也就是说进行物体检测时，不易受物体所处图片位置的影响，增大了检测的准确性和系统的鲁棒性。实际上卷积神经网络是用同一个过滤器生成各层中图像的所有像素值，希望网络通过自动学习具有更好的鲁棒性，以便更好地取得所期望的平移不变属性。

事实上过去几年，计算机视觉研究中的大量研究都集中在如何把这些基本构件组合起来，形成有效的卷积神经网络，可以看一些案例，研究别人构建的有效组件，实际上在计算机视觉任务中表现良好的神经网络架构往往也适用于其他任务。所以对于卷积神经网络的进一步学习，就需要研究实例了，读者可以学习一些具有开创性的经典网络结构，如 LeNet-5、AlexNet、VGG、ResNet、Inception 等。

10.4　模型训练与评估

10.4.1　训练方式

在工业领域中，每时每刻都在产生大量的新数据，对这些新数据进行处理将会消耗巨大的时间资源和计算资源。迁移学习可以将相似领域中学习到的知识迁移到新领域的任务上，节省大量的时间和计算成本，因此迁移学习越来越受大家的关注。

迁移学习涉及领域（domain）和任务（task）两个概念。

领域 D 定义为由 d 维特征空间 x 和边缘概率分布 $P(x)$ 组成，即 $D = \{x, P(x)\}$。给定领域 D，任务 T 定义为由类别空间 y 和预测模型 $f(x)$ 组成，即 $T = \{y, f(x)\}$，按统计观点，预测模型 $f(x) = P(y \mid x)$ 为条件概率分布。迁移学习的关系如图 10-27 所示。

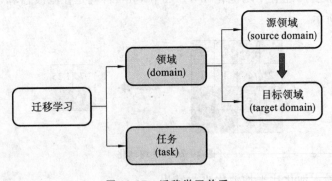

图 10-27　迁移学习关系

迁移学习的基本方法有四种：基于样本的迁移学习、基于特征的迁移学习、基于模型的迁移学习、基于关系的迁移学习。

1. 基于样本的迁移学习

基于样本的迁移学习是根据一定的权重生成规则，对数据样本进行重用，实现源领域和目标领域样本的迁移。简单来说，就是对不同的样本赋予不同的权重。源领域中的数据不能直接用于目标领域的训练,但在源领域中可以找到与目标领域中相似的部分,调整其权重,让两个领域中的数据匹配,以便进行迁移。

如图 10-28 所示,源领域中存在不同种类的交通工具,如自行车、汽车和飞机,而目标领域中只有汽车这一类,在迁移过程中,为了最大限度地和目标领域相似,可以人为地提高源领域中汽车这个类别的样本权重。

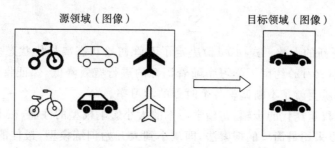

图 10-28　基于样本的迁移学习的示意图

2. 基于特征的迁移学习

基于特征的迁移学习是指通过特征变换的方法进行互相迁移,来减小源领域和目标领域之间的差距,或者找到一些共同特征,将源领域和目标领域中的特征变换到统一的特征空间中。这样,源领域中的数据与目标领域中的数据分布相同,从而可以在新的空间中,更好地利用源领域中有标记的数据样本进行分类训练,最终对目标领域的数据进行分类测试。

3. 基于模型的迁移学习

基于模型的迁移学习是指从源领域和目标领域中找到它们共享的参数信息,以实现迁移。假设目标领域和源领域之间共享一些参数,或者共享训练模型超参数的先验分布,这样,把原来的模型迁移到新的领域中,就可以达到迁移的目的。“预训练＋调整”是一种常见的基于模型的迁移学习。

4. 基于关系的迁移学习

基于关系的迁移学习与前三种的思路截然不同。这种方法主要关注的是源领域和目标领域的样本之间的相似关系,将源领域中学习到的逻辑关系应用到目标领域上进行迁移,比如师生关系到上下级关系的迁移,生物病毒传播规律到计算机传播规律的迁移等。

迁移学习的总体思路可以概括为:最大限度地利用源领域的知识,找到源领域和目标领域之间的相似性,来辅助目标领域知识的获取和学习。

10.4.2　模型参数的调整

在神经网络中,超参数的调整是一项必不可少的步骤,通过观察训练过程中的检测指标(如准确率、损失函数等)来判断当前模型处于什么样的训练状态,及时调整超参数以更科学的方式训练模型。下面总结了几种超参数的调整规则。

1. 学习率

学习率(learning rate)是指在优化算法中更新网络权重的幅度大小。学习率作为监督学习以及深度学习中重要的超参数,决定着目标函数能否收敛到局部最小值以及何时收敛到最小值。学习率可以是恒定的、逐渐降低的、基于动量的和自适应的。不同的优化算法决定不同的学习率。学习率过大可能导致网络模型不收敛,损失梯度不断上下震荡;学习率过小则会导致网络模型收敛速度偏慢,需要更长的时间训练。

　　合适的学习率能够使模型更好地学习,要想达到一个凸函数的最小值,学习率的调整应该满足下面的条件:

$$\sum_{i=1}^{\infty} \varepsilon_i = \infty \tag{10-11}$$

$$\sum_{i=1}^{\infty} \varepsilon_i^2 < \infty \tag{10-12}$$

式中:i 表示参数更新的次数。式(10-11)决定了不管初始状态离最优状态多远,网络模型总是可以收敛的。式(10-12)约束了学习率随着训练的进行有效降低,保证收敛稳定性,各种自适应学习率算法本质上就是不断调整各个时刻的学习率。

　　学习率决定了权重迭代的步幅,初始学习率的大小影响模型的性能,在不考虑具体的优化方法的情况下,可以采用最简单的搜索法,即从小到大开始训练模型,最佳的学习率可以从损失最小的区域中选择。

2. 批次大小

　　批次大小(batch size)是每一次训练神经网络时输入模型的样本数,在模型训练时,大批次通常可使网络更快收敛,但由于内存资源的限制,批次过大可能会导致内存不足或程序内核崩溃。

　　在合理的范围内,增大批次大小可以提高内存的利用率,提高大矩阵乘法的并行化效率;训练完一次全数据集所需的迭代次数减少,相同数据量的处理速度进一步加快;在一定范围内,批次大小越大,其确定的下降方向越准,引起的训练震荡越小。但是盲目地增大批次大小也会带来一定的负面影响,虽然提高了内存利用率,但是内存的容量可能会溢出;迭代次数减少,想要达到相同的精度,所花费的时间大大延长,从而对参数的修正也更加缓慢。

3. 优化器

　　在深度学习中,损失的作用是反映模型在当前时刻的表现,可利用这种损失来训练网络模型,使其性能更好。其本质就是计算损失并尽量减少损失,因为较小的损失意味着模型表现得更好。

　　1)批量梯度下降法

　　批量梯度下降法是最原始的形式,它是指在每一次迭代时使用所有样本来进行梯度更新。从数学角度理解如下。

　　损失函数的定义为

$$J(\theta) = \frac{1}{2m} \sum_{i=1}^{m} (f(x_i) - y_i)^2 \tag{10-13}$$

式中:i 表示样本的数量;$f(x_i)$ 是预测值;y_i 是真实值。

　　对式(10-13)求偏导得

$$\frac{\Delta J(\theta)}{\Delta \theta} = \frac{1}{m} \sum_{i=1}^{m} (f(x_i) - y_i) x_{ij} \tag{10-14}$$

式中:j 表示特征数。

　　每次迭代对参数进行更新:

$$\theta'_j = \theta_j - \alpha \frac{1}{m} \sum_{i=1}^{m} (f(x_i) - y_i) x_{ij} \tag{10-15}$$

　　每次迭代对所有样本进行计算,此时利用矩阵进行操作,可实现并行化;由全数据集确定的方向能够更好地代表样本总体,从而更准确地朝向极值所在的方向;当目标函数为凸函数时,批量梯度下降法一定能够得到全局最优解。批量梯度下降法也存在着一些缺点:当样本量很大时,每迭代一步都需要对所有样本进行计算,训练过程会很慢。

　　2) 随机梯度下降法

　　随机梯度下降法是每次选取样本的一部分进行迭代更新,对于样本量很大的情况,可能只用其中的部分样本,就已经迭代到最优解了。相较于批量梯度下降法,随机梯度下降法的噪声多,这使得随机梯度下降法并不是每次迭代都向着整体最优化方向。所以,虽然随机梯度下降法的训练速度快,但是准确度下降,得到的可能不是全局最优解。从数学角度理解如下。

　　对损失函数求偏导:

$$\frac{\Delta J(\theta)}{\Delta \theta} = (f(x_i) - y_i)x_{ij} \tag{10-16}$$

　　每次迭代对参数进行更新:

$$\theta'_j = \theta_j - \alpha(f(x_i) - y_i)x_{ij} \tag{10-17}$$

　　在每次迭代中,随机优化某数据上的损失函数,这样每一次迭代参数的更新速度大大加快。随机梯度下降法的缺点是在目标函数为强凸函数的情况下,仍旧无法做到线性收敛,因此准确度会下降;由于单个样本并不能代表全体样本的趋势,因此可能会收敛到局部最优解。

　　3) 小批量梯度下降法

　　小批量梯度下降法是批量梯度下降法和随机梯度下降法的折中。它把数据分为若干批次,按批次来更新参数,这样,每个批次中的一组数据共同决定了本次梯度下降的方向,在进行梯度下降时方向不容易偏移,减少了随机性;另外,因为批次的样本数与整个数据集相比小了很多,计算量也不是很大。

　　小批量梯度下降法的特点:通过矩阵运算,每次在一个批次上优化网络参数并不会很慢;每次使用一个批次可以大大减少收敛所需要的迭代次数,同时可以使收敛的结果更加接近梯度下降的结果。

4. 迭代次数

　　迭代次数是指整个训练集输入到网络中进行训练的次数,当测试错误率和训练错误率相差较小时,可认为当前迭代次数合适;若测试错误率先变小后变大则说明迭代次数过大,需要减少迭代次数,否则容易出现过拟合。

10.4.3　模型的拟合情况

　　在深度学习中,经常会出现欠拟合和过拟合这两个问题。在进行模型训练的时候往往要对这二者进行权衡,使得模型不仅在训练集上表现良好,而且在验证集及测试集上也有出色的预测能力。

　　欠拟合是指模型拟合程度不高,或模型没有很好地捕捉到数据特征,不能够很好地拟合数据,如图 10-29(a)所示;过拟合是指模型拟合的程度过高,以至于将噪声数据的特征也学习了,导致模型的泛化能力很差,如图 10-29(b)所示。

1. 欠拟合产生的原因及解决办法

1) 模型复杂度

当模型复杂度过低时,其不能充分学习数据的所有特征,无法提取数据的高维特征。可以

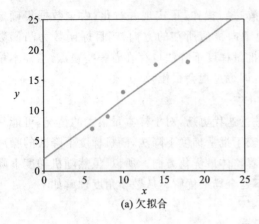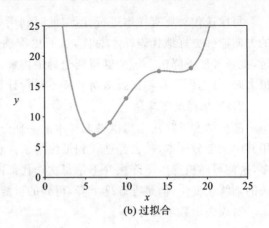

(a) 欠拟合　　　　　　　　　　　　　　(b) 过拟合

图 10-29　模型拟合情况示意图

通过增加网络的层数来增加模型的深度；另外可以用更加复杂的模型来代替原来的模型。

2）数据的特征

数据的特征量少，会导致模型欠拟合。特征挖掘十分重要，尤其是具有较强表达能力的特征，其往往比大量的较弱表达能力的特征要好。解决数据特征问题，一种方法是进行数据清洗，去除那些错误的特征；另一种方法是增加数据的特征量。

3）训练时间

训练时间不足，会使得模型不能充分地学习数据的特征，可增加训练的时间，使模型能够充分地学习。

4）正则化参数

应减少正则化参数。正则化是用来防止过拟合的情况的，如果模型出现了欠拟合，则需要减少正则化参数。

2. 过拟合产生的原因及解决办法

1）数据噪声

数据的噪声过大，会使得模型将噪声误认为是所需的特征，降低模型学习的正确率。所以，应重新清洗数据，减少数据的噪声，提高模型学习的效率。

2）训练样本

增大训练的样本量，让模型可以学习更多的数据特征。

3）训练时间

训练的时间并不是越长越好，训练过程中，当损失函数不再降低或者基本趋于平稳状态时可以提前终止训练，避免只提升了训练集的指标却降低了测试集的指标。

4）模型复杂度

采用正则化的方法。正则化主要是 L1 正则和 L2 正则，在损失函数的后面加上对应的范数作为损失函数的惩罚项。

10.4.4　模型评估

在深度学习领域，对模型的评估是至关重要的。一个深度学习模型在各类任务中的表现都需要相应的指标进行评估，只有选择与任务相匹配的评估方法，才能够进行横向比较，快速发现在模型选择和训练过程中可能出现的问题，选择性地对模型进行优化。

1. 分类任务中的评估指标

图像分类,顾名思义就是一个模式分类问题,它的目标是将不同的图像划分到不同的类别,实现最小的分类误差。图像分类是计算机视觉中最基本的一项任务,也是对几乎所有的基准模型进行比较的任务,从最开始比较简单的 10 分类的灰度图像手写数字的识别,到后来的 ImageNet 数据集,图像分类任务随着数据库的增长,一步一步提升到了今天的水平。在 ImageNet 这样的超过 1000 万张图像的数据集中,计算机的图像分类水准已经超过了人类。

下面介绍分类任务中的评估指标。

1) 混淆矩阵

混淆矩阵是一个误差矩阵,通常可以通过混淆矩阵来评定监督学习算法的性能。在监督学习中混淆矩阵为方阵,方阵的大小通常为一个或者多个预测值和真实值,所以通过混淆矩阵可以更清晰地看出,预测值与真实值中混合的一部分。

在表 10-3 中,True Positive(TP)表示正样本被正确预测为正样本,称为真正例;True Negative(TN)表示负样本被正确预测为负样本,称为真反例;False Positive(FP)表示负样本被错误预测为正样本,称为假正例;False Negative(FN)表示正样本被错误预测为负样本,称为假反例。

表 10-3　混淆矩阵

混淆矩阵		真　实　值	
		正样本	负样本
预测值	正样本	TP	FN
	负样本	FP	TN

在混淆矩阵中,可以直观地观察模型的分类效果,TP 和 TN 的值越大,说明模型的分类效果越好;反之,FN 和 FP 的值越大,说明模型的分类效果越差。

2) 准确率

单标签分类任务中每一个样本都只有一个确定的类别,预测到该类别表示分类正确,没有预测到表示分类错误,因此最直观的指标就是准确率,公式如下:

$$准确率 = \frac{TP + TN}{TP + TN + FP + FN} \tag{10-18}$$

式(10-18)表示所有样本都正确分类的概率,准确率一般用来评估模型的全局准确程度,不能包含太多信息,无法全面评价一个模型性能。

3) 精确率和召回率

精确率也叫查准率,是指模型预测为真的样本中,确实是真的的占比;召回率也叫查全率,是指在所有确实为真的样本中,被判为真的的占比。查准率 P 和查全率 R 分别定义为

$$P = \frac{TP}{TP + FP} \tag{10-19}$$

$$R = \frac{TP}{TP + FN} \tag{10-20}$$

查准率和查全率是一对相互矛盾的度量,一般而言,查准率高时,查全率往往偏低;而查全率高时,查准率往往偏低。

4）ROC 曲线

ROC 曲线全称是受试者工作特征（receiver operating characteristic）曲线，ROC 曲线以真正例率（TPR）为纵轴，以假正例率（FPR）为横轴，对角线对应随机猜测模型，而（0,1）则对应理想模型，如图 10-30 所示。

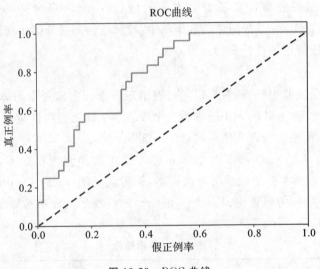

图 10-30 ROC 曲线

TPR 和 FPR 的定义如下：

$$TPR = \frac{TP}{TP+FN} \tag{10-21}$$

$$FPR = \frac{FP}{TN+FP} \tag{10-22}$$

当两个模型进行比较时，若一个模型的 ROC 曲线被另一个模型的 ROC 曲线包住，那么可以判断出后者的性能优于前者；若两个模型的 ROC 曲线交叉，则难以判断两者的优劣。如果要进行比较，那么可以比较 ROC 曲线下的面积，面积大的曲线对应的模型性能更好。

2. 目标检测任务中的评估指标

目标检测任务是找出图像中所有感兴趣的目标（物体），确定它们的类别和位置，是计算机视觉领域的核心问题之一。由于各类物体有不同的外观、形状和姿态，加上成像时光照、遮挡等因素的干扰，目标检测一直是计算机视觉领域最具有挑战性的问题。以下是几种常见的评估指标。

1）IoU

IoU 的全称为交并比（intersection over union），是目标检测中最常使用的一个概念，IoU 计算的是"预测的边框"和"真实的边框"的重叠率，即它们的交集和并集的比值。最理想的情况是完全重叠，即比值为 1。IoU 的计算式为

$$IoU = \frac{A \bigcap B}{A \bigcup B} \tag{10-23}$$

式中：A 为真实的边框；B 为预测的边框。

IoU 的优点是它可以反映预测边框与真实边框的检测效果，具有尺度不变性，也就是对尺度不敏感，同时满足非负性、同一性、对称性、三角不变性。

2）PR 曲线和平均精度

在模型训练结束后,按照模型预测为正样本的概率大小进行排序,则每次都可以计算出当前的查全率和查准率。以查全率为横轴、查准率为纵轴作图,就得到了查准率-查全率曲线,简称 PR 曲线,如图 10-31 所示。

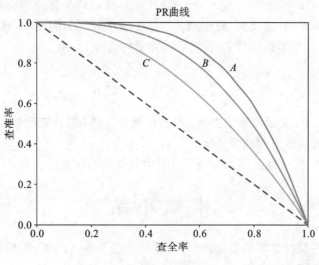

图 10-31　PR 曲线

PR 曲线直观地显示了模型在样本总体上的查全率和查准率。在进行比较的时候,若一个模型的 PR 曲线被另一个模型的曲线完全"包住",则后者的性能优于前者,在图 10-31 中,三者的性能排序为 A 大于 B 大于 C;如果模型的 PR 曲线交叉,则难以清楚地判断谁的性能最好,此时一个合理的判断依据是曲线下面积的大小,面积越大的性能越好。

平均精度(average precision,AP),就是 PR 曲线下的面积。

$$\mathrm{AP} = \sum_{n=1}^{N} (r_{n+1} - r_n)\rho(r_{n+1}) \tag{10-24}$$

$$\rho(r_{n+1}) = \max_{\hat{r} = r_{n+1}} \rho(\hat{r}) \tag{10-25}$$

在式(10-24)和式(10-25)中:r_n 代表 n 个查全率的取值;$\rho(r)$ 代表在查全率下对应查准率的取值。

取第 n 个查全率的值,然后取第 $n+1$ 个查全率的值,在这个查全率区间里找到对应查准率的最大值,并用这个最大的查准率乘这段查全率的取值范围为查全率区间的平均精度,遍历所有区间并把所有区间的平均精度相加就得到了最终的平均精度。

3）FPS

每秒处理帧数(frames per second,FPS):为了评估一个检测器的实时性,通常采用每秒处理帧数指标评价其执行速度,FPS 值越大,说明检测器的实时性越好。

4）mAP

mAP(mean average precision),即均值平均精度,是目标检测中衡量检测精度的指标,计算公式为

$$\mathrm{mAP} = \frac{\sum_{i=1}^{n} \mathrm{AP}_i}{n} \tag{10-26}$$

由前面定义可以看出,要计算均值平均精度必须先绘出各类别 PR 曲线,计算出平均精度。均值平均精度就是 PR 曲线与横轴、纵轴所围成的面积。

3. 语义分割中的任务评估指标

语义分割任务就是预测输入图像每个像素点的类别,简单来说,就是做像素级分类。

均交并比(mean intersection over union,MIoU),表示两个集合的交集和并集之比,也可以表示为真正例比真正例、假反例、假正例之和。在语义分割的问题中,这两个集合分别表示真实值和预测值,对每个类别计算 IoU,然后计算平均值。

$$\text{MIoU} = \frac{1}{k} \sum_{i=0}^{k} \frac{P_{ii}}{\sum_{j=0}^{k} P_{ij} + \sum_{j=0}^{k} P_{ji} - P_{ii}} \tag{10-27}$$

式中:k 表示类别数;P_{ij} 表示本属于类别 i 但被预测为类别 j 的像素数量;P_{ii} 表示真正例的数量;P_{ij} 和 P_{ji} 分别对应假正例和假反例。

MIoU 以其简洁、代表性强而成为语义分割中最常用的度量标准。

本 章 小 结

本章主要介绍了深度学习的基础知识,并详细介绍了神经网络、卷积神经网络、模型的训练过程和训练结果的评估。

深度学习是近几年发展迅猛的一个方向,也是 HALCON 新增加的一个重要的方法。本章第一部分从人工智能的发展逐渐引出深度学习技术,第二部分对作为深度学习技术主要实现方法的神经网络算法进行了介绍。神经网络中的卷积神经网络近几年已全面应用于图像处理领域,例如图像识别、图像定位、目标检测、语义分割等,实际应用已经十分广泛,本章的第三部分对其进行了详细介绍。最后,本章介绍了深度学习的训练过程,包括训练方法、参数的调整、拟合情况以及模型评估。

习　　题

10.1　什么是人工智能、机器学习和深度学习?它们之间的关系是什么?

10.2　什么是神经网络?

10.3　什么卷积神经网络?

10.4　简述深度学习三大任务分类、检测和语义分割常用的评估指标。

第11章　HALCON 中的深度学习

HALCON 具有比较强大的深度学习功能：①封装了各种已训练的神经网络，并且已对工业应用进行了高度优化，同时支持多 GPU 的训练；②少量的样本就可以快速验证效果，且训练推理速度较快；③支持目标检测和只学习正样本的异常检测；④具备深度学习的数据标注工具，支持检测和分割的标注；⑤提供了各种编程接口，包括 Python、C++、C♯ 等；⑥提供了深度学习模型的剪枝，使网络更适合嵌入式应用。

11.1　HALCON 深度学习环境的配置

CPU 和 GPU 都可以用于 HALCON 中深度学习模型的训练，但是 CPU 的训练速度远不如 GPU 快，因此建议利用 GPU 完成训练。CPU 版本和 GPU 版本所需的环境配置也不尽相同。

GPU 版本需要在 CPU 版本的基础上额外安装 CUDA 运算平台以及 cuDNN 加速包。因此计算机必须要有 Nvidia 的独立显卡，并且处理能力在 3.0 以上（显卡的算力可以在 Nvidia 的官网上进行查询）。这里简单介绍 GPU 版本（20.11 Steady 版 HALCON）的安装流程。

（1）安装 HALCON-20.11.1.0-windows-FullVersion_Steady。

（2）安装 HALCON-20.11.1.0-windows-deep-learning-core。

（3）安装 HALCON-20.11.1.0-windows-deep-learning-data。

（4）下载并解压对应版本 license，复制到 HALCON 安装路径下的 license 文件夹中。

（5）安装 CUDA 运算平台。安装过程比较费时且容易出错，安装完后可通过以下方法测试是否安装成功：利用 Win+R 打开 cmd 命令窗口，输入 nvcc-V，若显示相应的 CUDA 版本，则说明安装成功，如图 11-1 所示。

（6）安装 cuDNN 加速包。

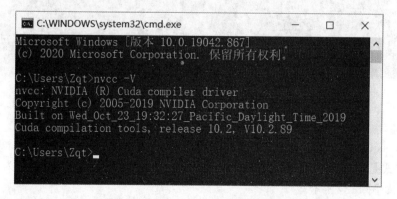

图 11-1　CUDA 是否安装成功的测试

11.2 图像的标注

HALCON 自带图像标注软件,分类其实不需标注,如果需要生成 HALCON 格式的数据集(.hdict),则需要借助 HALCON 自带的标注软件——DeepLearningTool。检测时需要进行边缘框的标注,与分类使用同一个标注工具。分割则需要像素级别精度的标注,HALCON 同样有相应的标注软件——labeltool。

11.2.1 分类和检测的标注工具 DeepLearningTool

首先打开 DeepLearningTool,其初始界面如图 11-2 所示,选择"NEW PROJECT",然后选择要进行分类或者检测的标注,其中检测的标注分为无方向的矩形框标注和有方向的矩形框标注,即 rectangle1 类型和 rectangle2 类型,如图 11-3 所示。

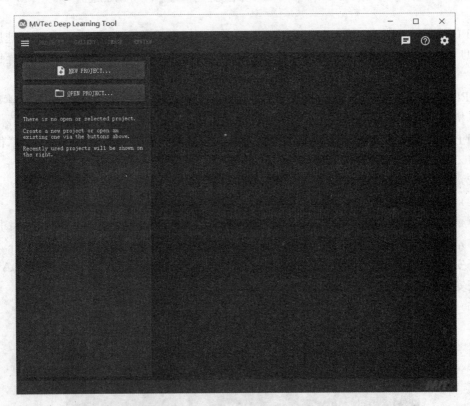

图 11-2 DeepLearningTool 初始界面

1. 分类

选中"Classification"后创建项目,界面如图 11-4 所示,可选择单张或多张添加图片标注类别,更好的方式是直接将不同类别的图片放入不同的文件夹,并将文件夹命名为类别名,直接读取文件夹,如图 11-5 所示。

图像导入完成并且标明类别后,可利用"Export Dataset"将数据集导出,生成.hdict 格式的数据集文件,可利用算子 read_dict 进行读取。

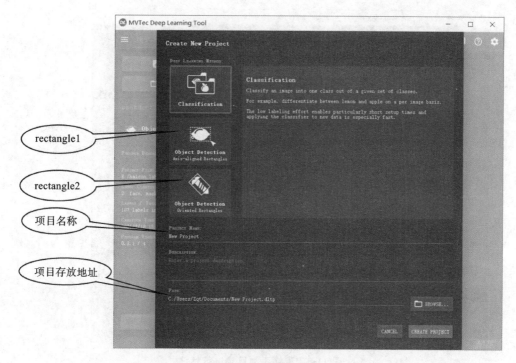

图 11-3　项目创建过程

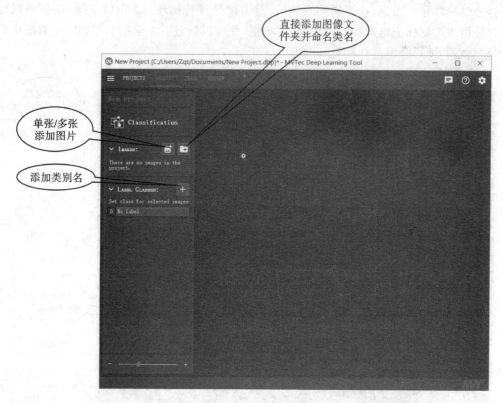

图 11-4　分类标注流程

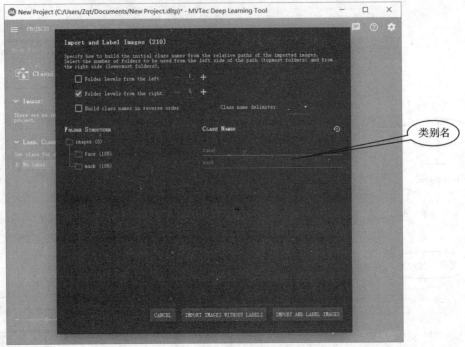

图 11-5　直接添加目录进行标注

2. 检测

　　像分类一样导入图像,并添加类别名后,双击图像进行标注,如图 11-6 所示,移动鼠标将检测目标用矩形框标记出来,并选择对应的类别,并可以通过右下角的"+"和"-"对矩形框的位置进行微调,使边缘框的标注更加准确。

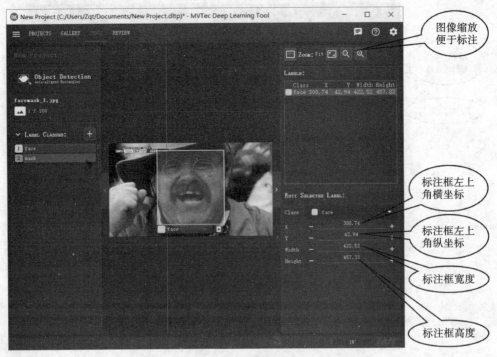

图 11-6　检测标注流程

　　所有图像都标注完后,可以通过"REVIEW"浏览标注完的图片,检查标注是否有问题,如果没有问题,通过"Export Dataset"将数据集导出,如图 11-7 所示。

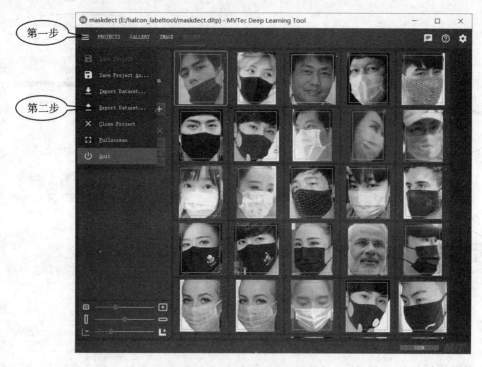

图 11-7　检查并导出数据集

11.2.2　分割的标注工具 labeltool

　　首先创建类别名的标签文件(txt),换行输入每一个类别名,如图 11-8 所示,这里以分割缺陷为例,类别名仅有"defect"。

图 11-8　创建 txt 标签文件

打开 labeltool 软件，首先加载标签文件，加载成功后打开需要进行标注的图片目录，如图 11-9 所示。

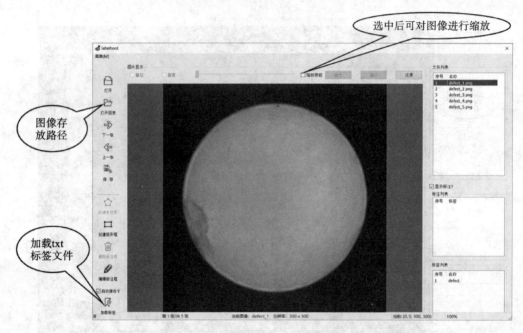

图 11-9　导入标签文件以及图像文件

加载需要标注的图像之后，点击"编辑标注框"，然后根据分割的对象选择"创建矩形框"或者"创建多边形"，将分割对象的轮廓标注出来，如图 11-10 所示。

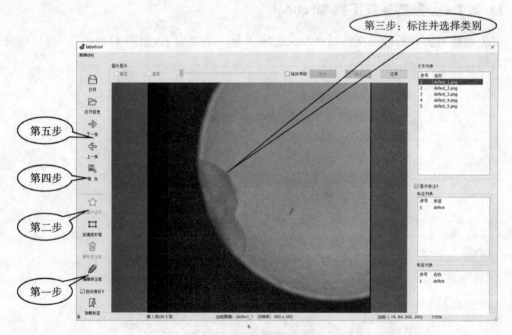

图 11-10　分割标注流程

所有图像标注完之后，存放图像的文件夹中会生成对应的.jason 文件，里面的内容是图片中标注的每个对象的轮廓的每一个像素点的坐标。存放图像的文件夹同级目录下,会生成一个 labels 文件夹,里面是对应的标注文件。

11.3　主要流程及算子

深度学习算法的一般流程如下:

(1) 对数据集进行一些预处理,比如数据集增强;

(2) 读取 HALCON 中的网络模型进行训练;

(3) 对训练得到的模型进行评估;

(4) 利用训练得到的模型对新的图像进行推理。

11.3.1　数据集的预处理

read_dl_dataset_classification(: : RawImageFolder, LabelSource : DLDataset)

功能:创建一个字典 DLDataset,该字典用作数据库并存储有关数据集的所有必要信息。

RawImageFolder:存放数据集图像的文件夹及子文件夹。

LabelSource:提取类别标签的方式,有三种。last_folder:包含图像的文件夹名作为标签。file_name:每个图像的文件名作为标签。file_name_remove_index:每个图像的文件名都用作标签,但是文件名末尾的所有连续数字和下划线都被删除。

DLDataset:包含数据集信息的字典,字典的键主要有如下几种。

(1) image_dir:所有图像的公共基本路径(父文件夹)。

(2) class_names:类别名的元组(字符串)。

(3) class_ids:类别名 ID 的元组(整数)。

(4) samples:包含所有样本字典的元组。每个样本字典包括以下信息:

①image_file_name:样本图像的相对路径。

②image_id:样本图像在所有图像中的 ID。

③image_label_id:样本图像的类别 ID。

split_dl_dataset(: : DLDataset, TrainingPercent, ValidationPercent, GenParam :)

功能:将字典 DLDataset 表示的数据集划分为三个不相交的子集——训练集、验证集和测试集,使得每个样本都有一个新的键值对,键名为 split,键值为 train 或 validation 或 test。

TrainingPercent:训练集的占比。

ValidationPercent:验证集的占比。

GenParam:若样本已经包含 split 的键名,则该过程将返回警告,可以使用 GenParam 进行覆盖。

preprocess_dl_dataset(: : DLDataset, DataDirectory, DLPreprocessParam, GenParam : DLDatasetFileName)

功能:根据字典 DLPreprocessParam 中的参数对字典 DLDataset 中的样本进行预处理。

DataDirectory:预处理后数据集字典 DLDataset 和样本字典 DLSample 的存放位置。

DLPreprocessParam:预处理参数的字典。

GenParam:通用参数字典,包括以下信息:

①overwrite_files：确定是否覆盖可能存在的目录。

②show_progress：是否显示预处理进度。

③class_weights：为 DLDataset 中的每个类设置权重，仅适用于分割。

④max_weight：设置 calculate_dl_segmentation_class_weigh 中的"max_weight"参数，仅适用于分割。

DLDatasetFileName：返回预处理后 DLDataset 的名称和路径。

read_dict(: : FileName, GenParamName, GenParamValue : DictHandle)

功能：从文件中读取字典（数据集），并返回字典的句柄，支持两种格式的文件——.hdict 和.jason。

dev_display_dl_data(: : DLSample, DLResult, DLDatasetInfo, KeysForDisplay, GenParam, WindowHandleDict :)

功能：可视化样本的不同图像、标注和推理结果。

DLSample：需要可视化的样本字典。

DLResult：包含样本字典推理结果的字典。

DLDatasetInfo：包含有关数据集的信息，一般为 DLDataset。

KeysForDisplay：确定图像中显示的内容，如实际的标签、预测的标签、热度图、置信度图等，针对异常检测、分类、检测和分割，可显示不同的内容。

GenParam：图像内容显示的一些自定义参数，针对异常检测、分类、检测和分割，可以设置不同的参数，具体查看该算子文档。

WindowHandleDict：给出用于显示的窗口的句柄。

read_dl_dataset_segmentation(: : ImageDir, SegmentationDir, ClassNames, ClassIDs, ImageList, SegmentationList, GenParam : DLDataset)

功能：生成语义分割模型所需的数据集（字典）。

ImageDir：数据集的图像路径。

SegmentationDir：标签路径。

ClassNames：类别名的列表。

ClassIDs：类别名 ID 的列表。

ImageList：图像路径列表。

SegmentationList：分割图像路径列表。

GenParam：用于限制路径列表的参数字典。

DLDataset：生成的数据集字典。

11.3.2　模型加载及训练

read_dl_model(: : FileName : DLModelHandle)

功能：读取预训练网络或训练完的模型，并返回模型句柄。

FileName：模型的位置。

DLModelHandle：以默认值初始化的预训练模型句柄。针对不同任务，有不同类别的预训练模型，这些不同的模型对图像尺寸、灰度值范围等的要求也不一样，可通过算子 get_dl_classifier_param 查询。

针对异常值检测的预训练模型如下：

（1）initial_dl_anomaly_medium. hdl（内存小、运行效率高）；

（2）initial_dl_anomaly_large. hdl（复杂任务）。

针对分类和检测的预训练模型如下：

（1）pretrained_dl_classifier_alexnet. hdl（简单任务）；

（2）pretrained_dl_classifier_compact. hdl（内存小、运行效率高）；

（3）pretrained_dl_classifier_enhanced. hdl（复杂任务）；

（4）pretrained_dl_classifier_mobilenet_v2. hdl（高速轻量）；

（5）pretrained_dl_classifier_resnet50. hdl（更复杂的任务且训练更稳定）。

针对语义分割的预训练模型如下：

（1）pretrained_dl_edge_extractor. hdl（适合边缘提取）；

（2）pretrained_dl_segmentation_compact. hdl（内存小、运行效率高）；

（3）pretrained_dl_segmentation_enhanced. hdl（复杂任务）。

get_dl_model_param(: : DLModelHandle, GenParamName : GenParamValue)

功能：返回深度学习模型 DLModelHandle 的参数值（如 batch_size、momentum、learning rate 等，参数很多这里不详细展开）。参数 GenParamName 可通过算子 set_dl_model_param 或 create_dl_model_detection 重新设置。

create_dl_preprocess_param_from_model(: : DLModelHandle, NormalizationType, DomainHandling, SetBackgroundID, ClassIDsBackground, GenParam : DLPreprocessParam)

功能：基于给定的深度学习模型创建带有预处理参数的字典。

NormalizationType：预处理的归一化类型的参数。

DomainHandling：图像域的处理方式。有两种方式：① full_domain——不裁剪图像；②crop_domain——将图像裁剪到指定大小。

SetBackgroundID：背景类 ID（仅限分割模型）。

ClassIDsBackground：额外设置 set_background_id 给出的背景类 ID 的类 ID，不包括 set_background_id 中给出的 ID（仅限分割模型）。

create_dl_model_detection(: : Backbone, NumClasses, DLModelDetectionParam : DLModelHandle)

功能：创建用于目标检测的深度学习网络。

Backbone：用于特征提取的分类器，共 5 种，如算子 read_dl_model 中所述。

NumClasses：网络要区分的类别的数量。

DLModelDetectionParam：网络的其他参数，包括 instance_type、ignore_direction 等，如果未指定具体的参数值，则将以默认值来创建模型，一旦创建，影响网络结构的参数将不可更改，而其他参数仍可通过 set_dl_model_param 进行设置或更改。

determine_dl_model_detection_param(: : DLDataset, ImageWidthTarget, ImageHeightTarget, GenParam : DLDetectionModelParam)

功能：根据给定的数据集搜索目标检测模型锚框的参数。

ImageWidthTarget：模型输入的图像宽度（预处理后的图像宽度）。

ImageHeightTarget：模型输入的图像高度（预处理后的图像高度）。

GenParam：包含相关参数的字典，如 min_level、max_level、ignore_direction 等。

DLDetectionModelParam：返回参数字典，包含以下参数的建议值。

①min_level：特征金字塔的最低级别，即最大的特征图（用于检测较小物体）。

②max_level：特征金字塔的最高级别，即最小的特征图（用于检测较大物体）。

③anchor_num_subscales：锚框的尺度（大小），不同尺度对应分布在不同的特征图上。

④anchor_aspect_ratios：锚框的形状（宽高比）。

⑤anchor_angles：锚框的角度（仅适用于实例类型 rectangle2）。

create_dl_train_param(: : DLModelHandle, NumEpochs, EvaluationIntervalEpochs, EnableDisplay, RandomSeed, GenParamName, GenParamValue : TrainParam)

功能：创建算子 train_dl_model 中需要使用的参数字典（训练及可视化）。

DLModelHandle：模型句柄。

NumEpochs：训练的周期数。

EvaluationIntervalEpochs：进行一次模型评估的周期，以便确定最佳模型。

EnableDisplay：是否显示训练进度，true 为显示。

RandomSeed：设置随机生成数的种子。

GenParamName：影响训练的参数的名称，包括 evaluation、augment 等。

GenParamValue：与 GenParamName 相对应的参数值。

TrainParam：输出的训练参数，供 train_dl_model 使用。

set_dl_model_param(: : DLModelHandle, GenParamName, GenParamValue :)

功能：设置深度学习模型的参数和超参数。

DLModelHandle：模型句柄。

GenParamName：参数名（部分参数只能为特定模型设置）。

GenParamValue：与 GenParamName 对应的参数值。

train_dl_model(: : DLDataset, DLModelHandle, TrainParam, StartEpoch : TrainResults, TrainInfos, EvaluationInfos)

功能：在数据集上训练模型。

DLDataset：数据集。

DLModelHandle：要训练的模型句柄。

TrainParam：使用的训练参数。

StartEpoch：定义开始训练的周期，可从头训练或在断点处继续训练。

TrainResults：算子 train_dl_model_batch 每次调用的输出结果，即每个 batch_size 的训练结果。

TrainInfos：返回每个周期计算出的训练状态信息。

EvaluationInfos：返回每一次评估计算出的评估信息。

11.3.3　模型评估

evaluate_dl_model(: : DLDataset, DLModelHandle, SampleSelectMethod, SampleSelectValues, GenParam : EvaluationResult, EvalParams)

功能：将模型应用于选定样本上，并根据标签对结果进行评估，计算相应的评估指标。

SampleSelectMethod：从数据集中选择评估样本的方法，可以根据划分数据集时"split"所带的键值，也可以根据图像 ID，或者样本字典中的索引来选择。

SampleSelectValues：使用方法 SampleSelectMethod 从数据集中选择样本时的标识符。

GenParam：指定非默认的评估参数，可根据模型的不同类型指定对应的评估参数。

EvaluationResult：计算得到的评估指标。

EvalParams：关于评估参数的字典。

dev_display_classification_evaluation（　：　EvaluationResult，EvalParam，GenParam，WindowHandleDict　：）

功能：可视化分类模型的评估结果。

GenParam：配置可视化的参数，包括混淆矩阵的颜色、字体和大小、"precision"和"recall"显示模式（表格或饼图），等等。

WindowHandleDict：显示评估结果的窗口句柄。

gen_dl_model_heatmap（　：　DLModelHandle，DLSample，HeatmapMethod，TargetClasses，GenParam　：DLResult）

功能：对给定的样本进行推理并生成热度图。

HeatmapMethod：选定计算热度图的方法，默认选定梯度加权类激活图（Grad-CAM）。

TargetClasses：确定生成热度图的类别 ID，如果该参数设置为空元组[]，则选择具有最高置信度值的类别（即推理的类别）计算热度图。

GenParam：关于热度图的参数，包括用于热度图计算的卷积层、热度图的缩放方法等等。

DLResult：给定样本的推理结果以及热度图结果。

gen_dl_model_classification_heatmap（　：　DLModelHandle，DLSample，DLResult，GenParam　：）

功能：使用分类模型为给出的样本生成热度图。

DLResult：返回字典，包括热度图以及所用的参数。

GenParam：其他参数，包括以下几个。

①feature_size：应设置成要检测的特征或缺陷的期望尺寸（直径）。

②sampling_size：热度图两个采样点之间的近似距离（以像素为单位），此值必须小于 feature_size 的值。

③target_class_id：确定生成热度图的类别 ID，如果为空元组，则选择具有最高置信度值的类别（即推理的类别）计算热度图。

dev_display_detection_detailed_evaluation（　：　EvaluationResult，EvalParam，GenParam，WindowHandleDict　：）

功能：可视化检测模型的详细评估结果。

dev_display_segmentation_evaluation（　：　EvaluationResult，EvalParam，GenParam，WindowHandleDict　：）

功能：可视化分割模型的详细评估结果。

11.3.4　新图像的推理

gen_dl_samples_from_images（Images　：　：DLSampleBatch）

功能：将给定的图像存储在字典 DLSample 的元组中。

Images：给定的图像。

DLSampleBatch：样本字典 DLSample 的元组。

preprocess_dl_samples(: : DLSampleBatch，DLPreprocessParam :)

功能：根据 DLPreprocessParam 中给定的预处理参数对 DLSample 中的样本进行预处理。

DLPreprocessParam：预处理参数的字典，影响预处理的参数包括以下几个。

①image_width、image_height：图像宽、高。

②image_range_min、image_range_max：图像最小、最大的灰度值。

③image_num_channels：图像通道数。

④domain_handling：图像域的处理方式。

⑤normalization_type：归一化方式。

⑥set_background_id：背景类 ID（仅限分割模型）。

⑦class_ids_background：额外设置背景类 ID 的类 ID（仅限分割模型）。

apply_dl_model(: : DLModelHandle，DLSampleBatch，Outputs : DLResultBatch)

功能：在一组图像上应用深度学习模型进行推理。

Outputs：指定在推理结果字典 DLResult 中返回哪些输出数据，不同类型的模型可指定的输出结果不一样，如分类模型输出一个具有降序置信度值的元组及具有相应分类的类名和类 ID 的元组，具体请参考该算子文档。

DLResultBatch：包含每个样本 DLResult 的元组。

11.4　深度学习例程

深度学习的流程较为复杂，结合实际应用以例程的方式可便于了解整个过程中数据的读取、流动及计算。本节将分类网络及目标检测网络应用到口罩佩戴的分类和检测中，示例代码、训练结果及可视化的效果请阅读相关小节。

11.4.1　分类示例

本小节通过分类模型识别人脸是否佩戴口罩，数据集总共 210 张图片，戴口罩的人脸和不戴口罩的人脸图像各 105 张。通过调用 pretrained_dl_classifier_compact.hdl 网络调整参数后进行训练，80%的数据集用于训练，20%用于验证，训练完成后对模型进行评估以及新图像的推理。

11.4.1.1　训练

在 images 目录下新建两个文件夹，分别命名为 face 和 mask（对应类别名），将 105 张图像分别放入对应的文件夹，加载网络 pretrained_dl_classifier_compact.hdl 进行训练，对训练过程进行可视化，最佳模型保存为 model_best.hdl。

```
*预训练网络类型
Model :='pretrained_dl_classifier_compact.hdl'
*训练迭代次数
NumEpochs :=100*1
*数据扩增比例
AugPercent :=50
```

```
    *数据扩充是否支持水平、垂直镜像
    Mirror :='rc'
    *最大图像宽度
    MaxWidth :=672.0*1.0
    *显卡序号
    GpuId :=0
    *初始学习率
    InitialLearningRate :=0.001
    *何时衰减学习率,这里指在[25,50,75]次迭代后衰减学习率
    ChangeLearningRateEpochs :=int([NumEpochs/4,NumEpochs/2,NumEpochs/4*3])
    *学习率衰减的比例
    DecayRate :=0.5
    *学习率的对应值,这里学习率三次衰减后的对应值分别为[0.005, 0.0025, 0.00125]
    ChangeLearningRateValues :=InitialLearningRate *[DecayRate,DecayRate*
DecayRate, DecayRate*DecayRate*DecayRate]
    ReCreateDataset :=1
    ErrImageTransfer :=1
    *训练集比重
    TrainingPercent :=80
    *验证集比重
    ValidationPercent :=100 - TrainingPercent
    *设置线程特征随机生成器的种子
    set_system ('seed_rand', 42)
    dev_update_off ()
    dev_close_window ()
    *创建两个元组,分别代表参数名和参数值
    GenParamName :=[]
    GenParamValue :=[]
    *创建一个关于数据扩增参数的空字典
    create_dict (AugmentationParam)
    *在字典中添加键值对,设置 50% 的图像进行数据增强
    set _ dict _ tuple ( AugmentationParam, ' augmentation _ percentage ',
AugPercent)
    *在字典中添加键值对,设置增强方式为行列镜像
    set_dict_tuple (AugmentationParam,'mirror', Mirror)
    *将参数 augment 添加到变量 GenParamName 中
    GenParamName :=[GenParamName,'augment']
    *生成关于 augment 的键值对,即 AugmentationParam
    GenParamValue :=[GenParamValue,AugmentationParam]
    *判断语句,当学习率调整时执行,创建关于调整学习率的键值对
```

```
    if (|ChangeLearningRateEpochs| > 0)
        *创建关于学习率调整策略的空字典
        create_dict (ChangeStrategy)
        *添加关键词和对应的键值
        set_dict_tuple (ChangeStrategy, 'model_param', 'learning_rate')
        set_dict_tuple (ChangeStrategy, 'initial_value', InitialLearningRate)
        set_dict_tuple (ChangeStrategy, 'epochs', ChangeLearningRateEpochs)
        set_dict_tuple (ChangeStrategy, 'values', ChangeLearningRateValues)
        *将学习率调整策略添加到变量 GenParamName 中
        GenParamName :=[GenParamName,'change']
        *生成关于参数 change 的键值对
        GenParamValue :=[GenParamValue,ChangeStrategy]
    endif
    *数据集的目录
    ImageDir :='images/'
    *返回数据集目录中存在的所有目录
    list_files(ImageDir, 'directories', RawImageFolder)
    *根据整理好的数据集图像生成字典类型的数据格式
    read_dl_dataset_classification (RawImageFolder, ' last_folder ',
DLDataset)
    *按照之前设置的训练集和验证集比例划分数据集
    split_dl_dataset (DLDataset, TrainingPercent, ValidationPercent, [])
    *读取预训练模型
    read_dl_model (Model, DLModelHandle)
    *读取数据集中的类别名
    get_dict_tuple (DLDataset, 'class_names', ClassNames)
    *设置预训练模型中的类别名
    set_dl_model_param (DLModelHandle, 'class_names', ClassNames)
    *读取数据集中的所有样本
    get_dict_tuple (DLDataset, 'samples', Samples)
    *读取第一个样本的文件名
    get_dict_tuple (Samples[0], 'image_file_name', ImageFileName)
    *读取第一个样本的图片
    read_image (Image, ImageDir + '/' + ImageFileName)
    *判断语句
    if (Model ! ='model_best.hdl')
    *读取图像宽、高
    get_image_size(Image, Width, Height)
```

```
*计算图像通道数
count_channels(Image, Channels)
*缩小图片，确保训练图片分辨率都在 672*672 以下
tuple_min2(Width, MaxWidth, Min)
Scale :=Width / Min
Width:=int (Width/ Scale)
Height:=int (Height / Scale)
*设置模型训练的图片的宽、高以及通道数
set_dl_model_param (DLModelHandle, 'image_dimensions', [Width, Height,
Channels])
    endif
*根据给定的网络模型创建带有预处理参数的字典
create_dl_preprocess_param_from_model (DLModelHandle, 'none', 'full_
                                domain ', [ ], [ ], [ ],
                                DLPreprocessParam)
*创建关于预处理设置的空字典
create_dict (PreprocessSettings)
*在空字典中添加关于文件覆盖的键值对，ture 表示覆盖可能存在的目录
set_dict_tuple (PreprocessSettings,'overwrite_files', true)
*对 DLDataset 中声明的整个数据集进行标准预处理
preprocess _ dl _ dataset (DLDataset, ' data ', DLPreprocessParam,
                        PreprocessSettings, DLDatasetFileName)
*设置模型训练的初始学习率
set_dl_model_param (DLModelHandle, 'learning_rate', InitialLearningRate)
*设置模型训练的批处理大小
set_dl_model_param (DLModelHandle, 'batch_size', 1)
*判断语句，当 GpuId>0 时执行
if (GpuId >0)
    *设置模型训练的 GpuId
    set_dl_model_param (DLModelHandle, 'gpu', GpuId)
endif
*选择批处理大小，取 32 与训练样本总数/200 之间的较小值
tuple_min2(32, |Samples|*TrainingPercent/100/2, BatchSize)
*设置变量 Trying
Trying :=true
*开启循环
while(Trying)
try
```

```
        *设置模型训练的批处理大小
    set_dl_model_param (DLModelHandle, 'batch_size', BatchSize)
        *设置模型参数：立即初始化 GPU 内存并创建相应的句柄
     set_dl_model_param (DLModelHandle, 'runtime_init', 'immediately')
    Trying :=false
*程序异常时执行(即不断降低批处理大小直到不爆显存)
catch (Exception)
    BatchSize:=BatchSize/ 2
    if (BatchSize <=1)
        Trying :=false
    endif
endtry
endwhile
*返回模型参数：训练图片的尺寸
get_dl_model_param (DLModelHandle, 'image_dimensions', ImageDimensions)
*打开相应大小的新窗口
dev_open_window (0, 0, 600, ImageDimensions[1] * 600 / ImageDimensions[0],
                'black', WindowHandle)
*设置字体
set_font(WindowHandle, 'default-20')
*显示图像
dev_display (Image)
Text :=Model
*文本"宽×高×通道数×训练集：验证集"
Text[|Text|] := ImageDimensions[0] + '×' + ImageDimensions[1] + '×' +
                ImageDimensions[2] +'×' +|Samples|*TrainingPercent/100 +
                ':' +|Samples|*ValidationPercent/100
*文本"gpuid,迭代次数,批处理大小,初始学习率"
Text[|Text|] := 'gpu' + GpuId + ', '   + NumEpochs +', ' +BatchSize +', '
                +InitialLearningRate
*显示上述文本
dev_disp_text (Text, 'window', 'top', 'left', 'blue', 'box', 'true')
*将窗口内容保存为 png 图像文件
dump_window(WindowHandle, 'png', 'train_1')
*关闭图形窗口
dev_close_window()
*创建一个训练参数的字典，用于 train_dl_model
create _ dl _ train _ param (DLModelHandle, NumEpochs, 1, ' true ', 42,
                GenParamName, GenParamValue, TrainParam)
```

```
*在数据集上根据训练参数进行训练
train_dl_model (DLDataset, DLModelHandle, TrainParam, 0, TrainResults,
                TrainInfos, EvaluationInfos)
*保存训练过程曲线
for Index :=2 to 3 by 1
    dev_get_window (WindowHandle)
    dump_window(WindowHandle, 'png', 'train_' +Index)
    dev_close_window()
endfor
*评估
*创建评估参数的空字典
create_dict (GenParamEval)
*在字典中添加键值对
set_dict_tuple (GenParamEval, 'class_names_to_evaluate', 'global')
*在字典中添加评估指标的键值对
set_dict_tuple (GenParamEval, 'measures',['top1_error', 'precision',
                'recall','f_score','absolute_confusion_matrix'])
*在数据集上评估模型的性能(指标)
evaluate_dl_model (DLDataset, DLModelHandle, 'split', ['validation',
                   'test'], GenParamEval, EvaluationResult, EvalParams)
*创建评估指标可视化的空字典
create_dict (EvalDisplayMode)
*在字典中添加各项指标可视化的键值对
set_dict_tuple (EvalDisplayMode, 'display_mode', ['measures', 'pie_
                charts_precision', 'pie_charts_recall', 'absolute_
                confusion_matrix'])
*创建空字典
create_dict (WindowDict)
*可视化分类模型的评估结果(准确率、召回率、整体指标及混淆矩阵)
dev_display_classification_evaluation (EvaluationResult, EvalParams,
                                       EvalDisplayMode, WindowDict)
*保存验证结果图表
*从字典中检索与关键词对应的键值
get_dict_tuple (WindowDict, 'window_measures', WindowHandle)
*将窗口内容写入 png 图像文件,并以"measure"命名
dump_window(WindowHandle, 'png', 'measures')
get_dict_tuple (WindowDict, 'window_absolute_confusion_matrix',
WindowHandle)
dump_window(WindowHandle, 'png', 'matrix')
```

```
    get _ dict _ tuple (WindowDict, ' window _ pie _ charts _ precision ',
WindowHandle)
    dump_window(WindowHandle, 'png', 'precision')
    get_dict_tuple (WindowDict, 'window_pie_charts_recall', WindowHandle)
    dump_window(WindowHandle, 'png', 'recall')
    *显示交互式混淆矩阵
    dev _ display _ dl _ interactive _ confusion _ matrix ( DLDataset,
EvaluationResult, [])
```

训练过程可视化曲线如图 11-11 所示,结果如图 11-12 所示。

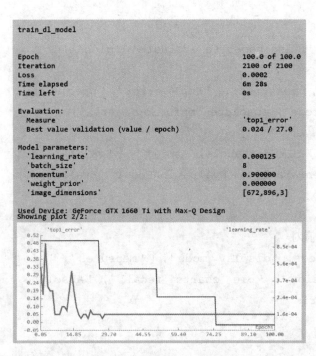

图 11-11　训练过程可视化

图 11-12　验证集图像可视化及预测结果

可视化分类模型的评估结果如图 11-13 至图 11-16 所示。

从图 11-11 中可以看到设置的一些超参数,以及模型的损失收敛情况、top1 错误率。从图 11-12 中可以实时观察模型对验证集图像的预测结果。图 11-13 至图 11-16 显示了最佳模型在验证集上的表现,准确率和召回率分别达到 95.7% 和 95.2%,可以看到通过较少样本训练出来的模型也具有较高的识别准确率。

11.4.1.2　推理

调用最佳模型 model_best.hdl 推理 test 目录下的测试图像,结果放在 result 目录中。此示例支持显示热度图和网络特征图。

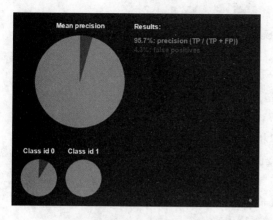

图 11-13 准确率

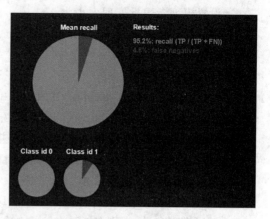

图 11-14 召回率

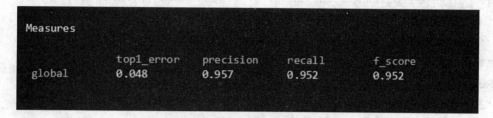

图 11-15 整体指标

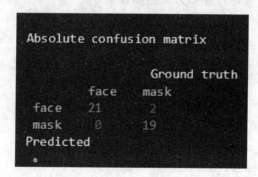

图 11-16 混淆矩阵

```
*测试图片的路径
TestImageDir :='test/'
GpuId :=0
*分类阈值
ClassifyThreshold :=0.5
*将 dev_update_pc、dev_update_var 和 dev_update_window 切换为"off"
dev_update_off()
*关闭活动的图形窗口
dev_close_window ()
*读取训练完保存的模型文件"model_best.hdl"
read_dl_model ('model_best.hdl', DLModelHandle)
```

```
*设置模型参数批处理大小为1
set_dl_model_param (DLModelHandle, 'batch_size', 1)
*判断语句(设置GPU)
if (GpuId ! =0)
    set_dl_model_param (DLModelHandle, 'gpu', GpuId)
endif
*设置模型参数:立即初始化GPU内存并创建相应的句柄
set_dl_model_param (DLModelHandle, 'runtime_init', 'immediately')
*返回模型参数:图像尺寸
get_dl_model_param(DLModelHandle, 'image_dimensions', ImageDimensions)
*返回模型参数:类别名
get_dl_model_param(DLModelHandle, 'class_names', ClassNames)
*返回模型参数:类别名ID
get_dl_model_param(DLModelHandle, 'class_ids', ClassIds)
*结果存储路径
ResultDir :='result/'
*检查路径是否存在
file_exists(ResultDir, FileExists)
*判断语句,若路径存在则以递归方式删除目录
if(FileExists)
    remove_dir_recursively (ResultDir)
endif
*新建目录
make_dir (ResultDir)
*循环,在ResultDir目录下新建命名为类别名的文件夹
for I :=0 to |ClassNames|-1 by 1
    OutputDir:=ResultDir +ClassNames[I] +'/'
    make_dir (OutputDir)
endfor
*打开设定大小的图形窗口
dev_open_window (0, 0, 600, ImageDimensions[1] * 600 / ImageDimensions[0],
                'black', WindowHandle)
*设置字体
set_font(WindowHandle, 'Microsoft YaHei UI-Bold-36')
*创建样本的空字典
create_dict (DLSample)
*获取给定路径下的所有测试图像文件
list_image_files (TestImageDir, 'default', 'recursive', ImageFiles)
*创建元组
```

```
tics :=[]
*循环遍历所有测试图片
for I :=0 to |ImageFiles|-1 by 1
    *读取图片
    read_image (Image, ImageFiles[I])
    *开始计时
    count_seconds(Start)
    *将图像缩放到给定尺寸,即模型参数中的图像分辨率大小
    zoom_image_size (Image, ImagePreprocessedByte, ImageDimensions[0],
                    ImageDimensions[1], 'constant')
    *将图像类型转换为 32 位浮点数类型
    convert_image_type (ImagePreprocessedByte, ImagePreprocessed, 'real')
    *对图像的灰度值进行缩放
    scale_image (ImagePreprocessed, ImagePreprocessed, 1, -127)
    *在样本空字典中添加键值对
    set_dict_object (ImagePreprocessed, DLSample, 'image')
    *利用训练的模型进行推理
    apply_dl_model (DLModelHandle, DLSample, [], DLResult)
    *获取分类置信度
    get_dict_tuple (DLResult, 'classification_confidences', Confidences)
    *获取类别名
    get_dict_tuple (DLResult, 'classification_class_names', PredictClasses)
    *返回这个元组中置信度的最大元素,即找到置信度最大值
    tuple_max (Confidences, Max)
    *返回元组中最大值的索引
    tuple_find (Confidences, Max, IndexMax)
    *计时结束
    count_seconds(End)
    *计算推理所需时间
    tics :=[tics, (End-Start)*1000]
    *清除窗口
    dev_clear_window ()
    *显示测试图片
    dev_display(Image)
    *文本:图名
    Text :=ImageFiles[I]
    *文本:推理判断的类别、置信度 (保留两位小数)
    Text :=PredictClasses[IndexMax] +', ' +Max$ '.2f'
    *显示上述文本
    dev_disp_text (Text, 'window', 'top', 'left', 'red', 'box', 'false')
```

```
        *判断语句,当推理类别的置信度大于 0.5 时执行
    if(Max >=ClassifyThreshold)
        *将图像名解析为基本文件名、扩展名以及目录
        parse_filename (ImageFiles[I], BaseName, Extension, Directory)
        *将图像以 png 格式写入对应的目录下
        write_image(Image, 'png', 0, ResultDir +PredictClasses[IndexMax]
+'/' +BaseName)
        *将当前图形窗口内容以 png 形式写入指定目录下
        dump_window(WindowHandle, 'png', ResultDir +BaseName)
    endif
endfor
*计算推理的平均时间
tuple_mean(tics[1:(|tics|-1)], ImageProcTimeMs)
*文本:"infer:图像分辨率×图像通道数×测试图片数量"
Text:='infer: ' + ImageDimensions[0] + '×' + ImageDimensions[1] + '×' +
    ImageDimensions[2] +'×' +|ImageFiles|
*文本:"speed:(推理时间)ms/image"
Text[|Text|] :='speed: ' +ImageProcTimeMs$ '.1f' +' ms/image'
*显示上述文本
dev_disp_text (Text, 'window', 'center', 'left', 'blue', 'box', 'true')
*将当前窗口内容以 png 形式保存并命名为"speed"
dump_window(WindowHandle,'png', 'speed')
stop()
*显示热度图
*创建关于热度图参数的空字典
create_dict (HeatmapParam)
*创建关于数据集信息的空字典
create_dict (DLDatasetInfo)
*在空字典中添加类别名的键值对
set_dict_tuple (DLDatasetInfo, 'class_names', ClassNames)
*在空字典中添加类别名索引的键值对
set_dict_tuple (DLDatasetInfo, 'class_ids', ClassIds)
TargetClassID :=[]
*创建关于窗口的空字典
create_dict (WindowHandleDict)
*循环遍历所有测试图片
for I :=0 to |ImageFiles|-1 by 1
*读取图片
read_image (Image, ImageFiles[I])
*将图像缩放到给定尺寸,即模型参数中的图像分辨率大小
```

```
    zoom _ image _ size ( Image, ImagePreprocessed, ImageDimensions [ 0 ],
ImageDimensions[1], 'constant')
```
＊将图像类型转换为 32 位浮点数类型
```
convert_image_type (ImagePreprocessed, ImagePreprocessed, 'real')
```
＊对图像的灰度值进行缩放
```
scale_image (ImagePreprocessed, ImagePreprocessed, 1, -127)
```
＊将处理完的图像添加到样本字典中
```
set_dict_object (ImagePreprocessed, DLSample, 'image')
```
＊推理测试图片并生成热度图
```
gen _ dl _ model _ heatmap ( DLModelHandle, DLSample, ' grad _ cam ',
TargetClassID, HeatmapParam, DLResult)
```
＊可视化热度图和预测信息
```
dev_display_dl_data (DLSample, DLResult, DLDatasetInfo, 'heatmap_grad_
cam', [], WindowHandleDict)
```
＊从字典中检索与关键词 heatmap_grad_cam 对应的键值
```
get_dict_tuple (WindowHandleDict, 'heatmap_grad_cam', WindowHandle)
```
＊将图像名解析为基本文件名、扩展名以及目录
```
parse_filename (ImageFiles[I], BaseName, Extension, Directory)
```
＊将热度图以 png 形式写入指定目录下
```
dump_window(WindowHandle[0], 'png', ResultDir +BaseName +'_heatmap')
endfor
```
＊关闭字典中包含的所有窗口句柄
```
dev_close_window_dict (WindowHandleDict)
stop()
```
＊获取网络特征图
＊获取网络结构，包括：ID, NAME, TYPE, OUTPUT_SHAPE, CONNECTED_NODES
＊创建元组，指向模型中的某一层
```
ChosenLayers :=['res2_block0_conv1']
```
＊返回训练完的模型各个层的信息
```
get_dl_model_param(DLModelHandle, 'summary', NetworkSummary)
```
＊获取网络的深度
```
Depth := |NetworkSummary|
```
＊条件语句，根据模型深度的不同，指定不同的层
```
if(Depth ==45)
    ChosenLayers :=['conv1','fire9_squeeze1x1']
elseif(Depth ==103)
    ChosenLayers :=['convolution_5','convolution_80']
elseif(Depth ==175)
    ChosenLayers :=['conv1', 'res2_block2_conv1']
endif
```

```
*获取所选模型指定层的类型
get_layer_types_from_summary (ChosenLayers, NetworkSummary, LayerTypes)
*创建关于所选特征图的空字典
create_dict (SelectedFeatureMapDepths)
*循环遍历 ChosenLayers 中的神经层
for LayerIndex :=0 to |ChosenLayers| -1 by 1
    *读取训练完的模型 model_best.hdl
    read_dl_model ('model_best.hdl', DLModelHandle)
    *设置模型参数 batch_size 为 1
    set_dl_model_param (DLModelHandle, 'batch_size', 1)
    *设置模型参数:立即初始化 GPU 内存并创建相应的句柄
    set_dl_model_param (DLModelHandle, 'runtime_init', 'immediately')
    *设置模型参数:提取特征图
    set_dl_model_param (DLModelHandle, 'extract_feature_maps',
ChosenLayers[LayerIndex])
    *在空字典中添加键值对,关键词为指定的某个层,键值为[1,2,3]三个通道,注意这
里通道可以根据所选层的卷积核个数进行调整,可以选择更多的通道进行可视化
    set_dict_tuple (SelectedFeatureMapDepths, ChosenLayers[LayerIndex],
[1,2,3])
    *内嵌循环,循环遍历测试图像
    for ImageIndex :=0 to 1 by 1
        read_image (Image, ImageFiles[ImageIndex])
        zoom_image_size (Image, ImagePreprocessed, ImageDimensions[0],
ImageDimensions[1], 'constant')
        convert_image_type (ImagePreprocessed, ImagePreprocessed, 'real')
        scale_image (ImagePreprocessed, ImagePreprocessed, 1, -127)
        set_dict_object (ImagePreprocessed, DLSample, 'image')
        apply_dl_model (DLModelHandle, DLSample, [], DLResult)
        *从字典中检索与关键词(这里是遍历的某一层)对应的键值
        get_dict_object (SampleFeatureMaps, DLResult, ChosenLayers[LayerIndex])
        *获取遍历的某一层的特征图
        get_feature_maps (SampleFeatureMaps, SelectedFeatureMapDepths,
                        LayerIndex, SelectedFeatureMaps)
        *创建关于窗口的空字典
        create_dict (WindowDict)
        *可视化被推理的图像以及选择的三个通道的特征图
        display_feature_maps (Image, ChosenLayers, LayerIndex, ImageIndex,
                        LayerTypes,                SelectedFeatureMaps,
                        SelectedFeatureMapDepths, WindowDict)
```

```
        stop ()
        *关闭字典中包含的所有窗口句柄
        dev_close_window_dict (WindowDict)
    endfor
endfor
    stop()
```

推理结果及推理时间如图 11-17 所示,热度图如图 11-18 所示,三个通道的特征图如图 11-19 所示。

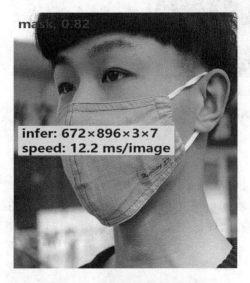

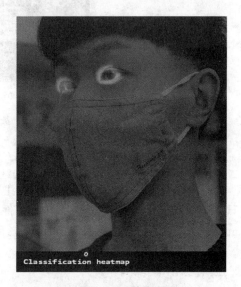

图 11-17　推理结果及推理时间　　　　　　　　　　　　　　　图 11-18　热度图

从图 11-17 中可以看到模型正确识别了新图像,并且推理速度仅为 12.2 ms。图 11-19 对卷积层“conv1”的特征图进行了可视化,更为直观地显示了卷积体提取到的特征。

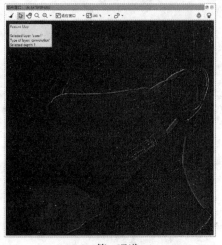

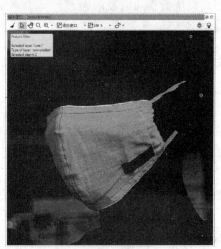

(a)第一通道　　　　　　　　　　　　　　　　　　(b)第二通道

图 11-19　卷积层“conv1”三个通道的特征图

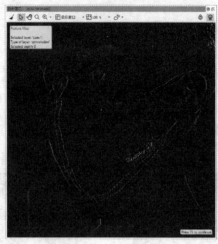

(c) 第三通道

续图 11-19

11.4.2　检测例程

检测的数据集共 100 张图像,使用标注工具 DeepLearningTool 进行标注,标注完成后导出 HALCON 可以直接读取的 .hdict 文件。检测网络采用的是 pretrained_dl_classifier_compact.hdl,80% 的数据集用于训练,20% 用于验证,训练完成后对最佳模型进行评估,并完成新图像的推理。

11.4.2.1　训练

将数据集图片放在 images 目录下,并将标注完导出的数据集文件 maskdect.hdict 放在 images 同级目录下,加载网络 pretrained_dl_classifier_compact.hdl,设置超参数后开启训练,将训练过程进行可视化,最佳模型保存为 model_best.hdl。

```
*影响训练效果和时长的参数
*网络类型
Model :='pretrained_dl_classifier_compact.hdl'
*训练迭代次数
NumEpochs :=100*3.0
*数据扩增比例
AugmentationPercentage :=100*0
*数据扩增是否支持水平、垂直镜像,可设值'r'、'c'、'rc'、'off'
AugmentationMirror :='rc'
*数据扩增旋转角度范围,可设值 0,90,180
AugmentationRotateRange :=180
*最大图像宽度
MaxWidth :=640.0*3
*显卡序号
GpuId :=1
*初始学习率
```

```
InitialLearningRate :=0.001*1
```
*最大检测物体数量
```
MaxNumDetections :=100*1
```
*对于类型"rectangle2",考虑对象在边界框中的方向
```
IgnoreDirection :='false'
```
*对于类型"rectangle2",不考虑方向的类别
```
ClassIdsNoOrientation :=[]
```
*目录覆盖
```
DatasetOverwrite :=true
```
*定义一个变量
```
NumStages :=5
```
*生成等差值的元组,这里为[1,2,3,4]
```
tuple_gen_sequence (1, NumStages-1, 1, Seq)
```
*生成何时调整学习率的元组,这里分别在第[0,1,1,2]个迭代周期(epoch)时调整学习率
```
ChangeLearningRateEpochs :=int(Seq * (NumEpochs/NumStages))
```
*生成学习率调整幅度的元组,调整幅度分别为原始学习率的 0.5,0.25,0.125,0.0625
```
tuple_pow (0.5, Seq, Pow)
```
*调整后学习率的具体值
```
ChangeLearningRateValues :=InitialLearningRate * Pow
```
*动量设置
```
Momentum :=0.99*1
ReCreateDataset :=1
```
*训练集占比
```
TrainingPercent :=80
```
*验证集占比
```
ValidationPercent :=100-TrainingPercent
```
*将 dev_update_pc、dev_update_var 和 dev_update_window 切换为"off"
```
dev_update_off ()
```
*关闭活动的图形窗口
```
dev_close_window ()
```
*设置线程特征随机生成器的种子
```
set_system ('seed_rand', 42)
```
*读取二进制 HACLON 格式的数据集,并返回字典句柄 DLDataset
```
read_dict('maskdect.hdict',[], [], DLDataset)
```
*按照之前设置的训练集和验证集比重划分数据集
```
split_dl_dataset (DLDataset,TrainingPercent, ValidationPercent,[])
```
*创建空字典
```
create_dict (GenParam)
```
*在上述空字典中添加键值对,指定训练集用于分析

```
set_dict_tuple (GenParam, 'split', 'train')
```
*在数据集的字典中添加键值对，设置图像的路径
```
set_dict_tuple (DLDataset, 'image_dir', 'images/')
```
*从数据集的字典中读取图像的路径
```
get_dict_tuple (DLDataset,'image_dir', ImageDir)
```
*从数据集的字典中读取所有的样本
```
get_dict_tuple (DLDataset, 'samples', Samples)
```
*从样本的字典中读取第一个样本的图像名
```
get_dict_tuple (Samples[0], 'image_file_name', ImageName)
```
*读取第一个样本的图像
```
read_image (Image, ImageDir +ImageName)
```
*条件语句，根据选择的预训练模型执行语句
```
if(Model =='model_best.hdl')
    read_dl_model (Model, DLModelHandle)
else
```
*得到图像的宽、高
```
get_image_size(Image, Width, Height)
```
*条件语句，若图像宽度大于设置的最大图像宽度，则继续执行
```
if (Width >MaxWidth)
```
　　*取图像宽度和设置的最大图像宽度之间的较小值
```
    tuple_min2(Width, MaxWidth*1.0, Min)
```
　　*缩小的尺度
```
    Scale :=Width / Min
else
```
*不进行缩放
```
Scale :=1.0
endif
```
*定义一个除数
```
Divisor :=64
```
*将图像宽度调整为 64 的倍数
```
Width:=int(int((Width / Scale) / Divisor) *Divisor)
```
*将图像高度调整为 64 的倍数
```
Height :=int(int((Height / Scale) / Divisor) *Divisor)
```
*创建空字典
```
create_dict (GenParam)
```
*指定训练集用于分析
```
set_dict_tuple (GenParam, 'split', 'train')
```
*根据数据集生成目标检测模型的参数（与锚框生成相关）
```
determine_dl_model_detection_param (DLDataset, Width, Height, GenParam,
DLModelDetectionParam)
```

　　*在锚框参数字典中添加键值对，设置最大检测物体数量

　　set _ dict _ tuple (DLModelDetectionParam, ' max _ num _ detections ', MaxNumDetections)

　　*在锚框参数字典中添加键值对，设置模型中参数量为高

　　set_dict_tuple (DLModelDetectionParam, 'capacity', 'high')

　　*在数据集的字典中获取类别 ID

　　get_dict_tuple (DLDataset, 'class_ids', ClassIDs)

　　*在锚框参数字典中添加键值对，设置类别 ID

　　set_dict_tuple (DLModelDetectionParam, 'class_ids', ClassIDs)

　　*获取图片的通道数

　　count_channels(Image, Channels)

　　*在锚框参数字典中添加键值对，设置图片尺寸

　　set_ dict _ tuple (DLModelDetectionParam, ' image _ dimensions ', [Width, Height, Channels])

　　*查看第一个样本标注的真实框是否有角度

　　get_dict_param (Samples[0], 'key_exists', 'bbox_phi', Exist)

　　*条件语句

　　if (Exist)

　　　　*在锚框参数字典中添加键值对，实例类型设置为不考虑方向的矩形框

　　　　set_dict_tuple (DLModelDetectionParam, 'instance_type', 'rectangle1')

　　　　*在锚框参数字典中添加键值对，设定边界框的方向取决于对象在边界框内的方向

　　　　set _ dict _ tuple (DLModelDetectionParam, ' ignore _ direction ', IgnoreDirection)

　　　　*在锚框参数字典中添加键值对，声明不考虑方向的类别，比如圆形或其他点对称对
　　　　象，这些类将返回轴对齐的边界框

　　　　set_dict_tuple (DLModelDetectionParam, 'class_ids_no_orientation', ClassIdsNoOrientation)

　　endif

　　*创建用于目标检测的神经网络，这里要指定特征提取网络(backbone)以及要区别的类
别数

　　create_dl_model_detection (Model, |ClassIDs|, DLModelDetectionParam, DLModelHandle)

　　endif

　　*从目标检测网络句柄中获取图片尺寸

　　get_dl_model_param(DLModelHandle, 'image_dimensions', ImageDimensions)

　　*按设定的宽、高新建图形窗口

　　dev_open_window (0, 0, 600, ImageDimensions[1] * 600 / ImageDimensions[0], 'black', WindowHandle)

　　*设置字体

```
    set_font(WindowHandle, 'default-20')
    * 创建预处理参数的字典
    create_dict (PreprocessSettings)
    * 在预处理参数的字典中添加键值对,确定是否覆盖可能存在的目录
    set _ dict _ tuple ( PreprocessSettings, ' overwrite _ files ',
DatasetOverwrite)
    * 根据给定的目标检测模型创建带有预处理参数的字典
    create_dl_preprocess_param_from_model (DLModelHandle, 'false', 'full_
                                           domain ', [ ], [ ], [ ],
                                           DLPreprocessParam)
    * 条件语句,根据 ReCreateDataset 的值执行
    if (ReCreateDataset)
        * 检查目录是否存在
        file_exists ('data', FileExists)
        if (FileExists)
            * 若存在,则以递归方式删除目录
            remove_dir_recursively('data')
        endif
        * 若不存在,则对整个数据集按照之前的参数设定进行预处理
        preprocess _ dl _ dataset (DLDataset, ' data ', DLPreprocessParam,
PreprocessSettings, DLDatasetFileName)
    else
        * 在数据集的字典中添加键值对,设定预处理参数
        set_dict_tuple (DLDataset, 'preprocess_param', DLPreprocessParam)
        * 在数据集的字典中添加键值对,设置所有样本文件的公共路径
        set_dict_tuple (DLDataset, 'dlsample_dir', 'data/samples')
    endif
    * 创建窗口的字典
    create_dict (WindowDict)
    * 获取所有样本
    get_dict_tuple (DLDataset, 'samples', DatasetSamples)
    * 开启循环
    for Index :=0 to 9 by 1
        * 随机取一个样本的索引 (0-99)
        SampleIndex :=round(rand(1) * (|DatasetSamples| -1))
        * 根据索引从数据集中读取这个样本
        read_dl_samples (DLDataset, SampleIndex, DLSample)
        * 显示此样本的真实框 (即标注框)
        dev_display_dl_data (DLSample, [], DLDataset, 'bbox_ground_truth',
[], WindowDict)
```

```
    *延迟 1 s 执行程序
    wait_seconds(1)
endfor
```
*从窗口字典中获取真实框(即循环最后一张图片的真实框)
```
get_dict_tuple (WindowDict, 'bbox_ground_truth', WindowHandles)
```
*将窗口内容以 png 格式写入图片
```
dump_window(WindowHandles[0], 'png', 'label')
```
*关闭字典中包含的所有图形窗口
```
dev_close_window_dict (WindowDict)
```

*训练　＊＊＊
*定义元组
```
GenParamName :=[]
GenParamValue :=[]
```
*创建数据增强参数的字典
```
create_dict (AugmentationParam)
```
*在数据增强参数的字典中添加键值对,设置图像的 50% 进行数据增强
```
set _ dict _ tuple (AugmentationParam, ' augmentation _ percentage ',
AugmentationPercentage)
```
　*在数据增强参数的字典中添加键值对,设置以 180 度的随机倍数对图像进行旋转
```
    set_dict_tuple (AugmentationParam, 'rotate', AugmentationRotateRange)
```
　*在数据增强参数的字典中添加键值对,设置以行列镜像的方式对图像进行增强
```
    set_dict_tuple (AugmentationParam, 'mirror', AugmentationMirror)
```
*将 augment 添加到参数名的元组中
```
GenParamName :=[GenParamName,'augment']
```
*将数据增强参数的字典添加到元组中
```
GenParamValue :=[GenParamValue,AugmentationParam]
```
*条件语句
```
if (|ChangeLearningRateEpochs| >0)
    *创建学习率调整策略的字典
    create_dict (ChangeStrategy)
    *在学习率调整策略的字典中添加键值对,指定模型训练中需要更改学习率
    set_dict_tuple (ChangeStrategy, 'model_param', 'learning_rate')
    *在学习率调整策略的字典中添加键值对,设定初始学习率
    set_dict_tuple (ChangeStrategy, 'initial_value', InitialLearningRate)
    *在学习率调整策略的字典中添加键值对,设定何时调整学习率
    set_dict_tuple (ChangeStrategy, 'epochs', ChangeLearningRateEpochs)
    *在学习率调整策略的字典中添加键值对,设定调整学习率的具体值
    set_dict_tuple (ChangeStrategy, 'values', ChangeLearningRateValues)
    *将 change 添加到参数名的元组中
```

```
        GenParamName :=[GenParamName,'change']
       *将学习率调整策略的字典添加到元组中
        GenParamValue :=[GenParamValue,ChangeStrategy]
    endif
*在目标检测模型的句柄中添加键值对,设定动量
set_dl_model_param (DLModelHandle, 'momentum', Momentum)
*在目标检测模型的句柄中添加键值对,设定正则化系数
set_dl_model_param (DLModelHandle, 'weight_prior', 0.00001)
*返回与 CUDA 兼容的可用设备的名称,即 GPU 名称
get_system ('cuda_devices', Gpus)
*防止内存泄漏
set_system ('cudnn_deterministic', 'true')
*条件语句,当 GPU 多于 1 个且 GpuId>0 时执行
if (((|Gpus| >1) and (GpuId >0))
      *在目标检测模型的句柄中添加键值对,设置 GPU
      set_dl_model_param (DLModelHandle, 'gpu', GpuId)
    endif
*选择训练时 batch size 的大小,在 16 和训练样本的一半中取较小值
tuple_min2(int(floor(|Samples|*TrainingPercent/100/2)), 16, batch size)
*在目标检测模型的句柄中添加键值对,设置 batch size 为 1
set_dl_model_param (DLModelHandle, 'batch size', 1)
```

*当 GPU 计算力受限时可提高参数 batch_size_multiplier,使单批次训练的图像数量超过 GPU 所允许的数量,理论上 batch size=4 和 batch_size_multiplier=2 的效果接近于 batch size=8 和 batch_size_multiplier=1 的效果,但是损失通常不相等

```
set_dl_model_param (DLModelHandle, 'batch_size_multiplier', 1)
*设置在 GPU 下 batch size 能取的最大值,这个值通过二分法得到
set_dl_model_param_max_gpu_batch_size (DLModelHandle, BatchSize)
*从模型句柄中获取之前 batch size 的最大值
get_dl_model_param (DLModelHandle, 'batch size', BatchSize)
*选择 BatchSizeMultiplier 的值,取 8 / BatchSize 和 1 之间的较大值
tuple_max2 (8 / BatchSize, 1, BatchSizeMultiplier)
*在目标检测模型的句柄中添加键值对,设定 batch_size_multiplier 的值
set_dl_model_param (DLModelHandle, 'batch_size_multiplier',
BatchSizeMultiplier)
*在目标检测模型的句柄中添加键值对,立即初始化 GPU 内存并创建相应的句柄
set_dl_model_param (DLModelHandle, 'runtime_init', 'immediately')
*创建用于训练及训练可视化的字典
create_dl_train_param (DLModelHandle, NumEpochs, 1, 'true', 42,
                          GenParamName, GenParamValue, TrainParam)
*从模型句柄中获取图像尺寸
```

```
get_dl_model_param (DLModelHandle, 'image_dimensions', ImageDimensions)
```
*利用插值方法将图片缩放到模型中设定的尺寸
```
zoom _ image _ size ( Image, ImagePreprocessed, ImageDimensions [ 0 ],
                   ImageDimensions[1], 'constant')
dev_display (ImagePreprocessed)
```
*文本:模型名
```
Text :=Model
```
*文本:"样本总数,训练集:验证集,图像宽度×图像高度×通道数"
```
Text[|Text|] :=|Samples| +', ' +TrainingPercent +':' +ValidationPercent
            +', ' +ImageDimensions[0] +'×' + ImageDimensions[1] +'×'
            +ImageDimensions[2]
```
*文本:"gpu+id:批处理大小,BatchSizeMultiplier,迭代周期数,初始学习率,动量"
```
Text[|Text|] :='gpu' +GpuId +': ' +BatchSize +', ' +BatchSizeMultiplier
            +', ' + NumEpochs +', ' + InitialLearningRate +', '
            +Momentum
```
*显示文本
```
dev_disp_text (Text, 'window', 'top', 'left', 'green', 'box', 'false')
```
*返回活动图形窗口的句柄
```
dev_get_window (WindowHandle)
```
*将窗口内容以 png 格式写入图片,并命名为 train_1
```
dump_window(WindowHandle, 'png', 'train_1')
```
*关闭图形窗口
```
dev_close_window ()
```
*条件语句:若样本总数少于 20 执行
```
if (|Samples| <20)
```
　　　*获取训练参数字典中关键词 display_param 的键值,即是否显示训练进度
```
    get_dict_tuple(TrainParam, 'display_param', DisplayParam)
```
　　　*在可视化参数字典中添加键值对,设置用于显示中间结果的图像数
```
    set_dict_tuple(DisplayParam, 'num_images', 1)
```
　　　*在训练参数的字典中添加键值对,设置可视化参数
```
    set_dict_tuple(TrainParam, 'display_param', DisplayParam)
endif
```
*在此数据集上开启训练
```
train_dl_model (DLDataset, DLModelHandle, TrainParam, 0, TrainResults,
              TrainInfos, EvaluationInfos)
```
*返回活动图形窗口的句柄
```
dev_get_window(WindowHandle)
```
*将窗口内容以 png 格式写入文件,这里指训练过程的可视化
```
dump_window(WindowHandle, 'png', 'train_2')
```
*关闭此活动窗口

```
dev_close_window ()
```
*返回活动图形窗口的句柄
```
dev_get_window(WindowHandle)
```
*将窗口内容以 png 格式写入文件,这里指两张图像的推理结果以及真实标注
```
dump_window(WindowHandle, 'png', 'train_3')
```

*评估　***
*创建评估参数的字典
```
create_dict (GenParamEval)
```
*在评估参数的字典中添加键值对,设置评估时返回的 TP、FP、FN 的具体值,并返回出现
FP 或 FN 的样本的图像 ID,并对 FP 的图像进行细分,这里 TP 指正确识别,FP 是错检,FN 是漏
检
```
set_dict_tuple (GenParamEval, 'detailed_evaluation', true)
```
*在评估参数的字典中添加键值对,设置评估过程的可视化参数
```
set_dict_tuple (GenParamEval, 'show_progress', true)
```
*在评估参数的字典中添加键值对,设置要计算的评估指标
```
set_dict_tuple (GenParamEval, 'measures', 'all')
```
*在评估参数的字典中添加键值对,设置 IoU 的阈值,当某个预测框在所有与真实框的
IoU 大于此阈值的预测框中具有最高的置信度值且类别预测正确时视为 TP
```
set_dict_tuple (GenParamEval, 'iou_threshold', [0.5,0.7])
```
*在目标检测模型的句柄中添加键值对,设置最小置信度,即当调用模型时,所有置信度
小于此值的都会被抑制
```
set_dl_model_param (DLModelHandle, 'min_confidence', 0.5)
```
*在目标检测模型的句柄中添加键值对,设置同一类的两个预测边界框的最大允许 IoU,
当两个边界框被归为同一类并且 IoU 高于此值时,置信度值较低的边界框会被抑制
```
set_dl_model_param (DLModelHandle, 'max_overlap', 0.2)
```
*设置不考虑类别的两个预测边界框的最大允许 IoU,当两个边界框的 IoU 高于此值时,
置信度值较低的边界框会被抑制
```
set_dl_model_param (DLModelHandle, 'max_overlap_class_agnostic', 0.3)
```
*在数据集上评估已经训练完的模型
```
evaluate_dl_model (DLDataset, DLModelHandle, 'split', ['validation',
                   'test'], GenParamEval, EvaluationResult, EvalParams)
```
*创建可视化的字典
```
create_dict (DisplayMode)
```
*在可视化的字典中添加键值对,设置显示精度和召回率的饼图及混淆矩阵,其中精度图
显示的是所有类别以及每个类别中 FP 的比例,召回率图显示的是召回率以及所有类别以及
每个类别中 FN 的比例
```
set_dict_tuple (DisplayMode, 'display_mode', ['pie_charts_precision',
                'pie_charts_recall','absolute_confusion_matrix'])
```
*创建图形窗口的字典

```
create_dict (WindowDict)
```
*可视化模型的详细评估结果,即上述精度图、召回率图和混淆矩阵
```
dev_display_detection_detailed_evaluation (EvaluationResult,
EvalParams, DisplayMode, WindowDict)
```
*从图形窗口中获取精度图的窗口句柄
```
get_dict_tuple (WindowDict, 'window_pie_chart_precision', WindowHandle)
```
*将精度图保存为 png 格式图片并命名为 precision
```
dump_window(WindowHandle, 'png', 'precision')
```
*从图形窗口中获取召回率图的窗口句柄
```
get_dict_tuple (WindowDict, 'window_pie_chart_recall', WindowHandle)
```
*将召回率图保存为 png 格式图片并命名为 recall
```
dump_window(WindowHandle, 'png', 'recall')
```
*从图形窗口中获取混淆矩阵图的窗口句柄
```
get_dict_tuple (WindowDict, 'window_absolute_confusion_matrix',
WindowHandle)
```
*将混淆矩阵图保存为 png 格式图片并命名为 matrix
```
dump_window(WindowHandle, 'png', 'matrix')
```

训练过程可视化如图 11-20 所示,预测结果如图 11-21 所示,精度图、召回率图、混淆矩阵如图 11-22 至图 11-24 所示。

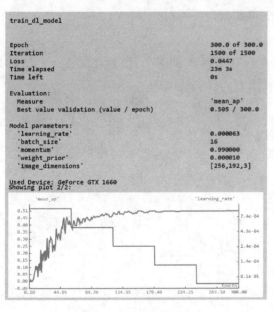

图 11-20　训练过程可视化

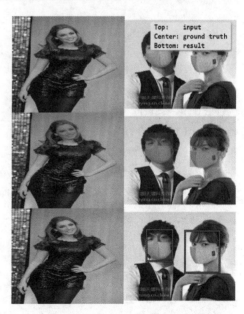

图 11-21　验证集可视化及预测结果

从图 11-20 中可以看到在收敛过程中模型 mAP 逐渐上升并趋于稳定,但最佳模型的 mAP 并不理想,评估阶段也验证了这一点,从图 11-22 和图 11-23 中可以看到 mask 类在准确率和召回率上都不是很理想,而 face 类在召回率上表现较差。一个原因是样本较少,另一个原因是模型需要进一步调参以提升检测精度。

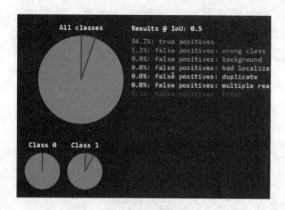

图 11-22　精度图

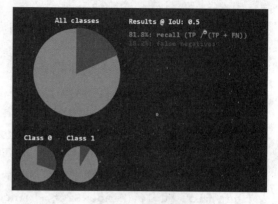

图 11-23　召回率图

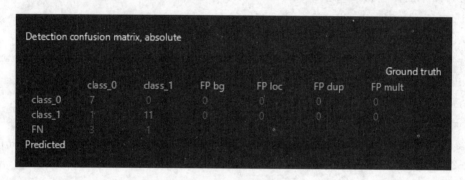

图 11-24　检测的混淆矩阵

11.4.2.2　推理

调用训练完的模型 model_best.hdl 推理 test 目录下的测试图像,结果存放在 result 目录中。

```
*测试集目录
TestImageDir :='test/'
dev_update_off()
dev_close_window ()
*读取训练完的模型,并返回模型句柄
read_dl_model ('model_best.hdl', DLModelHandle)
*设置置信度阈值
set_dl_model_param (DLModelHandle, 'min_confidence', 0.2)
*设置单幅图像中物体最大数量
set_dl_model_param (DLModelHandle, 'max_num_detections', 10*50)
*设置同类别的重叠程度
set_dl_model_param (DLModelHandle, 'max_overlap', 0.5)
*设置不同类别物体间的重叠程度
set_dl_model_param (DLModelHandle, 'max_overlap_class_agnostic', 0.5)
*设置批处理大小(batch size)
set_dl_model_param (DLModelHandle, 'batch_size', 1)
```

```
*设置 batch_size_multiplier(GPU 性能有限时可用)
set_dl_model_param (DLModelHandle, 'batch_size_multiplier', 1)
*GPU 标识符
GpuId := 0
if (GpuId > 0)
    *设置 GPU 标识符
    set_dl_model_param (DLModelHandle, 'gpu', GpuId)
endif
*获取模型的图像尺寸(包括通道数)
get_dl_model_param(DLModelHandle, 'image_dimensions', ImageDimensions)
*获取模型的类别 id
get_dl_model_param(DLModelHandle, 'class_ids', ClassIDs)
*获取模型的实例类型,这里采用 rectangle2
get_dl_model_param(DLModelHandle, 'instance_type', InstanceType)
*数据集文件
Dict := 'maskdect.hdict'
*检查文件是否存在
file_exists(Dict, FileExists)
*条件语句,根据文件是否存在执行
if(FileExists)
    *读取字典格式的数据集
    read_dict(Dict,[], [], DLDataset)
    *从字典中获取所有的类别名
    get_dict_tuple (DLDataset, 'class_names', ClassNames)
else
    *将类别 ID 赋值给类别名
    ClassNames := ClassIDs
endif
*结果存放的目录
ResultDir := 'result/'
*检查目录是否存在
file_exists(ResultDir, FileExists)
*条件语句,根据目录是否存在执行
if (FileExists)
    *以递归方式删除目录
    remove_dir_recursively(ResultDir)
endif
*新建目录
make_dir (ResultDir)
*创建样本的字典
```

```
create_dict (DLSample)
*以递归方式获取给定路径下的所有图像文件
list_image_files (TestImageDir, 'default', ['recursive'], ImageFiles)
*读取第一张图像
read_image (Image, ImageFiles[0])
*获取图像宽、高
get_image_size(Image, Width, Height)
*获取图像的通道数
count_channels(Image, Channels)
*取宽、高两者之间的较大值
tuple_max2(Width, Height, Max)
*条件语句,根据 Max 大小调整图形窗口宽、高
if (Max>600)
    *图像窗口宽度
    WndWidth :=Width * 600 / Max
    *图像窗口高度
    WndHeight :=Height * 600 / Max
else
    *图像窗口宽、高即图像宽、高
    WndWidth :=Width
    WndHeight :=Height
endif
*打开设定大小的图像窗口
dev_open_window(0, 0, WndWidth, WndHeight, 'black', WindowHandle)
*设置字体
set_font(WindowHandle, 'Consolas-32')
*设置区域的填充方式,只显示轮廓
dev_set_draw ('margin')
*颜色
Colors :=['red', 'green', 'blue', 'cyan', 'magenta', 'blue violet',
          'firebrick', 'navy', 'yellow green', 'orange', 'forest green',
          'cornflower blue', 'plum', 'tan', 'yellow', 'cadet blue',
          'light blue', 'khaki']
*耗时
tics :=[]
*开启循环,循环遍历测试图像
for Index :=0 to |ImageFiles|-1 by 1
*读取图像
read_image (Image, ImageFiles[Index])
*计时开始
```

```
count_seconds(Start)
```
*通过插值方式将图片缩放到模型中对应的大小
```
zoom_image_size (Image, Image, ImageDimensions[0], ImageDimensions[1],
'constant')
```
*将图像类型转换为 32 位浮点数类型
```
convert_image_type (Image, ImagePreprocessed, 'real')
```
*对图像的灰度值进行缩放
```
scale_image (ImagePreprocessed, ImagePreprocessed, 1, -127)
```
*将处理完的图像添加到样本字典中
```
set_dict_object (ImagePreprocessed, DLSample, 'image')
```
*利用训练好的模型对图像进行推理
```
apply_dl_model (DLModelHandle, DLSample, [], DLResult)
```
*计时结束
```
count_seconds(End)
```
*计算推理所需时间
```
tics :=[tics, (End - Start)*1000]
```
*获取模型推理的边界框的类别(ID)
```
get_dict_tuple (DLResult, 'bbox_class_id', Bbox_ids)
```
*获取模型推理的边界框的置信度
```
get_dict_tuple (DLResult, 'bbox_confidence', Bbox_scores)
```
*条件语句:是否有检测框
```
if(|Bbox_ids|)
```
　　　　*条件语句:实例类型是 rectangle1 还是 rectangle2
```
        if (InstanceType == 'rectangle2')
```
　　　　*获取推理边界框中心点的行坐标
```
        get_dict_tuple (DLResult, 'bbox_row', Bbox_rows)
```
　　　　*获取推理边界框中心点的列坐标
```
        get_dict_tuple (DLResult, 'bbox_col', Bbox_cols)
```
　　　　*获取推理边界框的角度
```
        get_dict_tuple (DLResult, 'bbox_phi', Bbox_phis)
```
　　　　*获取推理边界框的边缘 1 的一半长度
```
        get_dict_tuple (DLResult, 'bbox_length1', Bbox_len1s)
```
　　　　*获取推理边界框的边缘 2 的一半长度
```
        get_dict_tuple (DLResult, 'bbox_length2', Bbox_len2s)
```
　　　　*根据上述 5 个参数创建矩形
```
        gen_rectangle2 (Rectangle, Bbox_rows, Bbox_cols, Bbox_phis,
                        Bbox_len1s, Bbox_len2s)
```
　　　　*将中心点宽、高赋值给变量 Bbox_row1s 和 Bbox_col1s

```
                    Bbox_row1s :=Bbox_rows
                    Bbox_col1s :=Bbox_cols
              else
                  *获取推理边界框的左上角的行坐标
                  get_dict_tuple (DLResult, 'bbox_row1', Bbox_row1s)
                  *获取推理边界框的左上角的列坐标
                  get_dict_tuple (DLResult, 'bbox_col1', Bbox_col1s)
                  *获取推理边界框的右下角的行坐标
                  get_dict_tuple (DLResult, 'bbox_row2', Bbox_row2s)
                  *获取推理边界框的右下角的列坐标
                  get_dict_tuple (DLResult, 'bbox_col2', Bbox_col2s)
                  *根据上述 4 个参数创建矩形
                    gen_rectangle1 (Rectangle, Bbox_row1s, Bbox_col1s, Bbox_
row2s, Bbox_col2s)
          endif
          *显示原图
          dev_display(Image)
          *创建文本元组
          Text :=[]
          *获取推理类别中最大的类别 ID
          tuple_max (Bbox_ids, Max)
          *开启循环
          for IndexID :=0 to Max by 1
            *查询推理类别中是否有这个 ID,若有则返回索引,若没有则返回-1(每个 ID
代表一个类别)
                  tuple_find (Bbox_ids, IndexID, Indices)
                  *条件语句
                  if (Indices >=0)
                      *设置边界框的颜色
                      dev_set_color(Colors[IndexID])
                      *开启循环,循环遍历此类别的每个预测框
                      for IndexObj :=0 to |Indices|-1 by 1
                          *根据索引从所有预测框中选择对应的预测框
                              select_obj (Rectangle, ObjectSelected, Indices[IndexObj]
+1)
                          *显示此预测框
                          dev_display(ObjectSelected)
                          *设置文本起始的位置
```

```
                    set_tposition (WindowHandle, Bbox_row1s[Indices
                                [IndexObj]] - 20,  Bbox _ col1s
                                [Indices[IndexObj]])
                *显示文本:类别名称+置信度
                    write_string (WindowHandle, ClassNames[Bbox_ids
                                [Indices[IndexObj]]-ClassIDs[0]] +
                                ' '+Bbox_scores[Indices[IndexObj]]
                                $'.2f')
            endfor
            *文本:类别名称+此类别的预测框个数
            Text[|Text|] :=ClassNames[Bbox_ids[Indices[0]]-ClassIDs
[0]] +': ' +|Indices|
                endif
        endfor
        *显示文本
        dev_disp_text (Text, 'window', 'top', 'left', 'blue', 'box', 'true')
        *将测试集图像文件名解析为基本文件名、扩展名和目录
        parse_filename (ImageFiles[Index], BaseName, Extension, Directory)
        *将图形窗口内容保存为 png 格式的图像
        dump_window(WindowHandle, 'png', ResultDir +BaseName)
    endif
endfor
*计算每张测试图像的推理时间(第一张不参与计算)
tuple_mean(tics[1:(|tics|-1)], ImageProcTimeMs)
*文本:"infer:图像宽度×图像高度×图像通道数×测试图像数量"
Text :='infer: ' + ImageDimensions[0] +'×' + ImageDimensions[1] + '×' +
        ImageDimensions[2] +'×' +|ImageFiles|
*文本:"speed:推理速度 ms/image"
Text[|Text|] :='speed: ' +ImageProcTimeMs$'.1f' +' ms/image'
*显示文本
dev_disp_text (Text, 'window', 'center', 'left', 'blue', 'box', 'true')
*将图像窗口内容保存为 png 文件
dump_window(WindowHandle, 'png', 'speed')
```

推理结果及推理时间如图 11-25 所示。

从图 11-25 中可以看到模型的推理速度还是较快的,7 张图像平均时间是 24.2 ms,单从这张图像来说模型预测结果还是非常准确的。

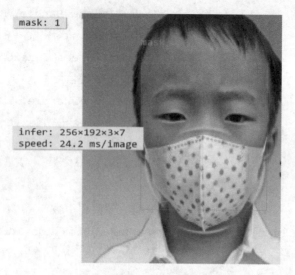

图 11-25　推理结果及推理时间

本 章 小 结

　　本章首先介绍了 HALCON 深度学习环境的搭建,其次介绍了 HALCON 自带的标注工具的使用方法,然后说明了该模块中比较重要的算子及其参数,最后通过分类和检测两个示例详细地阐述了从数据加载到模型推理整个深度学习的流程。HALCON 中的深度学习的内容比较全面,适合分类、目标检测、分割以及异常检测等多种任务,同时支持模型压缩,且提供多种编程语言接口,更适合模型的部署应用。

习　　题

　　11.1　HALCON 中数据增强有哪几种方式?

　　11.2　模型发生过拟合或者欠拟合时采取哪些方法可以解决?

　　11.3　batch_size_multiplier 参数有什么作用,跟 batch_size 的关系是什么?

　　11.4　检测示例中模型的检测精度并不理想,如何调整超参数使 mAP 能够进一步提升?

　　11.5　人工智能浪潮来袭,人类可以依靠算法做出完全客观的判断或者决策吗? 比如疾病的错误判断会造成严重后果,该如何解决?

参 考 文 献

[1] 朱云,凌志刚,张雨强.机器视觉技术研究进展及展望[J].图学学报,2020,41(06): 871-890.

[2] 杨文桥,郑力新.浅谈机器视觉[J].现代计算机,2020(30):66-69,76.

[3] 何新宇,赵时璐,张震.机器视觉的研究及应用发展趋势[J].机械设计与制造,2020(10): 281-283,287.

[4] 黄志鹏,郁汉琪,张聪.机器视觉的发展及应用[J].信息与电脑(理论版),2020,32(17): 127-129.

[5] 孙郑芬,吴韶波.机器视觉技术在工业智能化生产中的应用[J].物联网技术,2020,10 (08):103-105,108.

[6] 高娟娟,渠中豪,宋亚青.机器视觉技术研究和应用现状及发展趋势[J].中国传媒科技, 2020(07):21-22.

[7] 景晓军.图像处理技术及其应用[M].北京:国防工业出版社,2005.

[8] 张铮,徐超,任淑霞,等.数字图像处理与机器视觉[M].2版.北京:人民邮电出版 社,2014.

[9] 姜靖.面向计算机视觉的领域特定语言设计与实现[D].合肥:中国科学技术大学,2020.

[10] 任会之.图像检测与分割方法及其应用[M].北京:机械工业出版社,2018.

[11] 陆玲,王蕾.图像目标分割方法[M].哈尔滨:哈尔滨工程大学出版社,2016.

[12] BHATTACHARYYA S,DUTTA P,DE S,et al. Hybrid soft computing for image segmentation[M].Cham:Springer,2016.

[13] 付道财.基于场景分析的遥感图像分割与标注方法研究[D].成都:电子科技大 学,2020.

[14] 史彩娟,陈厚儒,张卫明,等.图像实例分割综述[C]//中国高科技产业化研究会智能信 息处理产业化分会.第十四届全国信号和智能信息处理与应用学术会议论文集.北京: 中国高科技产业化研究会智能信息处理产业化分会:《计算机工程与应用》编辑 部,2021.

[15] 黄鹏,郑淇,梁超.图像分割方法综述[J].武汉大学学报(理学版),2020,66(06): 519-531.

[16] 白福忠.视觉测量技术基础[M].北京:电子工业出版社,2013.

[17] 徐德,谭民,李原.机器人视觉测量与控制[M].3版.北京:国防工业出版社,2016.

[18] 赵文辉,王宁,支珊.机器视觉精密测量技术与应用[M].北京:机械工业出版社,2020.

[19] 张宗华,刘巍,刘国栋.三维视觉测量技术及应用进展[J].中国图像图形学报,2021,26 (06):1483-1502.

[20] 刘国华.HALCON 数字图像处理[M].西安:西安电子科技大学出版社,2018.

[21] 王亚珅.2020 年深度学习技术发展综述[J].无人系统技术,2021,4(02):1-7.

[22] 吕昊远,俞璐,周星宇,等.半监督深度学习图像分类方法研究综述[J].计算机科学与探

索,2021,15(06):1038-1048.

[23] 陈伟.基于深度学习的垃圾分类算法研究[D].天津:天津职业技术师范大学,2021.

[24] 陆峰,刘华海,黄长缨,等.基于深度学习的目标检测技术综述[J].计算机系统应用,2021,30(03):1-13.

[25] 盖荣丽,蔡建荣,王诗宇,等.卷积神经网络在图像识别中的应用研究综述[J/OL].小型微型计算机系统,2021:1-6. https://kns. cNki. net/kcms/detail/21. 1106. TP. 20210428.1058.002.html.

[26] 刘大鹏,曹永锋,张伦.深度迁移主动学习研究综述[J].现代计算机,2021(10):88-93.

[27] 王晓娟,柳智鑫.深度学习常用模型及算法综述[J].中国高新科技,2021(04):55-56.

[28] 王浩滢.深度学习及其发展趋势研究综述[J].电子制作,2021(10):92-95.

[29] 李一男.深度学习目标检测方法研究综述[J].中国新通信,2021,23(09):159-160.

[30] 王文丽.各种图像边缘提取算法的研究[D].北京:北京交通大学,2010.

[31] 张宁.基于摄像方式的二维条码识别算法的研究[D].南京:南京理工大学,2013.

[32] 左飞.图像处理中的数学修炼[M].北京:清华大学出版社,2017.

[33] 黄鹤.图像处理与机器视觉[M].北京:人民交通出版社,2018.

[34] 李文书,赵悦.数字图像处理算法及应用[M].北京:北京邮电大学出版社,2012.

[35] 陆玲,王蕾.图像目标分割方法[M].哈尔滨:哈尔滨工程大学出版社,2016.

[36] STEGER C,ULRICH M,WIEDEMANN C.机器视觉算法与应用[M].杨少荣,吴迪靖,段德山,译.北京:清华大学出版社,2008.

[37] 阮秋琦.数字图像处理[M].北京:清华大学出版社,2009.

[38] 贾永红.数字图像处理[M].2 版.武汉:武汉大学出版社,2010.

[39] 丁昊.基于线特征的相机标定与定向方法研究[D].青岛:山东科技大学,2011.

[40] 张国全.光学坐标测量系统关键技术研究及软件设计[D].天津:天津大学,2005.